21世纪高等学校机械设计制造及其自动化专业系列教材

工程训练

——电工电子技术分册

主　编　周世权　陈　赜
副主编　高鹏毅

华中科技大学出版社
中国·武汉

内容简介

本书内容主要包括电子工艺实训、电工工艺实训和综合创新实践。在电子工艺实训部分，按照电子产品的设计与制作、焊接与装配、调试与测试的流程组织实训内容；在电工工艺实训部分，按照安全用电、配电、继电器控制、PLC控制与智能控制组织实训内容；在综合创新实践部分，主要是以智能控制为主组织教学内容。

本书可作为高等学校理工类专业工程训练（电工电子工艺实训）的教材，也可在开展大学生创新实践时参考。

图书在版编目(CIP)数据

工程训练. 电工电子技术分册/周世权，陈赜主编. —武汉：华中科技大学出版社，2020.4(2022.8 重印)
21世纪高等学校机械设计制造及其自动化专业系列教材
ISBN 978-7-5680-6153-7

Ⅰ. ①工… Ⅱ. ①周… Ⅲ. ①机械制造工艺-高等学校-教材 ②电工技术-高等学校-教材 ③电子技术-高等学校-教材 Ⅳ. ①TH16

中国版本图书馆CIP数据核字(2020)第063905号

工程训练——电工电子技术分册
Gongcheng Xunlian—Diangong Dianzi Jishu Fence

周世权　陈　赜　主编

策划编辑：万亚军
责任编辑：邓　薇
封面设计：原色设计
责任监印：周治超
出版发行：华中科技大学出版社(中国·武汉)　电话：(027)81321913
武汉市东湖新技术开发区华工科技园　邮编：430223
录　排：华中科技大学惠友文印中心
印　刷：武汉科源印刷设计有限公司
开　本：787mm×1092mm　1/16
印　张：15
字　数：390千字
版　次：2022年8月第1版第2次印刷
定　价：37.50元

21 世纪高等学校

机械设计制造及其自动化专业系列教材

编审委员会

21世纪高等学校
机械设计制造及其自动化专业系列教材

“中心藏之，何日忘之”，在新中国成立60周年之际，时隔“21世纪高等学校机械设计制造及其自动化专业系列教材”出版9年之后，再次为此系列教材写序时，《诗经》中的这两句诗又一次涌上心头，衷心感谢作者们的辛勤写作，感谢多年来读者对这套系列教材的支持与信任，感谢为这套系列教材出版与完善作过努力的所有朋友们。

追思世纪交替之际，华中科技大学出版社在众多院士和专家的支持与指导下，根据1998年教育部颁布的新的普通高等学校专业目录，紧密结合“机械类专业人才培养方案体系改革的研究与实践”和“工程制图与机械基础系列课程教学内容和课程体系改革研究与实践”两个重大教学改革成果，约请全国20多所院校数十位长期从事教学和教学改革工作的教师，经多年辛勤劳动编写了“21世纪高等学校机械设计制造及其自动化专业系列教材”。这套系列教材共出版了20多本，涵盖了“机械设计制造及其自动化”专业的所有主要专业基础课程和部分专业方向选修课程，是一套改革力度比较大的教材，集中反映了华中科技大学和国内众多兄弟院校在改革机械工程类人才培养模式和课程内容体系方面所取得的成果。

这套系列教材出版发行9年来，已被全国数百所院校采用，受到了教师和学生的广泛欢迎。目前，已有13本列入普通高等教育“十一五”国家级规划教材，多本获国家级、省部级奖励。其中的一些教材(如《机械工程控制基础》《机电传动控制》《机械制造技术基础》等)已成为同类教材的佼佼者。更难得的是，“21世纪高等学校机械设计制造及其自动化专业系列教材”也已成为一个著名的丛书品牌。9年前为这套教材作序的时候，我希望这套教材能加强各兄弟院校在教学改革方面的交流与合作，对机械工程类专业人才培养质量的提高起到积极的促进作用，现在看来，这一目标很好地达到了，让人倍感欣慰。

李白讲得十分正确：“人非尧舜，谁能尽善?”我始终认为，金无足赤，人无完人，文无完文，书无完书。尽管这套系列教材取得了可喜的成绩，但毫无疑问，这套书中，某本书中，这样或那样的错误、不妥、疏漏与不足，必然会存在。何况形势总在不断地发展，更需要进一步来完善，与时俱进，奋发前进。较之9年前，机械工程学科有了很大的变化和发展，为了满足当前机械工程类专业人才培养的需要，华中科技大学出版社在教育部高等学校机械学科教学指导委员会的指导下，对这套系列教材进行了全面修订，并在原基础上进一步拓展，在全国范围内约请了一大批知名专家，力争组织最好的作者队伍，有计划地更新和丰富“21世纪高等学校机械设计制造及其自动化专业系列教材”。此次修订可谓非常必要，十分及时，修订工作也极为认真。

“得时后代超前代，识路前贤励后贤。”这套系列教材能取得今天的成绩，是几代机械工程教育工作者和出版工作者共同努力的结果。我深信，对于这次计划进行修订的教材，编写者一定能在继承已出版教材优点的基础上，结合高等教育的深入推进与本门课程的教学发展形势，广泛听取使用者的意见与建议，将教材凝练为精品；对于这次新拓展的教材，编写者也一定能吸收和发展原教材的优点，结合自身的特色，写成高质量的教材，以适应“提高教育质量”这一要求。是的，我一贯认为我们的事业是集体的，我们深信由前贤、后贤一起一定能将我们的事业推向新的高度！

尽管这套系列教材正开始全面的修订，但真理不会穷尽，认识不是终结，进步没有止境。“嘤其鸣矣，求其友声”，我们衷心希望同行专家和读者继续不吝赐教，及时批评指正。

是为之序。

中国科学院院士 杨叔子

2009.9.9

前　言

电子工艺实训的教学，长期以来都以某一个电子产品的散件作为主要对象，将焊接装配、调试作为主要实训内容。这种实训方式以单工种、单工艺为主，实训内容单调而且也不系统。随着电子行业新技术、新工艺的不断发展，以及新设备的不断引进，传统的工艺实训内容需要大量扩充与完善。在实训教学中引入新技术、新工艺并实践创新内容迫在眉睫，必须完善电子工艺实训教学体系与内容，基于此目的，我们编写了这本《工程训练——电工电子技术分册》，在电子工艺实训部分，按照电子产品的设计与制作、焊接与装配、调试与测试的流程组织实训内容；在电工工艺实训部分，按照安全用电、配电、继电器控制、PLC控制与智能控制组织实训内容；在综合创新实践部分，主要是以智能控制为主组织教学内容。编写本书的目的是：让学生适应现代电子技术的发展，掌握一定的电工电子的知识和实践技能，为今后的专业课学习与走上社会打下坚实的基础。

本书以中国工程教育专业认证协会《工程教育认证标准(2015版)》为指导，以新技术、新工艺、实践创新为主导，将基础训练与创新实践相结合，建立了以项目为牵引、以模块为基础、以培养学生工程意识与创新能力为核心的电子工程实训教学体系，满足华中科技大学“双一流”和创新人才培养的要求。该教学体系与内容通过近两年的教学实践，在电子实训教学方面，将项目的设计、PCB设计与制作、电子元器件测试、电子产品装配与调试、科技报告写作与答辩等内容融于一体，教学效果十分显著，全面提升了学生在工程实践中分析问题、解决问题的能力以及动手能力，这种教学模式深受学生欢迎。在电工实训教学方面，以控制为主线，将继电器控制、PLC控制、智能小车等有机地组织起来进行教学，培养学生的实践创新能力。

全书分为10章，主要内容如下。

第1章绪论。介绍了工程训练的意义、电工电子工艺训练的目标与内容、实训期间纪律和电工电子实训安全操作规程。

第2章常用电子元器件识别与测试。介绍了电阻器、电容器、电感器、二极管、三极管、集成电路的基本知识、用途与检测方法。然后，还介绍了一些其他常用器件的原理与测试方法。最后，介绍了实训要求与具体操作方法。

第3章PCB设计。介绍了PCB设计基础知识、PCB流程(以设计实例方式介绍)、元器件库建立方法，以及PCB实训项目的设计要求与评价方法。

第4章PCB制作。介绍了PCB化学制作工艺与设备、PCB机械雕刻制作工艺与流程、PCB激光制作设备与工艺；给出了PCB实训项目的制作要求与评价方法。

第5章电子装配基础。介绍了电子装配概述、锡焊的机理、焊接与装配工具、焊接材料和焊接技术，以及PCB手工焊接要求与评价方法。

第6章表面贴装技术。介绍了表面贴装技术(SMT)概念、表面贴装技术工艺、表面贴装技术生产线与工艺、焊接质量的检查、返修方法，以及表面贴装技术训练目标与内容以及考评方法。

第7章电子产品装配。介绍了调试工艺基础、常用调试仪器的使用方法，以及电子产品的制作与考评方法。

第8章电工工艺与电气控制。介绍了安全用电、电工工艺与电气控制概述、电工常用工具、常用电气控制设备、低压控制电路，以及电工训练目标与内容、项目考评方法。

第9章可编程逻辑控制器。介绍了可编程逻辑控制器概述、PLC的分类及结构、PLC的工作原理、PLC的编程语言、西门子S7-200 PLC基础知识、STEP 7-Micro/WIN 32编程软件使用，以及PLC控制实训目标与内容、项目考评方法。

第10章Arduino智能机器人。介绍了智能机器人概述、Arduino智能机器人的系统组成、Arduino编程软件、智能机器人实训、Arduino现代电子综合训练，以及智能机器人实训目标与内容、项目考评方法。

本书由华中科技大学周世权、陈赜担任主编，高鹏毅担任副主编。其中，陈赜编写了第1～7章、第8章的8.1～8.3节，高鹏毅编写了第8章的其余部分、第9～10章；全书由周世权负责统稿。

在本书出版之际，感谢华中科技大学工程训练教学指导委员会、工程训练课程组、工程实践创新中心的老师们的支持和帮助。本书还参考了许多同行专家的专著和文章，是他们的无私奉献帮助作者完成了书稿，在此也表示深深的谢意！

本书难免有不成熟和疏漏之处，恳请读者谅解和指正！

作　者

2019年9月

目　　录

第1章 绪　　论

1.1 概述

1.1.1 工程训练的意义

工程训练是国际工程专业认证的必须检查课程之一。

《华盛顿协议》是工程教育本科专业学位互认协议，其宗旨是通过双边或多边认可工程教育资格及工程师执业资格，促进工程学位互认和工程技术人员的国际流动。2016年6月，中国科学技术协会代表我国正式加入《华盛顿协议》，成为第18个会员国。各正式成员互相承认认证结果(学历互认)；通过认证专业的毕业生在相关国家申请工程师执业资格时将享有与本国毕业生同等待遇。各正式成员所采用的工程专业认证标准基本等效。工程学位的互认是通过工程教育认证体系和工程教育标准的互认实现的。中国的工程教育认证由中国工程教育专业认证协会组织实施。

中国工程教育专业认证协会工程教育认证标准(2015版)毕业要求共有12条，其中与工程训练密切相关的有如下几条。

(1) 设计/开发解决方案:能够设计针对复杂工程问题的解决方案，设计满足特定需求的系统、单元(部件)或工艺流程，并能够在设计环节中体现创新意识，考虑社会、健康、安全、法律、文化以及环境等因素。

(2) 使用现代工具:能够针对复杂工程问题，开发、选择与使用恰当的技术、资源、现代工程工具和信息技术工具，包括对复杂工程问题的预测与模拟，并能够理解其局限性。

(3) 工程与社会:能够基于工程相关背景知识进行合理分析，评价专业工程实践和复杂工程问题解决方案对社会、健康、安全、法律以及文化的影响，并理解应承担的责任。

(4) 职业规范:具有人文社会科学素养、社会责任感，能够在工程实践中理解并遵守工程职业道德和规范，履行责任。

(5) 个人和团队:能够在多学科背景下的团队中承担个体、团队成员以及负责人的角色。

从上可见:工程训练与工程专业认证有密切关联，工程实践能力、表达交流沟通能力、团队合作精神、职业道德及社会责任、社会人文和经济管理，以及环境保护等综合素质的培养正是工程训练的主要教学目标。

1.1.2 工程训练的作用

工程是科学和数学的某种应用，通过这一应用，自然界的物质和能源的特性能够通过各种结构、机器、产品、系统和过程，达到以最短的时间和最少的人力、物力做出高效、可靠且对人类有用的东西。工程用于改造现实世界，而科学用于发现未知的世界。

工程训练课程可以实现的培养目标如下。

(1) 提高学生的实践动手能力。工程训练让学生了解工程技术发展历程及工业生产过程与环境的相关知识，让学生掌握常规的、现代的仪器、设备、工具等的使用方法及相关工艺操作的基本技能；通过有针对性地开展工程训练，学生的工程实践能力能大大提高，从而促进学生知识向能力的高效转化。

(2) 培养学生的创新思维、创新精神和创新能力。在工程训练中：首先，老师对现场设备与设施的点评与介绍，让学生明白这些设备与设施无不体现出前人与今人的创造发明、体现出人类为提高生产力所进行的精思巧干与艰苦卓绝的努力，激发学生的创新欲望；其次，学生亲自动手实践，从而将理论与实践相结合，结合特定产品对象进行设计与制作，即在整个过程中，完成图纸设计，工艺流程的设计、制作以及调试、实际运行等全部过程，以这样的方式培养学生运用知识与创新能力。

(3) 培养学生的工程素质。现代工程训练为学生提供了一个现代化的工程背景，在工程训练的过程中，使学生逐步建立质量、安全、效益、环境、服务等系统的工程意识，并具有较好的工程文化素养、社会责任感、团队合作精神、工程职业道德和法律法规观念。

(4) 有利于学生形成良好的心理素质。在工程训练过程中，学生会遇到以前从未碰到的困难，在克服与解决这些困难的过程中，培养他们的吃苦耐劳的品质与意志力。学生在经历了各种磨难，最终完成了自己的作品时，那种成就感与自信心会油然而生，这对学生的心理产生的影响力是巨大的，他们从此相信：只要经过自己努力，是可以完成一项复杂的设计与制作工作的。今后，当他们面对复杂的问题时，就会勇敢面对并挑战。

1.1.3　电子电气产品制造的发展历史和趋势

电子技术是在 19 世纪末、20 世纪初开始发展起来的新兴技术，在 20 世纪发展最为迅速，应用最为广泛，成为近代科学技术发展的一个重要标志。进入 21 世纪，人们面临的是以微电子技术(以半导体和集成电路为代表)电子计算机和因特网为标志的信息社会。高科技的广泛应用使社会生产力和经济获得了空前的发展。现代电子技术在国防、科学、工业、医学、通信(信息处理、传输和交流)及文化生活等各个领域中都起着巨大的作用。电子技术无处不在：收音机、彩电、音响、VCD、DVD、电子手表、数码相机、微电脑、大规模生产的工业流水线、因特网、机器人、航天飞机等。可以说，人们现在生活在电子世界中，一天也离不开它。

电工电子技术的发展离不开电子、电气技术的进步和设备的发明创造。

电气技术的发展主要得益于发电机、电灯泡、变压器和电动机的发明。而电子技术的发展得益于电磁波和电子管的发明。

1946 年，第一台计算机 ENIAC 诞生，有 18800 个真空电子管，占地 170 m^2，重 30 t。

电子管是一种在气密性封闭容器中产生电流传导，利用电场对真空中的电子流的作用以获得信号放大或振荡的电子器件，电子管实物如图 1.1.1 所示。电子管体积大、功耗大、发热严重、寿命短、电源利用效率低、结构脆弱而且需要高压电源。

1947 年，肖克利、巴丁和布拉顿发明晶体管，于是晶体管收音机、电视机、计算机很快代替了各式各样的真空电子管产品，人类社会进入电子时代。

晶体管是电子技术发展的基石。它以小巧、轻便、省电、寿命长等特点，很快地被各国应用起来，在很大范围内取代了电子管。晶体管实物如图 1.1.2 所示。

1958 年，美国德州仪器公司(TI)的基尔比制成第一个集成电路，仙童半导体公司的诺伊斯提出了集成电路大规模生产的实用技术，从此微电子技术诞生。

1965 年，美国仙童半导体公司戈登 · 摩尔提出了著名的集成电路摩尔定律。集成电路大

图1.1.1　电子管

图1.1.2　晶体管

约每10年产生一次阶跃式的进步，表现为：每10年特征尺寸缩小1/3，DRAM集成度扩大16倍，CPU晶体管数扩大100倍，时钟频率增加10倍，晶体管单价下降至上一次的1/100。

1967年，登纳德和施敏分别发明了单管DRAM器件和非易失性半导体存储器NVSM，改变了千百年来以纸为主要媒介存储信息的面貌。

1971年，美国英特尔公司(Intel)的霍夫发明了第一块集成2000多个晶体管的微型计算机CPU——Intel 4004，使得信息处理技术产生了巨大的本质的飞跃，大规模集成电路时代由此开始。

现代的电子产品(手机、平板电脑、笔记本电脑等)都是集成电路的应用产物。

从电的发现开始，人类对电的认识逐渐深入，电子技术、电工技术的应用越来越广泛，已经与我们的生活密不可分，正在向着低能耗、复杂化、智能化、微电子化、网络化和移动化的方向发展。

电子电路的集成度已经达到几十亿个晶体管，集成电路的制程工艺已经接近极限，因此，人们不断探寻新的工艺与新材料，3D晶体管、光存储器件、纳米材料、超导材料不断出现，可穿戴设备、智能手机和平板电脑技术水平不断提高。

1.2　电工电子工艺实训的目标与内容

1.2.1　课程的性质与教学目标

本课程是工艺性、实践性很强的一门技术基础课，是相关专业的必修课，也是对学生进行工程训练的重要环节之一。

教学目的是：使学生学习工艺知识，训练其实践能力；使学生了解工业过程、体验工程文化，培养其工程素质与创新意识。

具体的教学任务如下：

(1) 获得对一般电工电子生产方法的感性知识，为相关理论课学习和将来的工作奠定必要的实践基础；

(2) 了解工厂安全用电及布线与安装工艺，熟悉 PLC 的使用，掌握 PLC 控制系统调试、运行维护、故障诊断、系统维修等方法；

(3) 初步掌握电子产品的焊接操作、电子元器件的识别与检测方法；

(4) 了解 SMT(表面贴装技术)、电子产品设计与制作方法，掌握智能小车的设计与编程方法；

(5) 具备初步综合运用各种技术、技能进行创新设计与解决问题的能力。

1.2.2　课程的主要内容

电工电子工程训练课程的主要内容如表 1.2.1 所示。

表 1.2.1　电工电子工程训练课程内容

序号	题目	内容
1	电子元器件识别与检测	(1) 常见电子元器件的识别； (2) 常见电子元器件的性能参数检测； (3) 万用表、示波器、RLC 测试仪等仪器仪表的操作使用
2	电子元器件焊接工艺	(1) 电子元器件焊接与装配工具的使用； (2) 铜丝、导线、接插件、常用电子元器件(插件和贴片式)的装配和手工锡焊； (3) 拆焊和再焊的操作
3	PCB 设计与制作	设计： (1) Altium Designer 设计软件的使用； (2) 创建工程文件，绘制原理图，PCB 设计； (3) 元器件符号和封装的修改与设计； (4) PCB 设计布局、布线的方法与练习； (5) 制造文件、BOM 生成方法与使用。 制作： (1) 小型电子产品电路原理图绘制，PCB 设计； (2) PCB 钻孔加工； (3) 机械雕刻 PCB，激光雕刻 PCB； (4) 激光雕刻焊盘阻焊 PCB，PCB 阻焊制作； (5) PCB 字符制作
4	音箱等电子产品制作(通孔元件为主)	音箱制作、万年历台历制作、电子钟(含光控温度、LED 旋转功能)以通孔元件为主要器件，每个产品制作学时 1 天。主要内容为：看懂相关电子产品电路图，熟悉该产品的电子元器件并能选择合格的电子元器件，掌握该电子产品生产的工艺流程，独立完成该电子产品的手工锡焊、整机装配安装，掌握电子产品的调试方法及检修方法
5	DSP 收音机等电子产品制作(贴片元器件)	收音机制作和 LED 音乐频谱显示箱制作，每个产品制作学时 1 天。主要内容为：读懂相关电子产品的电路图，了解表面贴装技术的工艺方法和工艺流程，熟悉该产品的电子元器件并能选择合格的电子元器件，独立完成收音机表面器件的贴装和再流焊，插件元件手工锡焊、整机装配安装，掌握电子产品的调试及检修方法

续表

序号	题目	内容
6	电工工艺	熟悉配电与控制的基本原理及常用电器元件的作用；学习供电线路的安装和检测；熟悉交流电动机点动和联动控制电路连接与测试；熟悉交流电动机电机互锁、正反转控制电路的连接与测试
7	PLC	熟悉PLC的使用和它的选择方法；掌握电气控制系统的基本控制环节；具有对电气控制系统分析的能力；能根据PLC系统电气图正确安装与接线，并进行PLC控制系统调试、运行维护、故障诊断、系统维修等典型工作
8	智能机器人	通过智能机器人小车的设计制作，了解智能控制系统有关技术：机械结构装配、Arduino编程、传感器应用、蓝牙通信、电动机控制等。制作一套符合任务要求的双轮万向智能小车
9	电工电子综合训练	综合项目以团队小组的形式进行，运用多工种的基础知识、工艺及工艺流程，针对特定项目进行相关分析、设计、制造、调试并完成项目或产品。成绩评定结合平时的投入、研究报告、产品的展示和宣讲汇报研究成果进行

1.2.3 课程成绩评分要求

学生实训课程成绩组成为平时成绩占80%，理论考试占20%。平时成绩评定首先由每个实训单元按照表1.2.2所示的评分依据进行评分，然后，按照每个实训单元进行加权得到总成绩(注，缺任何一次实训单元成绩，不能加权，总成绩为0分)，或按优、良、中、及格和不及格五级记分制评定。缺任何一个实训单元成绩或成绩低于60分，需补修或重修对应单元。

表1.2.2 实训单元成绩评定

评分内容	分值	评分依据
任务完成质量(满分50分)	45～50	很好地完成了本次实训任务。在实训中能将所学的理论运用到实践中，独立工作能力与组织协调能力较强。善于思考，有较强的分析问题和解决问题的能力
	35～45	较好地完成了本次实训任务。在实训中能按照老师的要求进行实训，能独立工作完成实训任务
	30～35	能按要求基本完成实训任务，在工程实训中，能动手动脑
	30以下	没有按照要求完成实训任务
基本操作(满分30分)	25～30	能熟练、独立操作设备、工具、仪器及仪表，而且操作规范
	20～25	能独立操作设备、工具、仪器及仪表，而且操作比较规范
	20以下	操作设备、工具、仪器及仪表不熟悉，而且操作也不规范

续表

评分内容	分值	评分依据
考勤与纪律(满分10分)	8～10	不迟到、不早退,自觉遵守实训中心和学校的各项规章制度,无违法乱纪行为,严守职业道德。维护实训中心和学校的良好形象
	5～8	有迟到、早退现象,但能自觉遵守实训中心和学校的各项规章制度,无违法乱纪行为,严守职业道德。维护实训中心和学校的良好形象
	5以下	有迟到、早退现象,而且有违规行为
团队精神与实训态度(满分10分)	8～10	服从老师安排,工作积极主动;责任心强,敬业爱岗;谦虚谨慎,勤奋好学,处事稳重,待人热情;团队合作意识较强。有良好的工程文化素养、社会责任感、团队合作精神、职业道德
	5～8	工作比较主动;责任心较强;谦虚谨慎,勤奋好学,处事稳重,待人较热情;有一定的团队合作意识。有较好的工程文化素养与职业道德
	5	工作不主动,团队意思淡薄

1.3 实训期间纪律

实训期间的纪律要求如下。

(1) 按序号与实训工位就位。就位后,对实训工位的工具与仪器进行清点,存在疑问及时向带班老师反映。未经许可,不得擅自挪换、带出设备工具。

(2) 认真听讲,保持课堂安静。杜绝玩手机、聊天及睡觉的行为。

(3) 保持实训场地的文明、整洁,不得将早餐带入,严禁抽烟。

(4) 独立完成实训操作、报告,不得抄袭。

(5) 务必注意人身安全及设备安全,严格按操作规程使用设备,爱护仪器、设备。

(6) 按时上下班;有事须请假,并且要有书面请假条,否则按旷课处理所缺实训内容,由学生与实训中心协商及时补上。

(7) 对迟到、旷课的行为酌情给予扣分,甚至取消课程成绩。

(8) 每次实训结束后,应整理好各自的工作环境(桌上、地下),清点实训工位的工具与仪器。

(9) 每次实训结束后,班长应安排学生轮流值班打扫室内卫生。

1.4 电工电子实训安全操作规程

(1) 进入实训操作前,必须进行安全技术教育后方可进入实训室操作。

(2) 进入实训室后,应服从老师安排,到指定的工位,并穿戴好规定的安全保护用品,如电工鞋、工作服。

(3) 实训室内的任何电器设备,未经验电,不准用手触及。

(4) 电器设备及配电干线检修,一般按操作规程进行,先切断设备总电源,挂上报警牌,验明无电后,方可进行操作。

(5) 各种开关、电器设备，禁止堆放易燃物品和加工零件，如发现不安全情况，应及时报告老师或有关部门，以便采取措施。

(6) 电器设备安装检修后，须经检验合格后方可使用。

(7) 学生实习时，严禁擅自用总闸和用电设备，必须严格按照工艺要求操作，不得做与生产实习无关的事，并保持实训室整洁。

(8) 如在实训中发现故障，应立即停止操作，并报告任课老师，待查明原因、排除故障后再进行，不得擅自处理。

(9) 离开实训室前，必须关闭工作台电源，认真清点工具和材料，并按规定放置好实训工具，擦干净工作台，经老师同意后，方可离开。

(10) 人离开或长时间不用电烙铁时，一定要关断电烙铁电源，烙铁头要放置在专用的烙铁头架上。

(11) 值日生应认真做好卫生工作，并仔细检查电源是否切断、门窗是否关好，一切确认无误后方可离开实训室。

思考与练习题

1. 工程训练与工程专业认证有什么关系？
2. 电工电子产品及制造工艺的发展经历哪些阶段？发展趋势如何？
3. 电工电子工程训练的主要教学任务是什么？
4. 电工电子工程训练的主要教学内容有哪些？
5. 电工电子工程训练的成绩如何评定？
6. 电工电子工程训练的纪律要求有哪些？
7. 电器设备及配电干线检修的规程是什么？
8. 如何正确使用和放置电烙铁？

第2章　常用电子元器件识别与测试

2.1　电阻器

2.1.1　电阻器基础知识

1. 电阻器的概念

电阻器是指用电阻材料制成的，有一定结构形式，能在电路中起限制电流通过作用的二端电子元件。在电路中，电阻器的主要作用是限制电流或将电能转变为热能等，其阻抗为电阻。电阻器是电子电路中应用数量最多的元件。

电阻器由电阻体、骨架和引出端三部分构成。实心电阻器的电阻体与骨架合二为一。决定阻值的只是电阻体。对于截面均匀的电阻体，电阻值为

$$R = \rho \frac{L}{A} \quad (\Omega)$$

式中：ρ 为电阻材料的电阻率，$\Omega \cdot \text{cm}$；L 为电阻体的长度，cm；A 为电阻体的截面积，cm^2。

薄膜电阻体的厚度为 d，cm；薄膜电阻体的宽度为 W，cm；且 $A=dW$，令 $R_s=\rho/d$。由于 d 很小，难于测准，且 ρ 又随厚度而变化，故把膜电阻 R_s 视为与薄膜材料有关的常数，实际上它就是正方形薄膜的阻值，故又称方阻。对于均匀薄膜电阻，有

$$R = R_s \frac{L}{W} \quad (\Omega)$$

通常 R_s 应在一有限范围内，R_s 太大会影响电阻器性能的稳定。

伏安特性是用图形曲线来表示电阻端部电压和通过电流的关系，当电压电流成比例时，其伏安特性为直线，称为线性电阻，否则称为非线性电阻。伏安特性公式为

$$R = \frac{U}{I}$$

式中：U 为电阻端部电压；I 为通过电流。

电阻没有正、负极性，这与电源不同，它的两端可以任意连接。

表征电阻特性的主要参数有标称阻值及其允许偏差、额定功率、负荷特性、电阻温度系数等。

电阻单位有欧（Ω）、千欧（kΩ）、兆欧（MΩ）等。1 kΩ=1000 Ω，1 MΩ=1000 kΩ。

2. 电阻器分类

电阻器可分为固定电阻器、可变电阻器和敏感电阻器。阻值不能改变的称为固定电阻器。阻值可变的称为电位器或可变电阻器。敏感电阻是指器件特性对温度、电压、湿度、光照、气体、磁场和压力等作用敏感的电阻器。

1）固定电阻器

固定电阻器的电阻值是固定不变的，阻值大小就是它的标称阻值。由于用途广泛，固定电阻器的产品类型繁多，一般按照其组成材料和结构形式进行分类。不同类型的固定电阻器既

具有共同的电阻性能，又各有不同的特点。固定电阻器，有多种类型，选择哪一种材料和结构的电阻器，应根据应用电路的具体要求而定。主要有线绕电阻器、高精密薄膜电阻器、碳膜电阻器、金属膜电阻器和排阻器。

线绕电阻器具有较低的温度系数，阻值精度高、稳定性好、耐热、耐腐蚀，主要作精密大功率电阻器使用；缺点是高频性能差、时间常数大。

高精密薄膜电阻器由于具有高电阻率、低电阻温度系数、高稳定性、无寄生效应和低噪声等优良特性，在航空、国防以及电子计算机、通信仪器、电子交换机等高新领域有了越来越广泛的应用。

碳膜电阻器是将结晶碳沉积在陶瓷棒骨架上制成的电阻器。碳膜电阻器成本低、性能稳定、阻值范围宽、温度系数和电压系数低，是目前应用最广泛的电阻器。

金属膜电阻器比碳膜电阻器的精度高，稳定性好、噪声低、温度系数小。它在仪器仪表及通信设备中被大量采用。

排阻器是将若干个参数完全相同的电阻集中封装在一起，组合制成的，如图 2.1.1 所示。排阻器具有装配方便、安装密度高等优点，目前已大量应用在电视机、显示器、电脑主板、小家电中。排阻器的特点是精度高、稳定性好、温度系数小、高频特性好。排阻器有两种类型，单排 SIP 封装和双排贴片封装。SIP 封装的第一个引脚为公共端，被封装的一个引脚都连到一起，作为公共引脚，其余引脚正常引出。所以，如果一个排阻器是由 n 个电阻构成的，那么它就有 $n+1$ 只引脚，如图 2.1.1(b)所示。一般来说，最左边的那个是公共引脚，它在排阻器上一般用一个色点标出来。双排贴片封装两个引脚之间为一个独立电阻，没有公共端，如图 2.1.1(a)所示。

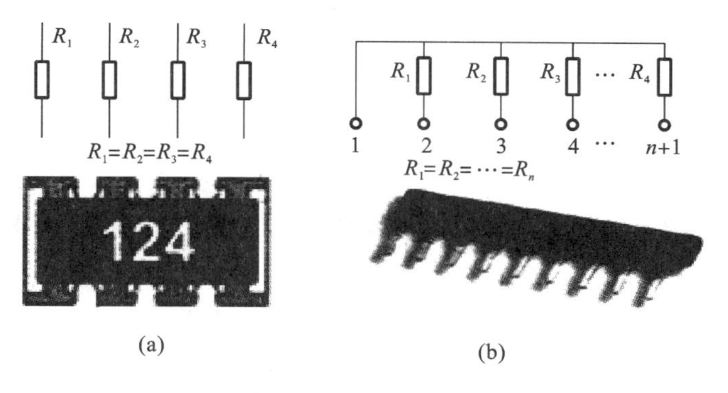

图 2.1.1　排阻器结构

2）**可变电阻器(电位器)**

电位器是一种机电元件，它靠电刷在电阻体上的滑动，取得与电刷位移成一定关系的输出电压。主要有碳膜电位器、微调电位器和滑动电位器等。

合成碳膜电位器是用经过研磨的炭黑、石墨、石英等材料涂敷于基体表面而成的电阻器。其制作工艺简单，是目前应用最广泛的电位器。合成碳膜电位器的优点是分辨力高、耐磨性好、寿命较长；缺点是电流噪声、非线性大，耐潮性以及阻值稳定性差。

有机实心电位器与碳膜电位器相比，具有耐热性好、功率大、可靠性高、耐磨性好等优点；但其温度系数大、动噪声大、耐潮性能差、制造工艺复杂、阻值精度较差。在小型化、高可靠、高耐磨性的电子设备，以及交、直流电路中，有机实心电位器用来调节电压、电流。

线绕电位器是将康铜丝或镍铬合金丝作为电阻体，并把它绕在绝缘骨架上制成的。线绕电位器特点是接触电阻小、精度高、温度系数小；其缺点是分辨力差、阻值偏低、高频特性差。它主要用作分压器、变阻器、仪器中调零和工作点等。

金属膜电位器的电阻体可由合金膜、金属氧化膜、金属箔等分别组成。其特点是分辨力高、耐高温、温度系数小、动噪声小和平滑性好等。

导电塑料电位器是用特殊工艺将DAP(邻苯二甲酸二烯丙酯)电阻浆料覆在绝缘机体上，加热聚合成电阻膜，或将DAP电阻粉热塑压在绝缘基体的凹槽内形成的实心体作为电阻体制成的。其特点是平滑性好、分辨力优异、耐磨性好、寿命长、动噪声小、可靠性极高、耐化学腐蚀。导电塑料电位器多用于宇宙装置、导弹、飞机雷达天线的伺服系统等。

带开关电位器有旋转式开关电位器、推拉式开关电位器、按键式开关电位器。电位器是一种阻值在一定范围内可以调节的电阻器。

带开关电位器的实物如图2.1.2所示。这种电位器常用在收音机中作为开关与音量调节旋钮。电位器一般会将标称值标注在元件上。图2.1.2所示的电位器可以用图2.1.3所示的元件符号来表示。图2.1.3中，引脚4、5之间控制开关的开闭，1、2、3通过不同的接线方法起到调节电阻的作用。

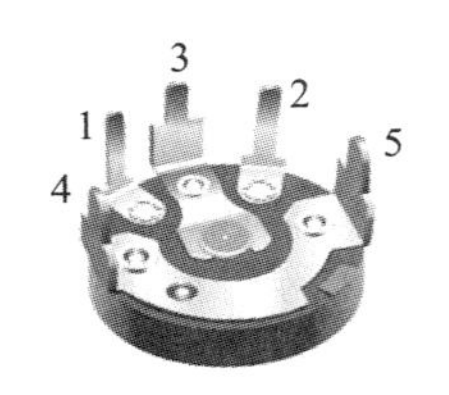

图2.1.2　旋转式开关电位器

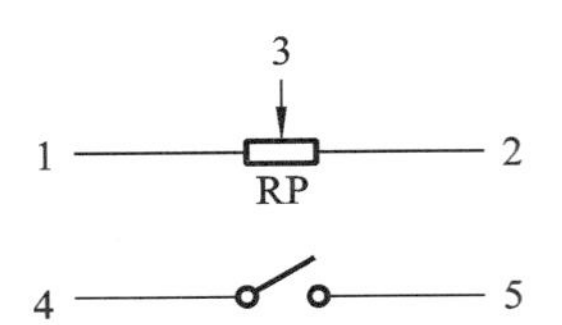

图2.1.3　带开关电位器元件符号

直滑式电位器采用直滑方式改变电阻值。

双联电位器有异轴双联电位器和同轴双联电位器。

无触点电位器消除了机械接触，寿命长、可靠性高，分为光电式电位器、磁敏式电位器等。

3）**敏感电阻器**

敏感电阻器常在检测和控制装置中作为传感器使用。主要有压敏电阻器、热敏电阻器、光敏电阻器、湿敏电阻器等。

热敏电阻器是敏感元件的一类，电阻值随温度变化。热敏电阻器是非线性电阻器，它的非线性特性基本上表现在电阻与温度的关系不是直线关系，而是指数关系，电压、电流的变化不服从欧姆定律。热敏电阻器用于温度测量、控制、火灾报警，在收音机中用作温度补偿装置，在电视机中用来消磁限流。

按电阻温度系数不同，热敏电阻器分为正温度系数(positive temperature coefficient，PTC)热敏电阻器和负温度系数(negative temperature coefficient，NTC)热敏电阻器两种。在工作温度范围内，正温度系数热敏电阻器的阻值随温度升高而急剧增大，负温度系数热敏电阻器的阻值随温度升高而急剧减小。

光敏电阻器的电阻值随入射光线强弱而变化。它应用于光电控制，导弹、卫星监测。

压敏电阻器的电阻值随电压的变化而变化。它用于过压保护，以及作为稳压元件使用。

气敏电阻器的电阻值随被测气体的浓度而变化。它用于气体探测器，如抽油烟机，汽车尾气检测、酒精浓度检测所用的电子鼻(即气敏管)等。

力敏电阻器的电阻值随外加应力的变化而变化。它用于加速度计和半导体话筒等传感器中。

3. 电阻器的标识方法

标称阻值：用数字或色标在电阻器上标志的设计阻值，单位为欧(Ω)、千欧(kΩ)、兆欧(MΩ)、太欧(TΩ)。

1) 一般电阻器的标注方法

一般电阻器的标注方法有直标法和色标法。

直标法是用数字和单位符号直接标在电阻体的表面，允许误差用百分数表示。图 2.1.4 表示的电阻为金属膜电阻，功率为 2 W，阻值为 5.1 kΩ，允许误差为 10%。

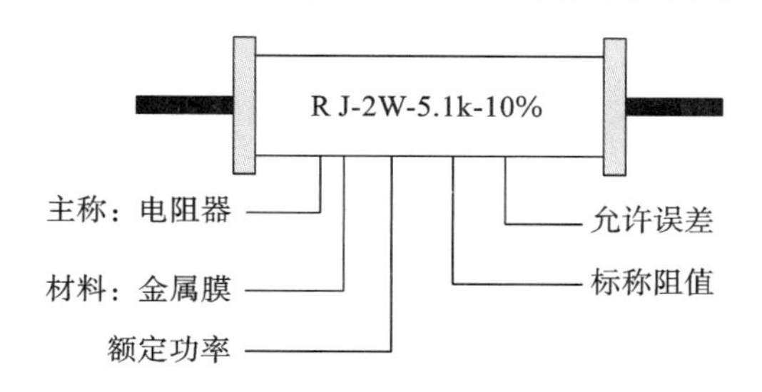

图 2.1.4　电阻直标法

色标法是用色环表示电阻的阻值。

带有四个色环的电阻，其中第一、二环分别代表阻值的前两位数；第三环代表倍乘数；第四环代表误差。四环电阻的识别方法如表 2.1.1 所示。

表 2.1.1　四环电阻的识别方法

颜色	黑	棕	红	橙	黄	绿	蓝	紫	灰	白	金	银
第一环	0	1	2	3	4	5	6	7	8	9	—	—
第二环	0	1	2	3	4	5	6	7	8	9	—	—
倍乘数	10^0	10^1	10^2	10^3	10^4	10^5	10^6	10^7	10^8	10^9	10^{-1}	10^{-2}
误差	—	—	—	—	—	—	—	—	—	—	±5%	±10%

例 2.1.1：红橙黑金代表的电阻值为

$$23\ \Omega\times10^0\pm5\%=23\ \Omega\pm5\%$$

带有五个色环的电阻：一环、二环、三环分别代表阻值的百、十、个位，四环代表倍乘数，第五环代表误差。五环电阻的识别方法如表 2.1.2 所示。

表 2.1.2　五环电阻的识别方法

颜色	黑	棕	红	橙	黄	绿	蓝	紫	灰	白	金	银
第一环	0	1	2	3	4	5	6	7	8	9	—	—
第二环	0	1	2	3	4	5	6	7	8	9	—	—
第三环	0	1	2	3	4	5	6	7	8	9	—	—
倍乘数	10^0	10^1	10^2	10^3	10^4	10^5	10^6	10^7	10^8	10^9	10^{-1}	10^{-2}
误差	—	±1%	±2%	—	—	±0.5%	±0.25%	±0.1%	—	—	—	—

例 2.1.2：红蓝绿黑棕代表的电阻值为

$$265\ \Omega\times10^0\pm1\%=265\ \Omega\pm1\%$$

允许偏差是实际阻值与标称阻值间允许的最大偏差，以百分比表示。常用的有±5%、±10%、±20%，精密的小于|±1%|，高精密的可达0.001%。精度由允许偏差和不可逆阻值变化二者决定。

2）片状电阻器的标注方法

（1）数字索位标称法。

数字索位标称法就是在电阻体上用三位数字来标明其阻值。它的第一位和第二位为有效数字；第三位表示在有效数字后面所加“0”的个数，这一位不会出现字母。一般矩形片状电阻器采用这种标称法。

例 2.1.3：“472”表示“4700 Ω”；“151”表示“150 Ω”。

如果是小数，则用“R”表示“小数点”，并占用一位有效数字，其余两位是有效数字。

例 2.1.4：“2R4”表示“2.4 Ω”；“R15”表示“0.15 Ω”。OR 为跨接片。

（2）色环标称法。

贴片电阻器与一般电阻器一样，大多采用四环（有时三环）色标法标明其阻值。三环色标法中，第一环和第二环是有效数字，第三环是倍乘数，可参看表2.1.1和表2.1.2。一般圆柱形固定电阻器采用这种标称法。

例 2.1.5：“棕绿黑”表示“15 Ω”；“蓝灰橙银”表示“68 kΩ”，误差为±10%。

（3）E96数字代码与字母混合标称法。

数字代码与字母混合标称法也是采用三位标明电阻阻值，即“两位数字加一位字母”，其中两位数字表示的是E96系列电阻代码，具体如表2.1.3所示。它的第三位是用字母代码表示的倍乘数，具体如表2.1.4所示。

例 2.1.6：“51D”表示“332×10^3 Ω=332 kΩ”；“39Y”表示“249×10^{-2} Ω=2.49 Ω”。

表 2.1.3　E96 系列电阻数字代码

代码	01	02	03	04	05	06	07	08	09	10	11	12	13	14
阻值	100	102	105	107	110	113	115	118	121	124	127	130	133	137
代码	15	16	17	18	19	20	21	22	23	24	25	26	27	28
阻值	140	143	147	150	165	158	162	165	169	174	178	182	187	191
代码	29	30	31	32	33	34	35	36	37	38	39	40	41	42
阻值	196	200	205	210	215	221	226	232	237	243	249	255	261	267
代码	43	44	45	46	47	48	49	50	51	52	53	54	55	56
阻值	274	280	287	294	301	309	316	324	332	340	348	357	365	374
代码	57	58	59	60	61	62	63	64	65	66	67	68	69	70
阻值	383	392	402	412	422	432	442	453	464	475	487	499	511	523
代码	71	72	73	74	75	76	77	78	79	80	81	82	83	84
阻值	536	549	562	576	590	604	619	634	649	665	681	698	715	732
代码	85	86	87	88	89	90	91	92	93	94	95	96		
阻值	750	768	787	806	825	845	866	887	908	931	953	976		

表 2.1.4　倍乘数代码

字母代码	A	B	C	D	E	F	G	H	X	Y	Z
倍乘数	10^0	10^1	10^2	10^3	10^4	10^5	10^6	10^7	10^{-1}	10^{-2}	10^{-3}

4. 电阻器的识别方法

1）电阻器的外形识别

表 2.1.5 给出了一些常见电阻器或电位器的实物图片。

表 2.1.5　常用电子外形识别

序号	电子类型	图片	序号	电子类型	图片
1	金属膜电阻器		7	陶瓷金属片式电阻器	
2	柱状金属膜电阻器	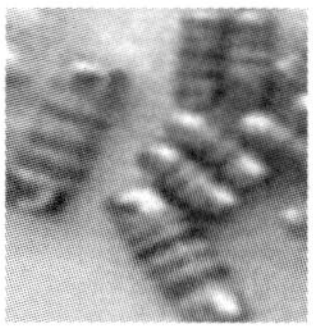	8	水泥电阻器	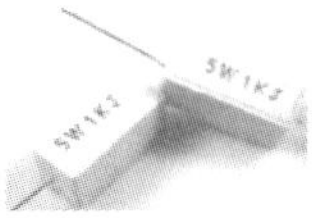
3	碳膜电阻器	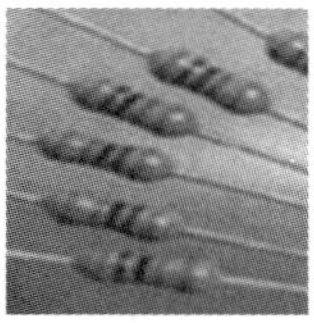	9	直插排阻电阻器	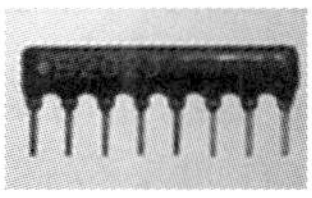
4	金属氧化膜电阻器		10	高压高阻值电阻器	
5	大功率铝壳线绕电阻器		11	片状电阻器	
6	大功率涂漆线绕电阻器		12	片状排阻器	

续表

序号	电子类型	图片	序号	电子类型	图片
13	压敏电阻器		16	可调电阻器	
14	自复保险正温度系数热敏电阻器		17	湿敏电阻器	
15	热敏电阻器		18	可调电位器	

2）电阻器的参数识别

带有四个色环的电阻快速识别的关键在于根据第三环的颜色把阻值确定在某一数量级范围内，例如几点几千欧或几十几千欧，再将前两环读出的数“代”进去，这样就可很快读出阻值来。

（1）熟记第一、二环每种颜色所代表的数。可这样记忆：棕1，红2，橙3，黄4，绿5，蓝6，紫7，灰8，白9，黑0。这样连起来读，多复诵几遍便可记住。

记准、记牢第三环颜色所代表的阻值范围，这一点是快速识别的关键，具体如表2.1.6所示。

表2.1.6　四环电阻第三环与阻值范围的关系

颜色	金色	黑色	棕色	红色	橙色	黄色	绿色	蓝色
范围	几点几欧姆	几十几欧姆	几百几十欧姆	几点几千欧	几十几千欧	几百几十千欧	几点几兆欧	几十几兆欧

从数量级来看，可把它们划分为三个大的等级，即：金、黑、棕色是欧姆级的；红、橙、黄是千欧级的；绿、蓝色则是兆欧级的。这样划分一下是为了便于记忆。

（2）当第二环是黑色时，第三环颜色所代表的则是整数，即几、几十、几百千欧等，这是读数时的特殊情况，要注意。例如，第二环是黑色，第三环是红色，则其阻值即几千欧。

（3）记住第四环颜色所代表的误差，即金色为±5%，银色为±10%，无色为±20%。

下面举例说明。

例2.1.7：当四个色环依次是黄、橙、红、金色时，因第三环为红色，阻值范围是几点几千欧的，将黄、橙两色分别代表的数“4”和“3”“代入”，则其读数为4.3 kΩ。第四环是金色，表示误差为±5%。

例 2.1.8:当四个色环依次是棕、黑、橙、金色时,因第三环为橙色,第二环又是黑色,阻值应是整几十千欧的,将棕色代表的数“1”“代入”,则读数为 10 kΩ,第四环是金色,表示误差为±5%。

3) 贴片电阻器的功率识别

电阻封装尺寸与功率的关系如表 2.1.7 所示。

表 2.1.7　电阻封装尺寸与功率的关系

序号	英制/mil	公制/mm	额定功率(70 ℃)/W	序号	英制/mil	公制/mm	额定功率(70 ℃)/W
1	0201	0603	1/20	6	1210	3225	1/3
2	0402	1005	1/16	7	1812	4832	1/2
3	0603	1608	1/10	8	2010	5025	3/4
4	0805	2012	1/8	9	2512	6432	1
5	1206	3216	1/4				

2.1.2　电阻器的使用

电阻器在电路中主要用来调节和稳定电流与电压,可作为分流器和分压器,也可作电路匹配负载。根据电路要求,还可用于放大电路的负反馈或正反馈、电压-电流转换、输入过载时的电压或电流保护元件,又可组成 RC 电路作为振荡、滤波、旁路、微分、积分和时间常数等元件。

固定电阻器有多种类型,选择哪一种材料和结构的电阻器,应根据应用电路的具体要求而定。

高频电路应选用分布电感和分布电容小的非线绕电阻器,例如,碳膜电阻器和金属膜电阻器等。高增益小信号放大电路应选用低噪声电阻器,例如,金属膜电阻器、碳膜电阻器和线绕电阻器,而不能使用噪声较大的合成碳膜电阻器和有机实心电阻器。

线绕电阻器的功率较大,电流噪声小,耐高温,但体积较大。普通线绕电阻器常用于低频电路或电源电路中,其作用是限流、分压、泄放,或作大功率管的偏压电阻器。精度较高的线绕电阻器多用于固定衰减器、电阻箱、计算机及各种精密电子仪器中。

所选电阻器的电阻值应接近于应用电路中计算值的一个标称值,应优先选用标准系列的电阻器。一般电路使用的电阻器允许误差为±5%~±10%。精密仪器及特殊电路中使用的电阻器,应选用精密电阻器。

所选电阻器的额定功率,要符合应用电路中对电阻器功率容量的要求,一般不应随意加大或减小电阻器的功率。若电路要求使用功率型电阻器,则其额定功率可高于实际应用电路要求功率的 1~2 倍。

熔断电阻器是具有保护功能的电阻器。根据电路的具体要求选择其阻值和功率等参数,既要保证它在过负荷时能快速熔断,又要保证它在正常条件下能长期稳定地工作,电阻值过大或功率过大,均不能起到保护作用。

2.1.3　电阻器的测量

1. 固定电阻的测量

用数字万用表 200 Ω 挡测量小阻值电阻时,应首先将两支表笔短路,测出表的内阻值 R_0,

内阻值的大小根据仪表屏幕显示值而定；然后，测量被测电阻的阻值 R_1；最后，用被测电阻的阻值 R_1 减去表的内阻值 R_0，才得到真正的实际电阻值。对于其他的电阻挡位，由于被测电阻的阻值较大，R_0 可忽略不计。

测量电阻时，不能用手并接在电阻两端，以免人体电阻与被测电阻并接，引起测量误差。

2. 电阻性能的检测

首先识别被测电阻标称值是多少，然后将万用表拨至相应的挡位进行测量，若屏幕显示的电阻值在所允许的误差范围内，则表明电阻正常。若屏幕显示为“0”，则表明电阻短路；若屏幕显示为“1”，则表明电阻内部已断，这两种电阻都不能使用。

3. 带开关电位器的测量

以图 2.1.2 所示带开关电位器为例进行下面的测量。

1）电位器开关特性测量

将万用表的表笔接 4、5 两端，然后将开关接通，屏幕显示应该为“0”；再将开关断开，屏幕显示应该为“1”。若开关接通时，屏幕显示为“1”；或开关断开时屏幕显示为“0”，则表明开关已坏不能使用。

2）电位器阻值的测量

接通开关，用万用表测量 1、2 之间的固定电阻，然后测量 1、3 和 3、2 之间的可变电阻值。在测量可变电阻时要注意：将电位器旋转轴从一个极端慢慢旋转到另一个极端，它们的阻值应从零变化到标称值或从标称值变化到零，这表明电位器正常。若在测量可变电阻的过程中，屏幕显示突然为“1”，则表明电位器动片接触不良，此电位器不能正常使用。

2.2 电容器

2.2.1 电容器基础知识

1. 电容器的概念

电容器指由两个电极板以及板间间隙介质形成的器件，通常用字母 C 表示。从物理结构上讲，任何两个彼此绝缘且相隔很近的导体(包括导线)间都构成一个电容器。当在两金属电极间加上电压时，电极上就会存储电荷，所以电容器是储能元件。

电容与电容器不同。电容为基本物理量，符号为 C，单位为 F(法拉)。

电容通用公式为

$$C=Q/U$$

平行板电容器专用公式：

板间电场强度为

$$E=U/d$$

电容器电容决定式为

$$C=\varepsilon S/4\pi kd$$

式中：ε 为介电常数，真空下 $\varepsilon=1$；S 为两板正对面积；k 为静电力常量；d 为两板间距离。

2. 电容器的分类

电容器按常用分类标准有如下不同分类。

(1) 按照结构分三大类：固定电容器、可变电容器和微调电容器。

(2) 按电解质类型分类：有机介质电容器、无机介质电容器、电解电容器、电热电容器和空气介质电容器等。

(3) 按用途分类：高频旁路、低频旁路、滤波、调谐、高频耦合、低频耦合、小型电容器。

在高频旁路中，常用的电容器有陶瓷电容器、云母电容器、玻璃膜电容器、涤纶电容器、玻璃釉电容器。

在低频旁路中，常用的电容器有纸介电容器、陶瓷电容器、铝电解电容器、涤纶电容器。

用于滤波的电容器主要有铝电解电容器、纸介电容器、复合纸介电容器、液体钽电容器。

用于调谐的电容器主要有陶瓷电容器、云母电容器、玻璃膜电容器、聚苯乙烯电容器。

用于低耦合的电容器主要有纸介电容器、陶瓷电容器、铝电解电容器、涤纶电容器、固体钽电容器。

(4) 按制造材料的不同分类：瓷介电容、涤纶电容、电解电容、钽电容，还有先进的聚丙烯电容等。

金属化纸介电容器、陶瓷电容器、铝电解电容器、聚苯乙烯电容器、固体钽电容器、玻璃釉电容器、金属化涤纶电容器、聚丙烯电容器、云母电容器等都是小型电容器。

3. 常用电容器及其用途

下面主要介绍一些常用电容器与它们的用途。

1) 铝电解电容器

铝电解电容器指的是用浸有糊状电解质的吸水纸夹在两条铝箔中间卷绕而成，薄的氧化膜作介质的电容器。因为氧化膜有单向导电性质，所以，电解电容器具备有极性、容量大、能耐受大的脉动电流、容量误差大和泄漏电流大、稳定性差等特性；常用于交流旁路和滤波，在要求不高时也用于信号耦合。需注意的是：电解电容器有正、负极之分，使用时不能接反。铝电解电容器广泛用于空调机、收录机、洗衣机、通信机等家用电器及电子整机、仪器、仪表中。

2) 钽电解电容器

钽电解电容器的工作介质是在钽金属表面生成的一层极薄的五氧化二钽膜。此层氧化膜介质完全与组成电容器的一端的电极结合成一个整体，不能单独存在。因此，钽电解电容器单位体积内所具有的电容量特别大。

钽电解电容器具有储藏电量大、可进行充放电等性能，主要应用于滤波、能量贮存与转换、信号旁路、耦合与退耦，以及作时间常数元件等。

钽电解电容器不仅在军事通信、航天等领域广泛使用，而且其使用范围还涵盖工业控制、影视设备，另外，它在通信仪表等产品中也大量使用。

3) 薄膜电容器

薄膜电容器(film capacitor)，又称塑料薄膜电容器(plastic film capacitor)，以塑料薄膜为电介质。

薄膜电容器是以金属箔当电极，将其和聚乙酯、聚丙烯、聚苯乙烯或聚碳酸酯等塑料薄膜，从两端重叠后，卷绕成圆筒状构造的电容器。依塑料薄膜的种类，薄膜电容器又分别称为聚乙酯电容器(又称 mylar 电容器)、聚丙烯电容器(又称 PP 电容器)、聚苯乙烯电容器(又称 PS 电容器)和聚碳酸酯薄膜电容器。

涤纶薄膜电容器介电常数较高、体积小、容量大、稳定性比较好，适宜做旁路电容。聚苯乙烯薄膜电容器介质损耗小、绝缘电阻高，但是温度系数大，可用于高频电路。

薄膜电容器主要应用于电子、家电、通信、电力、电气化铁路、混合动力汽车、风力发电、太阳能发电等多个行业。这些行业的稳定发展，推动了薄膜电容器市场的扩大。

4）**瓷介电容器**

瓷介电容器用高介电常数的电容器陶瓷（钛酸钡等）挤压成圆管、圆片或圆盘作为介质，并用烧渗法将银镀在陶瓷上作为电极制成。它又分高频瓷介电容器和低频瓷介电容器两种。

高频瓷介电容器适用于无线电、电子设备的高频电路。具有小的正电容温度系数的高频瓷介电容器，用于高稳定振荡回路中。低频瓷介电容器只限于在工作频率较低的回路中作旁路或隔直流用，或在对稳定性和损耗要求不高的场合使用。低频瓷介电容器不宜使用在脉冲电路中，因为它们易于被脉冲电压击穿。

5）**独石电容器**

独石电容器是多层陶瓷电容器的别称，简称 MLCC。它是在若干片陶瓷薄膜坯上覆以电极浆材料，叠合后一次烧结成一块不可分割的整体，外面再用树脂包封而成。独石电容器广泛应用于电子精密仪器，在各种小型电子设备中起谐振、耦合、滤波、旁路的作用。

独石电容器的电容（10 pF～10 μF）比一般瓷介电容器的大，且具有电容量大、体积小、可靠性高、电容量稳定、耐高温、绝缘性好、成本低等优点，因而得到广泛的应用。独石电容器不仅可替代云母电容器和纸介电容器，还可取代某些钽电容器，广泛应用在小型和超小型电子设备（如液晶手表和微型仪器）中。

6）**纸介电容器**

纸介电容器是由厚度很薄的纸作为介质，铝箔作为电极，经掩绕成圆柱形，再经过浸渍用外壳封装或环氧树脂灌封组成的电容器。其制造工艺简单，价格便宜，能得到较大的电容量。它有成本低等优点，但损耗较大。主要在频率较低的电路中作旁路、耦合、滤波等用，通常不能在高于 4 MHz 的频率上运用。

7）**微调电容器**

微调电容器的电容量可在某一小范围内调整，并可在调整后固定于某个电容值。瓷介微调电容器的 Q 值高，体积也小，通常可分为圆管式及圆片式两种。

8）**云母电容器**

云母电容器是用金属箔或者在云母片上喷涂银层做成电极板，电极板和云母一层一层叠合后，再压铸在胶木粉或封固在环氧树脂中制成。它的特点是介质损耗小、绝缘电阻大、温度系数小。它适宜用于高频电路，对稳定性和可靠性要求高的场合，以及高频高压大功率设备。

9）**玻璃釉电容器**

玻璃釉电容器由一种浓度适于喷涂的特殊混合物喷涂成薄膜，介质再以银层电极经烧结而成。其“独石”结构性能可与云母电容器媲美，能耐受各种气候环境，一般可在 200 ℃或更高温度下工作，额定工作电压可达 500 V。

10）**安规电容器**

安规电容器是指电容器失效后，不会导致电击、不危及人身安全的安全电容器。安规电容器通常只用于抗干扰电路中起滤波作用。它用在电源滤波器里，起到电源滤波作用，分别对共模、差模干扰起滤波作用。出于安全考虑和 EMC（电磁兼容性）考虑，一般在电源入口建议加上安规电容器。

安规电容器分为 X 型和 Y 型。交流电源输入分为 3 个端子：火线（L）、零线（N）和地线（G 或 PE）。跨于 L—N 之间，即火线—零线之间的是 X 电容器；跨于 L—G/N—G 之间，即火线—地线或零线—地线之间的是 Y 电容器。这是因为火线与零线之间接个电容器就像是 X

形，而火线与地线之间接个电容器就像 Y 形，故而得名，这些都不是按电容器材质来分的。

4. 电容器的标识

1）直标法

用数字和单位符号直接标出。如 1 μF 表示 1 微法，有些电容器用“R”表示小数点，如 R56 表示 0.56 微法。

2）文字符号法

用数字和文字符号有规律的组合来表示电容器容量。如 p10 表示 0.1 pF，1p0 表示 1 pF，6p8表示 6.8 pF，2μ2 表示 2.2 μF。

3）色标法

用色环或色点表示电容器的主要参数。电容器的色标法与电阻器的相同。

4）数学计数法

数学计数法一般是三位数字，第一位和第二位数字为有效数字，第三位数字为倍乘数，即表示 10 的多少次方。如标值 272，容量就是：27×10^2 pF＝2700 pF。如果标值 473，即表示电容器的容量为 47×10^3 pF＝47000 pF。又如：332，即 33×10^2 pF＝3300 pF。

5. 电容器的识别

1）电容器外形的识别

表 2.2.1 给出了一些常见电容器的实物图片。

表 2.2.1　常用电容器外形识别图

序号	电容器类型	图片	序号	电容器类型	图片
1	瓷片电容器		4	贴片电容器	
2	高压瓷片电容器	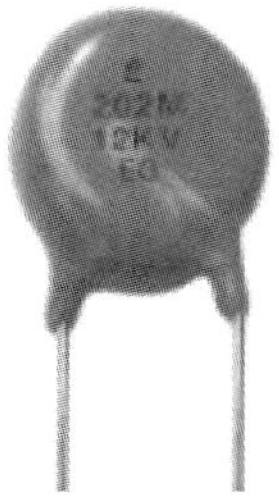	5	贴片电解电容器	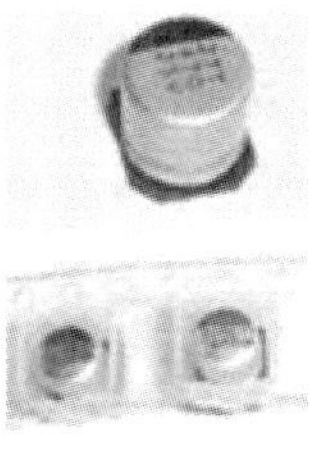
3	聚酯（涤纶）电容器		6	贴片钽电容器	

续表

序号	电容器类型	图片	序号	电容器类型	图片
7	独石电容器		9	电解电容器	
8	引线钽电容器		10	高压电解电容器	

2）**电容器参数的识别**

（1）标称电容量和允许偏差。

电容的识别方法与电阻的识别方法基本相同，分直标法、色标法和数标法 3 种。

电容的基本单位用法拉（F）表示，其他单位还有：毫法（mF）、微法（μF）、纳法（nF）、皮法（pF）。

其中：$1\ \text{F}=10^{3}\ \text{mF}=10^{6}\ \mu\text{F}=10^{9}\ \text{nF}=10^{12}\ \text{pF}$。

对于容量大的电容器，其容量值在电容器上直接标明，如 10 μF/16 V；对于容量小的电容器，其容量值在电容器上用字母表示或数字表示。例如，电容器上的数字“224”表示 22×10^{4} pF=0.22 μF。

电容器实际电容与标称电容的偏差称为误差，允许的偏差范围称为精度，电容器容量误差如表 2.2.2 所示。

表 2.2.2　电容器容量误差

符号	F	G	J	K	L	M
允许误差	±1%	±2%	±5%	±10%	±15%	±20%

例 2.2.1：一瓷介电容器上参数为 104 J，它表示该电容器容量为 0.1 μF、误差为±5%。

（2）额定电压。

在最低环境温度和额定环境温度下，可连续加在电容器上的最高直流电压有效值，一般直接标注在电容器外壳上，如果工作电压超过电容器的耐压值，电容器将击穿，造成不可修复的永久损坏。

（3）绝缘电阻。

绝缘电阻的大小是额定工作电压下的直流电压与通过电容器的漏电流的比值，绝缘电阻也称为漏电电阻。漏电电阻越小，漏电越严重。电容器漏电会引起能量损耗，这种损耗不仅影响电容器的寿命，而且会影响电路的工作。因此，漏电电阻越大越好。

电容器的时间常数。为恰当地评价大容量电容器的绝缘情况而引入了时间常数，它等于电容器的绝缘电阻与容量的乘积。

(4) 损耗。

电容器在电场作用下，在单位时间内因发热所消耗的能量叫作损耗。各类电容器都规定了其在某频率范围内的损耗允许值，电容器的损耗主要由介质损耗、电导损耗和电容器所有金属部分的电阻所引起。

(5) 频率特性。

随着频率的上升，一般电容器的电容量呈现下降的规律。

2.2.2　电容器的作用

电容器的性质是“通交流，阻直流”，它是电子设备中大量使用的电子元件之一，广泛应用于电路中的“隔直通交”、去耦、旁路、滤波、调谐回路、能量转换和控制等方面。

电容器的主要作用如下。

1. 旁路

电容器的旁路作用就是将混有高频电流和低频电流的交流信号中的高频成分旁路滤掉。

在电源电路中，旁路电容器是为本地器件提供能量的储能器件，它能使稳压器的输出均匀化，降低负载需求。就像小型可充电电池一样，旁路电容器能够被充电，并向器件放电。为尽量减少阻抗，旁路电容器要尽量靠近负载器件的供电电源管脚和地管脚。

2. 去耦

去耦，又称解耦。去耦电容器就是起到一个“电池”的作用，满足驱动电路电流的变化，避免相互间的耦合干扰。

将旁路电容器和去耦电容器结合起来将更容易理解。旁路电容器实际也是去耦合的，只是旁路电容器一般是指高频旁路，也就是给高频的开关噪声提供一条低阻抗泄放途径。高频旁路电容一般比较小，根据谐振频率一般取 0.1 μF、0.01 μF 等；而去耦电容器的容量一般较大，可能是 10 μF 或者更大，依据电路中分布参数以及驱动电流的变化大小来确定。旁路是把输入信号中的干扰作为滤除对象，而去耦是把输出信号的干扰作为滤除对象，防止干扰信号返回电源。这是它们的本质区别。

耦合是指两个或两个以上的电路元件或电网络的输入与输出之间存在紧密配合与相互影响，并通过相互作用从一侧向另一侧传输能量的现象。

耦合电容负极不接地，而是接下一级的输入端，旁路电容负极接地。

3. 滤波

滤波是将信号中特定波段频率滤除的操作，目的是抑制和防止干扰。从理论上说，电容越大，阻抗越小，通过的频率也越高。但实际上超过容量 1 μF 的电容器大多为电解电容器，有很大的电感成分，因此，当频率比较高以后，电容器的阻抗反而会增大。有时会看到一个电容量较大的电解电容器并联了一个小容量的电容器，这时大电容通低频，小电容通高频。电容器的作用就是“通高阻低”——通高频阻低频。电容越大低频越不容易通过。具体用在滤波中，大电容(1000 μF)滤低频，小电容(20 pF)滤高频。滤波就是充电、放电的过程。

4. 储能

储能型电容器通过整流器收集电荷，并将存储的能量通过变换器引线传送至电源的输出端。电压额定值为 40～450 V、电容值在 220～150 000 μF 之间的铝电解电容器是较为常用的。根据不同的电源要求，器件有时会采用串联、并联或其组合的形式，对于功率超过 10 kW

的电源，通常采用体积较大的罐形螺旋端子电容器。

2.2.3 电容器的测量与检测

1. 测试要求

(1) 识别出电容器的标称容量、额定工作电压、允许误差，以及电解电容器的正负极性。

(2) 用万用表对电解电容器作充、放电观察，并判断出电容器有无直通或断路、漏电、失效情况。

(3) 用万用表电容挡或 RLC 测试仪测出电容器的实际容量。

2. 测试方法

1) 测试之前的注意事项

在测量之前将电容器的两引脚进行短路放电，以免存在的电荷损坏仪表；在测量电容器时，不能用手并接在电容器两端，以免引入误差；测量电解电容器时要注意极性的区别，红表笔接正极，黑表笔接负极。

2) 对电容器的好坏进行判别

用万用表检测：对电容器进行充、放电观察时，要根据被测电容器的容量大小，来选择合适的电阻挡，如表 2.2.3 所示。根据电容量大小，将数字万用表拨至相应的电阻挡位，再将两支表笔分别接在被测电容器的两引脚上，这时屏幕显示值将从"0"开始逐渐增加，直至显示溢出符号"1"，则表示电容器合格。

若屏幕显示始终为"0"，说明电容器内部短路；若屏幕显示始终为"1"，说明电容器内部开路，也可能是所选择的电阻挡不合适。观察电容器充电的方法是当测量较大的电容时，选择低挡电阻；电容较小时，选择高挡电阻。

表 2.2.3 电阻挡与电容器充电时间的关系

电阻挡/Ω	电容量范围 $C_x/\mu F$	充电时间 t/s
20 M	0.1～1	2～12
2 M	1～10	2～18
200 k	10～100	3～20
20 k	100～1000	3～13
2 k	>1000	>3

3) 电容器容量的测量

通过以上两步测试，确定电容器为正常后，再用数字万用表或 LCR 测试仪，测量其实际电容值。

注意：标称电容量超过 20μF 不能在数字万用表上检测。因为数字万用表测量电容值的最大量程为 20μF，所以，须用 LCR 测试仪测量。

4) 可变电容器的测量

将万用表拨至电容挡，用两支表笔分别接在动片和定片引脚上，再将旋转轴从一个极端旋转到另一个极端，它的容量应在一定范围内变化；使动片上的表笔不动，另一支笔旋转到另一个定片上，再次测量。如果值在一定范围内变化，则表明该电容器正常。

若在测量过程中，屏幕显示为"0"，则表明电容器内部短路；若屏幕显示为"1"，则表明电容器内部开路，不能使用。

2.3　电感器

2.3.1　电感器的基本知识

1. 电感定义

电感是闭合回路的一种属性，是一个物理量。当线圈通过电流后，在线圈中形成磁场感应，感应磁场又会产生感应电流来抵制线圈中通过的电流。这种电流与线圈的相互作用关系称为电的感抗，也就是电感，单位是“亨利(H)”。

电感器是一种储能元件，在电路中具有耦合、滤波、阻流、补偿、调谐等作用。

自感：当线圈中有电流通过时，线圈的周围就会产生磁场，当线圈中电流发生变化时，其周围的磁场也产生相应的变化，此变化的磁场可使线圈自身产生感应电动势(感生电动势)(电动势用以表示有源元件理想电源的端电压)。

互感：两个电感线圈相互靠近时，一个电感线圈的磁场变化将影响另一个电感线圈。互感的大小取决于电感线圈的自感与两个电感线圈耦合的程度，利用此原理制成的元件叫作互感器。

变压器是一种利用互感原理来传输能量的元件，它实质上是电感器的一种特殊形式。变压器具有变压、变流、变阻抗、耦合、匹配等主要作用。

2. 电感分类

按电感形式分类：固定电感、可变电感。

按导磁体性质分类：空芯线圈、铁氧体线圈、铁芯线圈、铜芯线圈。

按工作性质分类：天线线圈、振荡线圈、扼流线圈、陷波线圈、偏转线圈。

按绕线结构分类：单层线圈、多层线圈、蜂房式线圈。

图 2.3.1 所示是一些电感器的实物图。

图 2.3.1　常见电感器的实物图

常用线圈介绍如下。

(1) 单层线圈。单层线圈是用绝缘导线一圈挨一圈地绕在纸筒或胶木骨架上制成的，如晶体管收音机中波天线线圈。

(2) 蜂房式线圈。如果所绕制的线圈，其平面不与旋转面平行，而是相交成一定的角度，那么这种线圈称为蜂房式线圈。而其旋转一周，导线来回弯折的次数，常称为折点数。蜂房式绕法的优点是体积小,分布电容小,而且电感量大。蜂房式线圈都是利用蜂房绕线机来绕制,折点越多,分布电容越小。

(3) 铁氧体磁芯和铁粉芯线圈。线圈的电感量大小与有无磁芯有关。在空芯线圈中插入铁氧体磁芯,可增加电感量和提高线圈的品质因素。

(4) 铜芯线圈。铜芯线圈在超短波范围应用较多,利用旋动铜芯在线圈中的位置来改变电感量,这种调整比较方便、耐用。

(5) 色码电感器。色码电感器是具有固定电感量的电感器,其电感量标识方法同电阻一样以色环来标记。

(6) 扼流圈。限制交流电通过的线圈称扼流圈,分高频扼流圈和低频扼流圈。

(7) 偏转线圈。偏转线圈是电视机扫描电路输出级的负载。偏转线圈要求:偏转灵敏度高、磁场均匀、Q 值高、体积小、价格低。

3. 电感线圈的标注方法

1) 直标法

电感量用数字和单位直接标注在外壳上。电感单位有亨利(H)、毫亨利(mH)、微亨利(μH),$1\ \text{H}=10^3\ \text{mH}=10^6\ \mu\text{H}$。

2) 色点标志法

电感量色点标志法与电阻色环法相似。单位是 μH。

3) 数码法

采用三位数码表示,前两位为有效数,第三位表示零的个数,小数点用 R 表示,最后英文字母表示误差。如:8R2J 表示 8.2 μH。

4. 电感线圈的识别

电感线圈的主要特性参数如下。

(1) 电感量。电感量表示线圈本身固有特性,与电流大小无关。除专门的电感线圈(色码电感)外,电感量一般不专门标注在线圈上,而以特定的名称标注。

(2) 感抗。电感线圈对交流电流阻碍作用的大小称感抗(X_L),单位是欧姆。它与电感量(L)和交流电频率(f)的关系为 $X_L=2\pi fL$。

(3) 品质因素。品质因素 Q 是表示线圈质量的一个物理量,Q 为感抗 X_L 与其等效的电阻的比值,即:$Q=X_L/R$。

线圈的 Q 值愈高,回路的损耗愈小。线圈的 Q 值与导线的直流电阻,骨架的介质损耗,屏蔽罩或铁芯引起的损耗,高频趋肤效应的影响等因素有关。线圈的 Q 值通常为几十到几百。

(4) 分布电容。线圈的匝与匝间、线圈与屏蔽罩间、线圈与底板间存在的电容被称为分布电容。分布电容的存在使线圈的 Q 值减小、稳定性变差,因而线圈的分布电容越小越好。

2.3.2 电感的作用

电感在电路中的基本作用是滤波、振荡、延迟、陷波;电感的性质是“通直流,阻交流”。通直流就是指在直流电路中,电感的作用就相当于一根导线,不起任何作用;阻交流就是指在交流电路中,电感会有阻抗,整个电路的电流会变小,对交流有一定的阻碍作用。

1. 电感的阻流作用

电感线圈中的自感电动势总是与线圈中的电流变化抗衡。电感线圈对交流电流有阻碍作用,阻碍作用的大小称感抗 X_L,单位是欧姆。它与电感量 L 和交流电频率 f 的关系为 $X_L=$

$2\pi fL$,电感器主要可分为高频扼流线圈及低频扼流线圈。

2. 调谐与选频作用

电感线圈与电容器并联可组成 LC 调谐电路。即电路的固有振荡频率 f_0 与非交流信号的频率 f 相等,则回路的感抗与容抗也相等,于是电磁能量就在电感、电容之间来回振荡,这是 LC 回路的谐振现象。谐振时电路的感抗与容抗等值又反向,回路总电流的感抗最小,电流量最大(指 $f=f_0$ 的交流信号)。LC 谐振电路具有选择频率的作用,能将某一频率 f 的交流信号选择出来。

3. 电感的滤波的作用

因为电感有“通直流,隔交流”的特性,所以,可以在制作的时候设定一定的参数,从而达到滤除不想要的电信号的目的。

4. 手机中电感的作用

手机中电感主要用于电源电路、升压电路,在射频电路和音频电路中也有使用。手机中的电感一般是贴片电感。

电感还有筛选信号、过滤噪声、稳定电流及抑制电磁波干扰等作用。

2.3.3　变压器

变压器是变换交流电压、电流和阻抗的器件。当初级线圈中通有交流电流时,铁芯(或磁芯)中便产生交流磁通,使次级线圈中感应出电压(或电流)。变压器由铁芯(或磁芯)和线圈组成,线圈有两个或两个以上的绕组,其中接电源的绕组叫初级线圈,其余的绕组叫次级线圈。

1. 分类

按冷却方式分类:干式(自冷)变压器、油浸(自冷)变压器、氟化物(蒸发冷却)变压器。

按防潮方式分类:开放式变压器、灌封式变压器、密封式变压器。

按铁芯或线圈结构分类:芯式变压器(插片铁芯、C 型铁芯、铁氧体铁芯)、壳式变压器(插片铁芯、C 型铁芯、铁氧体铁芯)、环形变压器、金属箔变压器。

按电源相数分类:单相变压器、三相变压器、多相变压器。

按用途分类:电源变压器、调压变压器、音频变压器、中频变压器、高频变压器、脉冲变压器。

2. 电源变压器的特性参数

(1) 工作频率。变压器铁芯损耗与频率关系很大,故应根据使用频率来设计和使用,这种频率称工作频率。

(2) 额定功率,指在规定的频率和电压下,变压器能长期工作,而不超过规定温升的输出功率。

(3) 额定电压,指在变压器的线圈上所允许施加的电压,工作时不得大于规定值。

(4) 电压比,指变压器初级电压和次级电压的比值,有空载电压比和负载电压比的区别。

(5) 空载电流。变压器次级开路时,初级仍有一定的电流,这部分电流称空载电流。空载电流由磁化电流(产生磁通)和铁损电流(由铁芯损耗引起)组成。对于 50 Hz 电源变压器而言,空载电流基本上等于磁化电流。

(6) 空载损耗,指变压器次级开路时,在初级测得的功率损耗。主要损耗是铁芯损耗,其次是空载电流在初级线圈铜阻上产生的损耗(铜损),这部分损耗很小。

(7) 效率,指次级功率 P_2 与初级功率 P_1 比值的百分比。通常变压器的额定功率愈大,效率就愈高。

(8) 绝缘电阻，表示变压器各线圈之间、各线圈与铁芯之间的绝缘性能。绝缘电阻的高低与所使用的绝缘材料的性能、温度高低和潮湿程度有关。

3. 音频变压器和高频变压器特性参数

(1) 频率响应，指变压器次级输出电压随工作频率变化的特性。

(2) 通频带。如果变压器在中间频率的输出电压为 U，当输出电压(输入电压保持不变)下降到 0.707U 时的频率范围，称为变压器的通频带。

(3) 初、次级阻抗比。变压器初、次级接入适当的阻抗 R_o 和 R_i，使变压器初、次级阻抗匹配，则 R_o 和 R_i 的比值称为初、次级阻抗比。在阻抗匹配的情况下，变压器工作在最佳状态，传输效率最高。

2.3.4　电感器的测量与检测

1. 电感值测量

利用 LCR 测试仪测量电感器的实际电感值。

2. 电源变压器测量

1) 直流电阻测量

将万用表转换开关拨至 2 kΩ 或 200 Ω 挡位置，用红、黑两支表笔分别接在变压器初级或次级两端，若测出初级直流电阻为 1.5 kΩ 左右，次级直流电阻为 3 Ω 左右，则变压器为合格。

2) 变压器的初、次级有无击穿(短路现象)

将万用表的黑表笔接在变压器初级一端不动，另一支红表笔分别接触次级的两端，若两次屏幕显示为“1”，则证明初、次级无短路现象，变压器为合格，可以使用。变压器初级另一端与次级检测同上述一样，不必再述。

3) 初、次级好坏判别与检测

将万用表转换开关拨至 200 Ω(蜂鸣)或 2 kΩ 挡位置，用两支表笔分别接在变压器初级或次级两端，若测出为“0”或为“1”，则变压器不合格，不能使用。

3. 电感器的检测

1) 电感器好坏的判别

将万用表拨至电阻挡，将红、黑两支表笔分别接在电感器的两根引脚上，若屏幕显示为“1”，则表明电感器开路；若屏幕显示为“0”，则表明电感器短路；若测得有一定的电阻或电阻值接近于零，表明电感器正常，可以使用。电感量不正常也视为损坏。

2) 电源变压器的测量

将万用表拨至电阻挡位，分别测量变压器初级与次级两端的电阻，如果测量的时候都有读数，说明初级与次级线圈完好。再将接在初级上的表笔不动，另一支表笔分别接触次级的两端，若屏幕显示为“1”，则证明初、次级无短路，变压器合格，可以使用。

2.4　二极管

2.4.1　二极管概念

二极管是将一块 P 型半导体和一块 N 型半导体用特殊的工艺制作而成的。它是一种具有两个电极的电子元件,只允许电流由单一方向流过。二极管的主要特性是单向导电性,也就是在正向电压的作用下,导通电阻很小;而在反向电压作用下导通电阻极大或无穷大。图 2.4.1所示是二极管的实物图。

普通二极管上有一端标有白色的横线,说明此端为二极管的负极;发光二极管的两根引脚中,长的引脚是正极,短的引脚是负极。由于二极管具有单向导通的特性,因此在使用二极管时要分清它的正极和负极。正极通常称为阳极,用“A”表示,负极通常称为阴极,用“K”表示。二极管电路符号如图 2.4.2 所示。

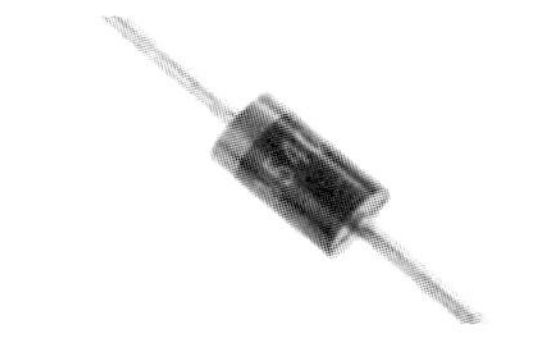

图 2.4.1　二极管的实物图

图 2.4.2　二极管电路符号

2.4.2　二极管的分类与作用

二极管是电子电路中常用的电子元器件之一。常用在开关、限幅、箝位、检波、整流、隔离、稳压、极性保护、编码控制、调频调制和静噪等电路中。

晶体二极管按作用可分为整流二极管(如 1N4004)、隔离二极管(如 1N4148)、肖特基二极管(如 BAT85)、发光二极管、稳压二极管等。下面介绍几种常用的二极管。

1. 检波二极管

检波二极管的主要作用是把高频信号中的低频信号检出。检波二极管的结构为点接触型,因此其结电容较小,工作频率较高。它一般都采用锗材料制成。点接触型二极管,除用于检波外,还能够用于限幅、削波、调制、混频、开关等电路中。

2. 整流二极管

将交流电变换为直流电称为 AC/DC 变换,这种变换的功率流向是由电源传向负载,称之为整流。

整流二极管的结构为面接触型,因此结电容较大,一般工作在 3 kHz 以下,最高反向电压为 25～3000 V。

整流电路是利用二极管的单向导电性将正负变化的交流电压变为单向脉动电压的电路。在交流电源的作用下,整流二极管周期性地导通和截止,使负载得到脉动直流电。在电源电压的正半周,二极管导通,使负载上的电流与电压波形完全相同;在电源电压的负半周,二极管处于反向截止状态,承受电源负半周电压,负载电压几乎为零。

3. 限幅二极管

二极管正向导通后,它的正向压降基本保持不变,硅管为 0.7 V,锗管为 0.3 V。利用这一特性,二极管在电路中作为限幅元件,可以把信号幅度限制在一定范围内。通常使用硅材料制造的二极管。有时依据限制电压需要,把若干个必要的整流二极管串联起来形成一个整体使用。

4. 混频二极管

使用二极管混频方式时,在 500～10000 Hz 的频率范围内,多采用肖特基型和点接触型二极管。

5. 开关二极管

二极管在正向电压作用下电阻很小，处于导通状态，相当于一只接通的开关；在反向电压作用下，电阻很大，处于截止状态，如同一只断开的开关。利用二极管的开关特性，可以组成各种逻辑电路。

既有在小电流（10 mA 程度）下使用的用以完成逻辑运算的开关二极管，也有在数百毫安下使用的磁芯激励用开关二极管。小电流的开关二极管通常有点接触型二极管和键型二极管，也有在高温下还可能工作的硅扩散型、台面型和平面型二极管。开关二极管的优点是开关速度快。而肖特基势垒二极管（Schottky barrier diode，SBD，业内习惯称为肖特基二极管）的开关时间特短，因而是理想的开关二极管。2AK 点接触型二极管为中速开关电路用二极管，2CK 平面接触型二极管为高速开关电路用二极管；肖特基二极管是大电流开关，正向压降小、速度快、效率高。

6. 稳压二极管

稳压二极管是利用二极管的反向击穿特性制成的，在电路中其两端的电压保持基本不变，起到稳定电压的作用。它工作在反向击穿状态，利用硅材料制作，动态电阻很小，作为控制电压和标准电压使用。二极管工作时的端电压，又称齐纳电压，电压值从 3 V 左右到 150 V，划分成许多等级。在功率方面，也有从 200 mW 至 100 W 的各种型号的稳压二极管产品。

稳压二极管的温度系数 α：温度每变化 1 ℃稳压值的变化量。稳定电压小于 4 V 的管子具有负温度系数，即温度升高时稳定电压值下降；稳定电压大于 7 V 的管子具有正温度系数，即温度升高时稳定电压值上升；而稳定电压在 4～7 V 内的管子，温度系数非常小，近似为零，齐纳击穿和雪崩击穿均有。

7. 快速关断二极管

快速关断（阶跃恢复）二极管是一种具有 PN 结的二极管。其结构上的特点是：在 PN 结边界处具有陡峭的杂质分布区，从而形成“自助电场”。由于 PN 结在正向偏压下，以少数载流子导电，并在 PN 结附近具有电荷存贮效应，使其反向电流需要经历一个“存贮时间”后才能降至最小值（反向饱和电流值）。阶跃恢复二极管的“自助电场”缩短了存贮时间，使反向电流快速截止，并产生丰富的谐波分量。利用这些谐波分量可设计出梳状频谱发生电路。快速关断（阶跃恢复）二极管用于脉冲和高次谐波电路中。

8. 肖特基二极管

肖特基二极管是利用金属（金、银、铝、铂等）与 N 型半导体接触在交界面形成势垒的二极管。因此，肖特基二极管也称为金属-半导体二极管或表面势垒二极管。其正向起始电压较低。其半导体材料采用硅或砷化镓，多为 N 型半导体。

肖特基二极管是一种低功耗、超高速半导体器件。其最显著的特点为反向恢复时间极短（可以小到几纳秒），正向导通压降仅 0.4 V 左右。它多用作高频、低压、大电流整流二极管、续流二极管、保护二极管，也可在微波通信等电路中作整流二极管、小信号检波二极管使用。

肖特基二极管可作为续流二极管，在开关电源的电感中和继电器等感性负载中起续流作用。

9. 发光二极管

发光二极管的电路符号如图 2.4.3 所示。它是一种将电能直接转换成光能的固体器件，简称 LED（light emitting diode）。发光二极管和普通二极管相似，也由一个 PN 结组成。发光二极管在正向导通时，由于空穴和电子的复合而发出能量，发出一定波长的可见光。

发光二极管用磷化镓、磷砷化镓材料制成，体积小，正向驱动发光。它工作电压低，工作电流小，发光均匀，寿命长，可发红、黄、绿、蓝单色光。随着技术的进步，近来研制成了白光高亮二极管，形成了 LED 照明这一新兴产业。发光二极管还用于 VCD、DVD、计算器等的显示器上。

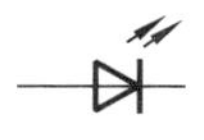
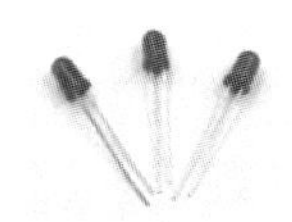

图 2.4.3　发光二极管电路符号及实物

发光二极管的开启电压通常称正向电压，它取决于制作材料的禁带宽度。例如，GaAsP 红色 LED 的开启电压约为 1.7 V，而 GaP 绿色 LED 的开启电压则约为 2.3 V。几种常见的发光材料的主要参数如表 2.4.1 所示。

表 2.4.1　几种常见的发光材料的主要参数

颜色	波长/nm	基本材料	正向电压（10 mA 时）/V	光强度（10 mA 时）/cd	光功率/μW
红外	900	GaAs	1.3～1.5	—	100～500
红	655	GaAsP	1.6～1.8	0.4～1	1～2
鲜红	635	GaAsP	2.0～2.2	2～4	5～10
黄	583	GaAsP	2.0～2.2	1～3	3～8
绿	565	GaP	2.2～2.4	0.5～3	1.5～8

10. 硅功率开关二极管

硅功率开关二极管具有高速导通与截止的能力。它主要用于大功率开关或稳压电路、直流变换器、高速电动机调速，以及在驱动电路中作高频整流及续流箝位用，具有恢复特性软、过载能力强的优点，广泛用于计算机、雷达电源、步进电动机调速等方面。

2.4.3　二极管的识别与检测

1. 二极管的识别方法

(1) 晶体二极管在电路中常用“D”加数字表示，如：D5 表示编号为 5 的二极管。

(2) 二极管的识别很简单，小功率二极管的 N 极(负极)，在二极管外表大多采用一种色圈标出来，有些二极管也用二极管专用符号来表示 P 极(正极)或 N 极(负极)，也有采用符号标志“P”“N”来确定二极管极性的。发光二极管的正负极可从引脚长短来识别，长脚为正，短脚为负。

(3) 二极管的型号标注。

1N 是日本电子元件命名法：1 代表有一个 PN 节，为二极管。如：1N4001。常用的 1N4000 系列二极管的耐压比较如表 2.4.2 所示。

表 2.4.2　常用的 1N4000 系列二极管耐压比较

型号	1N4001	1N4002	1N4003	1N4004	1N4005	1N4006	1N4007
耐压/V	50	100	200	400	600	800	1000
电流/A	1	1	1	1	1	1	1

国家标准国产二极管的型号命名分为如下五个部分。

第一部分用数字“2”表示二极管。

第二部分用字母表示二极管的材料与极性。其中，A 表示 N 型锗材料；B 表示 P 型锗材料；C 表示 N 型硅材料；D 表示 P 型硅材料。

第三部分用字母表示二极管的类别。其中，P 表示小信号管(普通管)；W 表示电压调整管和电压基准管(稳压管);L 表示整流堆;N 表示阻尼管;Z 表示整流管;U 表示光电管;K 表示开关管;B 或 C 表示变容管;V 表示混频检波管;JD 表示激光管;S 表示隧道管;CM 表示磁敏管;H 表示恒流管;Y 表示体效应管;EF 表示发光二极管。

第四部分用数字表示序号,表示同一类别产品序号。

第五部分用字母表示二极管的规格号。用字母表示产品规格、档次。

2. 二极管的检测

1) 二极管极性的判别

将数字万用表拨至二极管挡,用表笔分别接在二极管的两个电极上,若屏幕显示值在 0.2～0.7 V 内,则说明二极管正向导通,红表笔接的是正极,黑表笔接的是负极;若屏幕显示为"1",则说明管子处于反向截止状态,红表笔接的是负极,黑表笔接的是正极。

2) 二极管好坏判别

将数字万用表拨至二极管挡,用红表笔接正极,黑表笔接负极,若屏幕显示值在 0.1～0.7 V内,则该二极管为合格。交换表笔再测一次,若两次均显示为"0",则说明管子击穿短路;若两次均显示为"1",则说明管子开路,不合格。

3) 二极管正向压降测量及硅管、锗管判别

将数字万用表拨至二极管挡,用红表笔接二极管正极,黑表笔接二极管负极,若屏幕显示正向压降为 0.5～0.7 V,则说明被测管是硅管;若屏幕显示正向压降为 0.1～0.3 V,则说明被测管是锗管。

4) 发光二极管的测量

如图 2.4.4 所示,将数字万用表拨至 hFE 挡位,然后将发光二极管正极插入 NPN 型"c"插孔,负极插入"e"插孔。若发光,则发光二极管为正常;若不发光,则说明发光二极管已坏或管脚插反,可调换管脚重新测试。或用两节干电池串联起来连接两根导线,用导线分别快速地触碰发光二极管对应的引脚(注意正负极性),如果发光,则说明发光二极管是好的;否则说明发光二极管已经损坏,不合格。

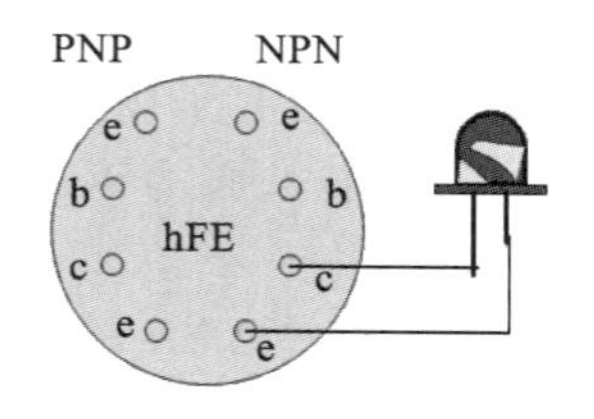

图 2.4.4　发光二极管检测

3. 稳压二极管

稳压二极管在电路中常用"ZD"加数字表示,如:ZD5 表示编号为 5 的稳压管。

1) 稳压二极管的稳压原理

稳压二极管的特点就是击穿后,其两端的电压基本保持不变。这样,当把稳压管接入电路以后,若由于电源电压发生波动,或其他原因造成电路中各点电压变动时,负载两端的电压将基本保持不变。

2) 故障特点

稳压二极管的故障主要表现在开路、短路和稳压值不稳定。在这三种故障中,第一种故障表现出电源电压升高;后两种故障表现为电源电压变低到零或输出不稳定。

常用稳压二极管的型号及稳压值如表 2.4.3 所示。

表 2.4.3　常用稳压二极管的型号及稳压值

型号	1N4728	1N4729	1N4730	1N4732	1N4733	1N4734	1N4735	1N4744	1N4750	1N4751	1N4761
稳压值	3.3 V	3.6 V	3.9 V	4.7 V	5.1 V	5.6 V	6.2 V	15 V	27 V	30 V	75 V

4. 特殊二极管测试

光敏二极管：无光照（用手掌遮住光线）时，正向电阻为 8～9 kΩ，反向电阻无穷大；有光照时，反向电阻急剧减小。

红外发射管：在常态下，正向电阻小，反向电阻大；反向电阻愈大，质量愈佳。

红外接收管：无光照（用手掌遮住光线）时，正反向电阻都很大；有光照时，反向电阻减小。

2.5　三极管

2.5.1　三极管基础知识

1. 三极管的定义

晶体三极管常称半导体三极管，或称双极型晶体管，简称三极管。它是一种电流控制电流的半导体器件，可用来对微弱信号进行放大和作无触点开关使用。它具有结构牢固、寿命长、体积小、耗电少等一系列优点，故在各领域得到了广泛应用。其结构如图 2.5.1 所示，电路符号如图 2.5.2 所示，实物图如图 2.5.3 所示。

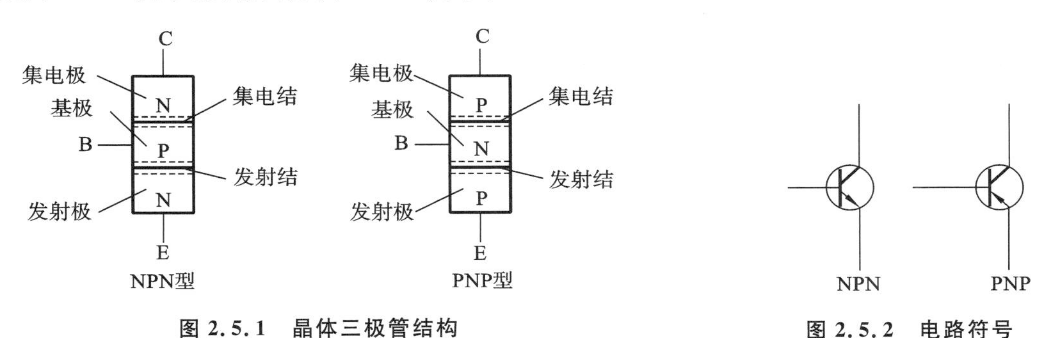

图 2.5.1　晶体三极管结构　　图 2.5.2　电路符号

贴片三极管

塑封三极管

低频大功率三极管

图 2.5.3　实物图

三极管工作在放大状态的基本条件是：发射结（BE 间）加上较低的正向电压（即正偏），集电结（BC 间）加上较高的反向电压（即反偏）。

当发射结与集电结都处于反偏状态时，集电极与发射极之间开路，$U_{CE}=U_{CC}$，三极管工作在截止状态。

当发射结与集电结都处于正偏状态时，集电极与发射极之间短路，$U_{CE}=0$，三极管工作在饱和状态。

2. 三极管的分类

1）三极管命名

三极管的命名方法与二极管的方法类似，可以参照二极管的部分，如图 2.5.4 所示。第一部分：电极数，用数字表示。第二部分：材料和极性，用字母表示。第三部分：类型，用字母表示。第四部分:序号,用数字表示。第五部分:规格,用字母表示。

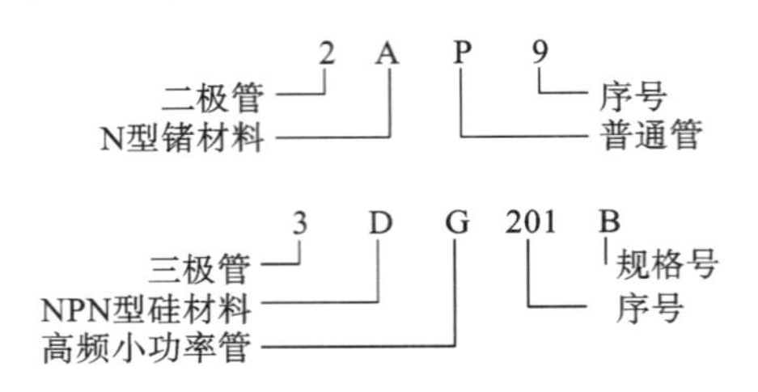

图 2.5.4　三极管的命名

2) 三极管分类

(1) 按材质分,三极管的种类有:硅管、锗管。

(2) 按结构分,三极管的种类有:NPN 、PNP。

(3) 按功能分,三极管的种类有:开关管、功率管、达林顿管、光敏管等。

(4) 按三极管消耗功率的不同,三极管的种类有:小功率管、中功率管和大功率管等。

低频小功率三极管是指特征频率在 3 MHz 以下,功率小于 1 W 的三极管。一般用在小信号的放大电路中。

高频小功率三极管是指特征频率大于 3 MHz,功率小于 1 W 的三极管。主要用于高频振荡、放大电路中。

低频大功率三极管是指特征频率小于 3 MHz,功率大于 1 W 的三极管。低频大功率三极管品种比较多,主要应用于电子音响设备的低频功率放大电路中,也用于各种大电流输出稳压电源中,作为调整管。

高频大功率三极管是指特征频率大于 3 MHz,功率大于 1 W 的三极管。主要用于通信等设备中,起功率驱动、放大作用。

开关三极管是通过控制饱和区和截止区转换来进行工作的。开关三极管的开关过程的响应时间、开关响应时间的长短表示了三极管开关特性的好坏。

差分对管是把两只性能一致的三极管封装在一起的半导体器件。它能以最简单的方式构成性能优良的差分放大器。

复合三极管是将两个和更多个晶体管的集电极连在一起,而将第一只晶体管的发射极直接耦合到第二只晶体管的基极,依次连接而成,最后引出 E、B、C 三个电极。其中,将两个晶体管的集电极连在一起的复合管也叫达林顿管,其放大倍数是两者放大倍数的乘积。复合三极管一般应用于功率放大器、稳压电源电路中。

在组成复合三极管时,不管选用什么样的三极管,这些三极管按照一定的方式连接后可以看成是一个高频的三极管。组合复合三极管时,应注意第一只管子的发射极电流方向与第二只管子的基极电流方向。复合三极管的极性取决于第一只管子。复合三极管的最大特点是电流放大倍数很高,多用于较大功率输出的电路中。

图 2.5.5 所示是金属封装三极管的引脚判断示意图。图 2.5.6 所示是塑料封装三极管的引脚判断示意图。图 2.5.7 所示是其他封装三极管的引脚判断示意图。

2.5.2　三极管的使用

三极管在电路中常用"Q"或"VT"加数字表示,如:Q17 或 VT17 表示编号为 17 的三极管。

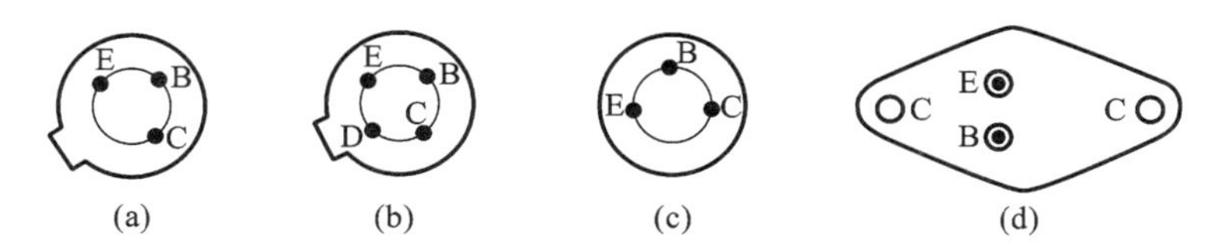

图2.5.5　金属封装三极管的引脚判断示意图

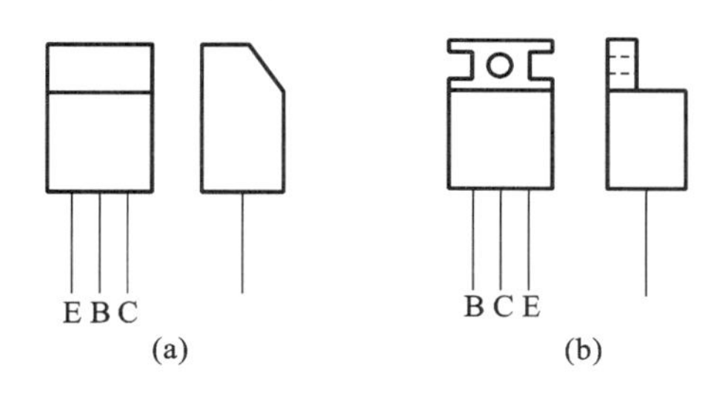

图2.5.6　塑料封装三极管的引脚判断示意图

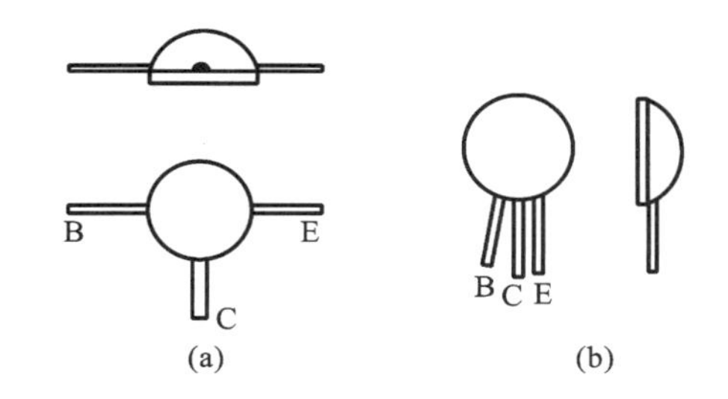

图2.5.7　其他封装三极管的引脚判断示意图

1. 三极管特点

三极管是内部含有2个PN结，并且具有放大能力的特殊器件。它分NPN型和PNP型两种类型，这两种类型的三极管从工作特性上可互相弥补，所谓OTL电路中的对管就是将PNP型和NPN型配对使用。

电话机中常用的PNP型三极管有A92、9015等型号；NPN型三极管有A42、9014、9018、9013、9012等型号。

2. 三极管的作用

三极管主要用于放大电路中起放大作用，在常见电路中有三种接法。为了便于比较，将三极管三种接法电路所具有的特点列于表2.5.1，供大家参考。

表2.5.1　三极管三种接法电路所具有的特点

电路类型	共发射极电路	共集电极电路	共基极电路
输入阻抗	中(几百欧～几千欧)	大(几十千欧及以上)	小(几欧～几十欧)
输出阻抗	中(几千欧～几十千欧)	小(几欧～几十欧)	大(几十千欧～几百千欧)
电压放大倍数	大	小(小于1并接近于1)	大
电流放大倍数	大(几十)	大(几十)	小(小于1并接近于1)
功率放大倍数	大(30～40 dB)	小(10 dB)	中(15～20 dB)
频率特性	高频差	好	好

2.5.3　三极管的测量

1. 基极及类型判别

将数字万用表拨至二极管挡，将红表笔固定在某一电极，黑表笔分别接触另外两个电极，若两次都显示 0.5～0.7 V，证明红表笔接的是基极，被测晶体管是 NPN 型管。若将黑表笔固定在某一电极，用红表笔分别接触另外两个电极，两次都显示 0.5～0.7 V，证明黑表笔接的是基极，被测晶体管是 PNP 型管。三极管外形图、符号图、基极判断示意图如图 2.5.8 所示。

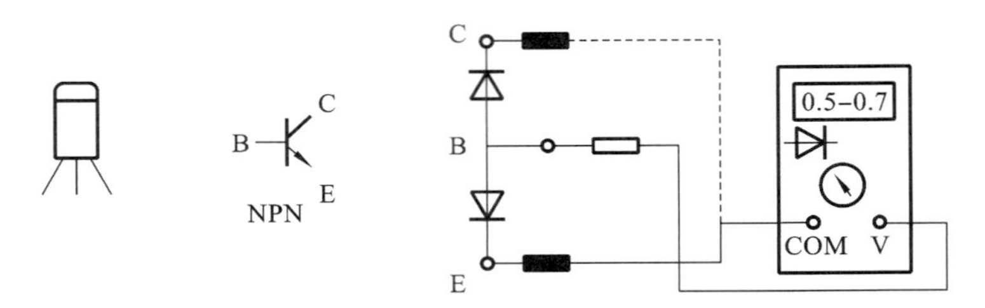

图 2.5.8　外形图、符号图、基极判断示意图

2. 集电极和发射极的判别以及直流放大系数的测量

在判定了三极管的类型和基极的基础上，将数字万用表拨至 hFE 挡，把被测三极管基极插入 B 孔，余下两个电极分别插入 C 和 E 孔中，若屏幕显示在 100～600，则说明管子接法正确，屏幕显示的值即该三极管的直流放大系数。此时，插入 C 的是集电极，插入 E 的是发射极。若屏幕显示在 6～30，则说明集电极与发射极插反，需调换重新测试。若屏幕显示为“0”，则说明管子内部击穿短路；若屏幕显示为“1”，则说明管子开路，该管不能使用。

3. 三极管的 BE 结和 BC 结正、反压降的测量

将数字万用表拨至二极管测量挡，用红表笔接三极管 B 极，黑表笔接三极管 E 或 C 极，若屏幕显示 0.5～0.7 V，则说明是硅管的 BE 和 BC 结正向压降，如图 2.5.8 所示。调换表笔，测试 BE 结或 BC 结，若屏幕显示为“1”(溢出)，则说明是硅管的反向压降。

用黑表笔接三极管 B 极，红表笔接三极管 E 或 C 极，若屏幕显示 0.1～0.3 V，则说明是锗管的 BE 和 BC 结正向压降。调换表笔，测试 BE 结或 BC 结，若屏幕显示为“1”(溢出)，则说明是锗管的反向压降。

2.5.4　单向晶闸管(可控硅)的测量

如图 2.5.9 所示，晶闸管门极 G 与阴极 K 之间等效为一个二极管，G 与阳极 A 之间为两个反串的二极管。

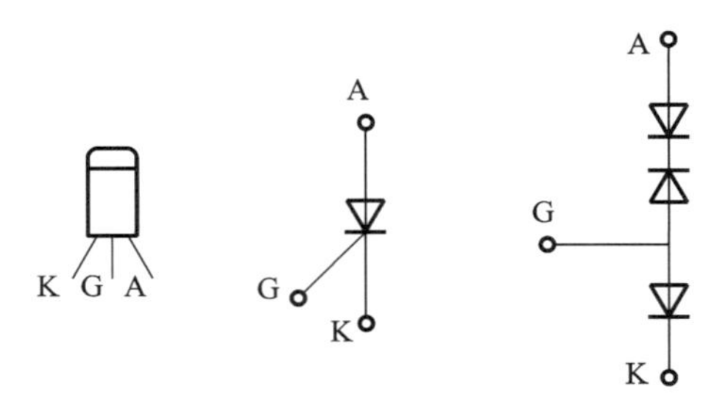

图 2.5.9　单向晶闸管(可控硅)的测量

1. 电极判别

将万用表拨至 $R\times1$ k 挡，假定其中一个电极为 G 极，将其接黑表笔，然后用红表笔依次接另外两个电极，测出一次电阻小（为 K 极），另一次电阻无穷大（为 A 极），则证明假定 G 极是对的。若两次均不导通，则表明假定是错的，应重新假定 G 极进行测试。

2. 极间电阻测量及好坏判别

将万用表拨至 $R\times1$ k 挡，测阳极 A 和阴极 K 两个电极之间的正反向电阻（控制极 G 不接电压）。若测得阻值在几百千欧甚至以上，则管子为正常；若测得的阻值很小，或近于无穷大，则说明管子已经击穿短路或已经开路，此管不能使用。

将万用表拨至 $R\times100$ 挡，测 G、K 极间电阻，若测得正向电阻在几十至几百欧，反向电阻在几百欧甚至以上，则管子为正常；若测得正、反向电阻为 0 或正、反向电阻为 ∞，则说明晶闸管已坏。

3. 触发能力检测

对于小功率（工作电流为 5 A 以下）的普通晶闸管，可用万用表 $R\times1$ 挡测量。测量时黑表笔接阳极 A，红表笔接阴极 K，此时表针不动，显示阻值为无穷大（∞）。用镊子或导线将晶闸管的阳极 A 与门极 G 短路，相当于给门极 G 加上正向触发电压，此时若电阻值为几欧姆至几十欧姆（具体阻值根据晶闸管的型号不同会有所差异），则表明晶闸管因正向触发而导通。再断开 A 极与 G 极的连接（A、K 极上的表笔不动，只将 G 极的触发电压断掉），若表针示值仍保持在几欧姆至几十欧姆的位置不动，则说明此晶闸管的触发性能良好。

2.5.5　场效应管

1. 场效应管概念

场效应管（field effect transistor，FET）是利用控制输入回路的电场效应来控制输出回路电流的一种半导体器件，并依此命名。由于它仅靠半导体中的多数载流子导电，因此又称单极型晶体管。场效应管具有较高输入阻抗和低噪声等优点，因而也被广泛应用于各种电子设备中。尤其是使用场效应管作为电子设备的输入级，可以获得使用一般晶体管很难达到的性能。

场效应管分成结型和绝缘栅型两大类，其控制原理都是一样的。结型场效应管（JFET）因有两个 PN 结而得名，绝缘栅型场效应管（JGFET）则因栅极与其他电极完全绝缘而得名。目前在绝缘栅型场效应管中，应用最为广泛的是 MOS 场效应管（即金属-氧化物-半导体场效应管 MOSFET），简称 MOS 管；此外，还有 PMOS、NMOS 和 VMOS 场效应管，以及 πMOS 场效应管等。图 2.5.10 所示是结型场效应管的表示符号。图 2.5.11 所示是 MOS 场效应管的表示符号。图 2.5.12 所示是绝缘栅型场效应管实物图片与符号。

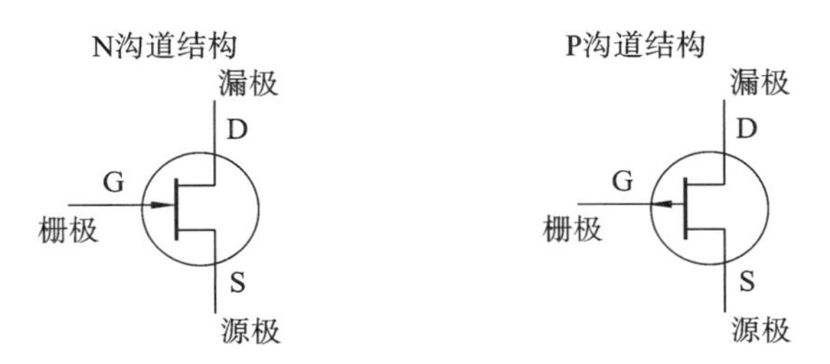

图 2.5.10　结型场效应管的表示符号

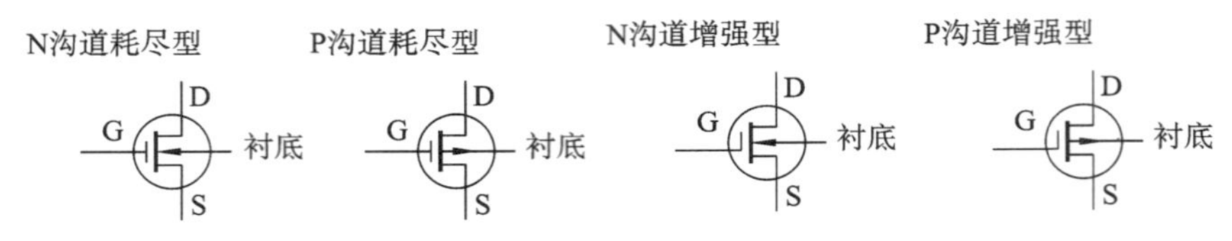

图 2.5.11　MOS 场效应管的表示符号

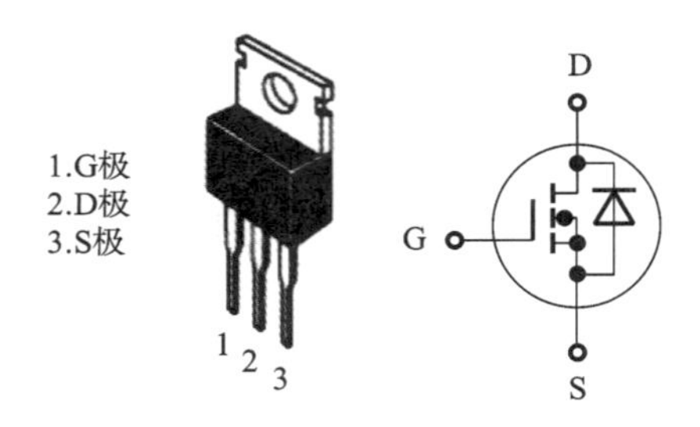

图 2.5.12　绝缘栅型场效应管实物图片与符号

2. 场效应管的特点

与三极管相比，场效应管具有如下特点：

(1) 场效应管是电压控制器件，它通过 U_{GS}（栅源电压）来控制 I_D（漏极电流）；

(2) 场效应管的控制输入端电流极小，因此，它的输入电阻很大（$10^7 \sim 10^{12}\ \Omega$）；

(3) 场效应管是利用多数载流子导电，因此，它的温度稳定性较好；

(4) 场效应管组成的放大电路的电压放大系数要小于三极管组成的放大电路的电压放大系数；

(5) 场效应管的抗辐射能力强；

(6) 由于场效应管不存在杂乱运动的电子扩散引起的散粒噪声，因此其噪声低。

3. 场效应管的作用

场效应管的主要作用如下：

(1) 场效应管可应用于放大电路，由于场效应管放大器的输入阻抗很高，因此，耦合电容容量较小，不必使用电解电容器；

(2) 场效应管很高的输入阻抗非常适合作阻抗变换，常用于多级放大器的输入级作阻抗变换；

(3) 场效应管可以用作可变电阻；

(4) 场效应管可以方便地用作恒流源；

(5) 场效应管可以用作电子开关。

4. 测量方法

1) 结型场效应管管脚识别

场效应管的栅极相当于三极管的基极，源极和漏极分别对应于三极管的发射极和集电极。将万用表置于 $R\times 1$ k 挡，用红黑两表笔分别测量场效应管的两个管脚间的正、反向电阻。当测得某两个管脚间的正、反向电阻相等，均为数千欧时，则这两个管脚为漏极 D 和源极 S(引脚可互换使用)，余下的一个管脚即栅极 G。对于有 4 个管脚的结型场效应管，另外一个引脚是屏蔽极，使用中该引脚接地。

判定栅极与场效应管类型。用万用表的黑表笔碰触场效应管的一个引脚，红表笔分别碰触另外两个引脚。若两次测出的阻值都很大，说明是反向PN结，即均是反向电阻，可以判定该场效应管属于N沟道场效应管，且黑表笔接的是栅极；若两次测出的阻值都很小，说明是正向PN结，即均是正向电阻，可以判定该场效应管属于P沟道场效应管，且黑表笔接的是栅极。

制造工艺决定了场效应管的源极和漏极是对称的，可以互换使用，并不影响电路的正常工作，所以不必加以区分。源极与漏极间的电阻为几千欧。

注意：不能用此法判定绝缘栅型场效应管的栅极。因为绝缘栅型场效应管的输入电阻极高，栅源间的极间电容又很小，测量时只要有少量的电荷，就可在极间电容上形成很高的电压，容易将管子损坏。

2）估测放大能力

将万用表拨到$R\times100$挡，红表笔接源极S，黑表笔接漏极D，相当于给场效应管加上1.5 V的电源电压。这时表针指示出的是D极与S极间电阻值。然后，用手指捏栅极G，将人体的感应电压作为输入信号加到栅极上。由于管子的放大作用，U_{DS}和I_D都将发生变化，也相当于D极与S极间电阻发生变化，可观察到表针有较大幅度的摆动。如果手捏栅极时表针摆动很小，说明管子的放大能力较弱；若表针不动，说明管子已经损坏。由于人体感应的50 Hz交流电压较高，而不同的场效应管用电阻挡测量时的工作点可能不同，因此，用手捏栅极时表针可能向右摆动，也可能向左摆动。少数的管子R_{DS}减小，使表针向右摆动，多数管子的R_{DS}增大，表针向左摆动。无论表针的摆动方向如何，只要能明显地摆动，就说明管子具有放大能力。

本方法也适用于MOS管放大能力的估测。MOS管每次测量完毕，GS结电容上会充有少量电荷，形成电压U_{GS}，再接着测时表针可能不动，此时将G极与S极间短路一下即可。

3）电阻法测好坏

电阻法是指用万用表测量场效应管的源极S与漏极D、栅极G与源极S、栅极G与漏极D之间的电阻值同场效应管手册标明的电阻值是否相符，并以此来判别场效应管的好坏。具体方法是：首先将万用表置于$R\times10$或$R\times100$挡，测量源极S与漏极D之间的电阻，通常在几十欧到几千欧范围内（在手册中查看可知，各种不同型号的场效应管，其电阻值是各不相同的），如果测得阻值大于正常值，则场效应管可能内部接触不良；如果测得阻值是无穷大，则场效应管可能是内部断极。然后，把万用表置于$R\times10$ k挡，再测栅极G与源极S、栅极G与漏极D之间的电阻值：若测得其各项电阻值均为无穷大，则说明场效应管是正常的；若测得上述各阻值太小或为通路，则说明管子是坏的。

2.6　集成电路

2.6.1　集成电路的概念

集成电路（integrated circuit，IC）是一种微型电子器件或部件。它采用一定的工艺，把一个电路中所需的晶体管、电阻、电容和电感等元件及布线互连在一起，制作在一小块或几小块半导体晶片或介质基片上，然后封装在一个管壳内，成为具有所需电路功能的微型结构；其中所有元件在结构上已组成一个整体，使电子元件向着微小型化、低功耗、智能化和高可靠性方面迈进了一大步。集成电路发明者是杰克·基尔比和罗伯特·诺伊斯。杰克·基尔比发明的是基于锗（Ge）的集成电路，罗伯特·诺伊思发明的是基于硅（Si）的集成电路。当今半导体工业大多数应用的是基于硅的集成电路。

集成电路是20世纪50年代后期至60年代发展起来的一种新型半导体器件。它是经过氧化、光刻、扩散、外延、蒸铝等半导体制造工艺，把构成具有一定功能的电路所需的半导体、电阻、电容等元件及它们之间的连接导线全部集成在一小块硅片上，然后焊接封装在一个管壳内的电子器件。其封装外壳有圆壳式、扁平式或双列直插式等多种形式。集成电路技术包括芯片制造技术与设计技术，主要体现在加工设备、加工工艺、封装测试、批量生产及设计创新的能力上。

与分立元件相比，集成电路具有体积小、重量轻、性能好、可靠性高、损耗小、成本低等优点。

2.6.2　集成电路的用途

1. 集成电路分类

集成电路按用途可分为电视机用集成电路、音响用集成电路、影碟机用集成电路、录像机用集成电路、计算机(微机)用集成电路、电子琴用集成电路、通信用集成电路、照相机用集成电路、遥控集成电路、语音集成电路、报警器用集成电路及各种专用集成电路。

1) 电视机用集成电路

电视机用集成电路包括行、场扫描集成电路，中放集成电路，伴音集成电路，彩色解码集成电路，AV/TV转换集成电路，开关电源集成电路，丽音解码集成电路，画中画处理集成电路，微处理器集成电路，存储器集成电路等。

2) 音响用集成电路

音响用集成电路包括AM/FM高中频电路、立体声解码电路、音频前置放大电路、音频运算放大集成电路、音频功率放大集成电路、环绕声处理集成电路、电平驱动集成电路、电子音量控制集成电路、延时混响集成电路、电子开关集成电路等。

3) 影碟机用集成电路

影碟机用集成电路有系统控制集成电路、视频编码集成电路、MPEG解码集成电路、音频信号处理集成电路、音响效果集成电路、RF信号处理集成电路、数字信号处理集成电路、伺服集成电路、电动机驱动集成电路等。

4) 录像机用集成电路

录像机用集成电路有系统控制集成电路、伺服集成电路、驱动集成电路、音频处理集成电路、视频处理集成电路。

5) 计算机用集成电路

计算机用集成电路包括中央处理器(CPU)、内存储器、外存储器、I/O控制电路等。

2. 集成电路使用注意事项

集成电路使用注意事项如下：

(1) 使用集成电路时，其各项电性能指标应符合规定要求；

(2) 在电路的设计安装时，应使集成电路远离热源；对输出功率较大的集成电路应采取有效的散热措施；

(3) 进行整机装配焊接时，一般最后对集成电路进行焊接；

(4) 不能带电焊接或插拔集成电路；

(5) 正确处理好集成电路的空脚；

(6) MOS集成电路使用时，应特别注意防止静电感应击穿。

2.6.3 常用集成电路的识别

1. 常见的集成电路的外形识别

常见的集成电路封装形式有:圆形金属封装、扁平陶瓷封装、双列直插式封装、单列直插式封装、四列扁平式封装和球阵列封装(BGA),如图 2.6.1 所示。

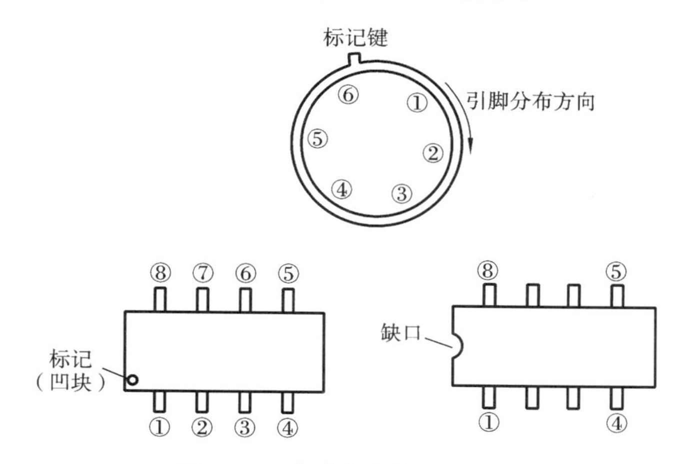

图 2.6.1 集成电路的引脚排列

2. 专用集成电路的识别

1) 集成电路 NE555

555 系列 IC 的管脚功能及运用都是相同的,只是不同型号的价格不同,其稳定度、省电程度、可产生的振荡频率也大不相同;NE555 是其中的一种。555 是一个用途很广且相当普遍的计时 IC,只需少数的电阻和电容,便可产生所需的各种不同频率的脉冲信号。555 定时器的集成电路外形、引脚、内部结构如图 2.6.2 所示。

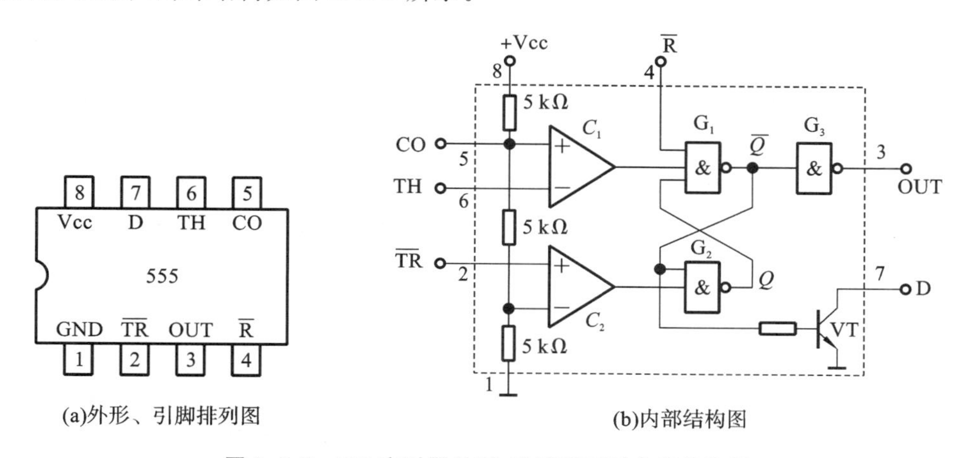

图 2.6.2 555 定时器外形、引脚排列及内部结构图

555 引脚说明如下。

GND 为接地端,$\overline{TR}$为低触发端,OUT 为输出端,$\overline{R}$为复位端,CO 为控制电压端,TH 为高触发端,D 为放电端,Vcc 为电源端。

Pin 1 (接地端,GND),地线(或共同接地),通常被连接到电路共同接地。

Pin 2 (低触发端,$\overline{TR}$),这个脚位是触发 555 使其启动时间周期。触发信号上缘电压须大于$\frac{2}{3}$Vcc,下缘须低于$\frac{1}{3}$Vcc。

Pin 3 (输出端,OUT),555 的输出脚位。在高电位时的最大输出电流大约为 200 mA。

Pin 4 (复位端,$\overline{R}$),一个低逻辑电位送至这个脚位时会重置定时器和使输出回到一个低电位。它通常被接到正电源或忽略不用。

Pin 5 (控制端,CO),这个引脚准许由外部电压改变触发和闸限电压。当计时器经营在稳定或振荡的运作方式下时,这个输入能用来改变或调整输出频率。

Pin 6 (高触发端,TH),重置锁定并使输出呈低态。当这个接脚的电压从$\frac{1}{3}$Vcc 以下移至$\frac{2}{3}$Vcc 以上时启动动作。

Pin 7 (放电端,D),这个引脚和主要的输出接脚有相同的电流输出能力,当输出为 ON 时为 LOW,对地为低阻抗,当输出为 OFF 时为 HIGH,对地为高阻抗。

Pin 8 (电源端,Vcc),这是 555 计时器 IC 的正电源电压端。供应电压的范围是 4.5 V(最小值)至 16 V(最大值)。

参数功能特性是:供应电压 4.5~18 V,供应电流 3~6 mA,输出电流 225 mA(max),上升/下降时间 100 ns。

2) **集成电路** CD4511

CD4511 是一块含 BCD-7 段锁存、译码、驱动电路于一体的七段译码器集成电路,它是常用的显示译码器件。其外形引脚示意图如图 2.6.3 所示。

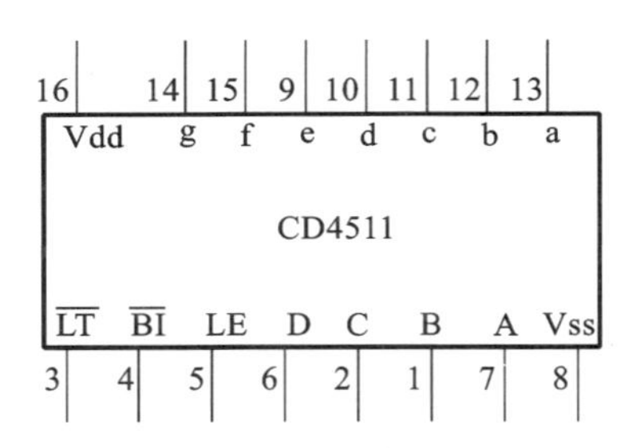

图 2.6.3 CD4511 外形引脚示意图

在图 2.6.3 所示的 CD4511 引脚图中,1、2、6、7 脚为 BCD 码输入端;9~15 脚为显示输入端;3 脚($\overline{LT}$)为测试输入端,当$\overline{LT}$为 0 时,输出全为 1;4 脚($\overline{BI}$)为消隐输入控制端,$\overline{BI}$为 0 时不输出,全为 0;5 脚(LE)为锁存控制端,当 LE 由 0 变为 1 时,输出端保持 LE 为 0 时的显示状态;8 脚为接地端;16 脚为电源端。下面分别介绍。

$\overline{BI}$:4 脚是消隐输入控制端,当 BI=0(低电平)时使所有笔段均消隐,即不管其他输入端的状态是怎么样的,七段数码管都会处于消隐也就是不显示的状态;正常显示时,$\overline{BI}$端应加高电平。

LE:5 脚是锁存控制端,当 LE=0 时,允许译码输出;当 LE=1 时,译码器是锁定保持状态,译码器输出被保持在 LE=0 时的数值。

$\overline{LT}$:3 脚是测试信号的输入端,当$\overline{BI}$=1,$\overline{LT}$=0 时,译码输出全为 1,不管输入 DCBA 状态如何,七段均发亮全部显示。它主要用来检测数七段码管是否有物理损坏。

A、B、C、D 为 8421BCD 码输入端。A 为最低位,D 为最高位。

a、b、c、d、e、f、g:译码输出端,可驱动共阴极 LED 数码管。所谓共阴极 LED 数码管,是指七段 LED 的阴极是连在一起的,在应用中应接地。限流电阻要根据电源电压来选取,电源电压 5 V 时可使用 300 Ω 的限流电阻。a、b、c、d、e、f、g 输出为高电平 1 时有效。

另外,CD4511 有拒绝伪码的特点,当输入数据越过十进制数 9(二进制为 1001)时,显示字形也自行消隐。

还有两个引脚 8、16，8 脚(Vss)表示的是地(GND)，16 脚(Vdd)表示的是电源(Vcc)。

3) LED **数码管**

LED 数码管也称半导体数码管，它是目前数字电路中最常用的显示器件。它是发光二极管按共阴极(或共阳极)方式连接后封装而成的。LED 数码管型号较多，规格尺寸也各异，显示颜色有红、绿、橙等。图 2.6.4 所示是 LED 数码管外形图。

LED 数码管的检测方法如下。首先，将指针式万用表拨至 $R\times10$ k 电阻挡。由于 LED 数码管内部的发光二极管正向导通电压一般为 1.8 V，所以万用表的电阻应置于内部电池电压是 15 V(或 9 V)的 $R\times10$ k 挡，而不应置于内部电池电压是 1.5 V 的 $R\times100$ 或 $R\times1$ k 挡，否则无法测量发光二极管的正、反向电阻。然后，进行检测。在测共阴极数码管时，万用表红表笔(注意：红表笔接表内电池负极、黑表笔接表内电池正极)应接数码管的“－”公共端，黑表笔则分别去接各笔端电极(a～h 脚)；对于共阳极的数码管，黑表笔应接数码管的“＋”公共端，红表笔则分别去接 a～h 脚。正常情况下，万用表的指针应该偏转(一般示数在 100 kΩ 以内)，说明对应笔端的发光二极管导通，同时对应笔端会发光。若检测到某个管脚时，万用表的指针不偏转，所对应的笔端也不会发光，则说明被测笔端的发光二极管已经开路损坏。

4) 8×8 **点阵**

8×8 点阵由 64 个发光二极管组成，且每个发光二极管是放置在行线和列线的交叉点上。8×8 点阵示意图如图 2.6.5 所示，电路原理示意图如图 2.6.6 所示。

图 2.6.4　LED **数码管外形图**

图 2.6.5　8×8 点阵示意图

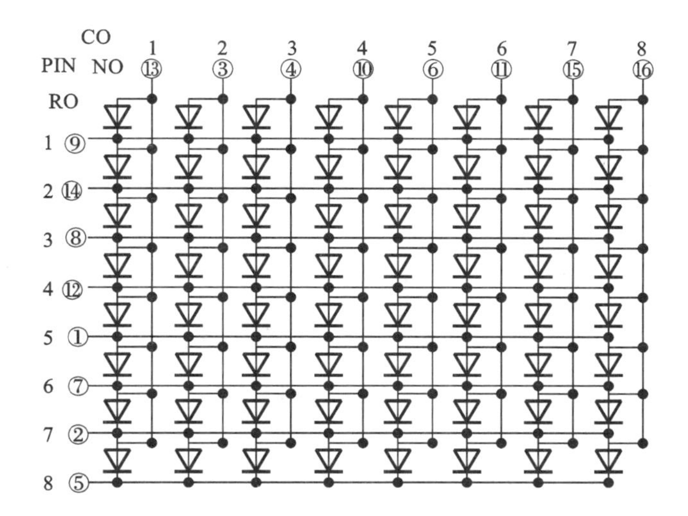

图 2.6.6　8×8 点阵电路原理示意图

具体测定引脚步骤如下。

(1) 确定正负极。

把万用表拨到 $R\times10$ 挡，先用黑色表笔(输出高电平)随意选择一个引脚，用红色表笔触碰余下的引脚，看点阵有没发光，如果没发光，就用黑色表笔再选择一个引脚，红色表笔触碰余下的引脚，当点阵发光，则这时黑色表笔接触的那个引脚为正极，红色表笔触碰到就发光的8个引脚为负极，剩下的7个引脚为正极。

如果使用数字万用表，则拨到二极管挡，红表笔接负极，点阵二极管发光。

(2) 引脚编号。

先把器件的引脚正负分布情况记下来，正极(行)用数字表示，负极(列)用字母表示，先定负极引脚编号，用万用表黑色表笔选定一个正极引脚，红色表笔触碰负极引脚，看是第几列的二极管发光，第一列就在引脚写A，第二列就在引脚写B……以此类推。这样点阵的一半引脚就都编号了。剩下的正极引脚用同样的方法，第一行点亮就在引脚标1，第二行点亮就在引脚标2……以此类推。

5) **三端稳压器** LM117/LM317

LM117/LM317是美国国家半导体公司的三端可调正稳压器集成电路，是使用极为广泛的一类串联集成稳压器集成电路。

LM117/LM317的输出电压范围是1.2～37 V，负载电流最大为1.5 A。它的使用非常简单，仅需两个外接电阻来设置输出电压。此外，它的线性调整率和负载调整率也比标准的固定稳压器好。可调式三端稳压器集成电路LM317外形如图2.6.7所示。

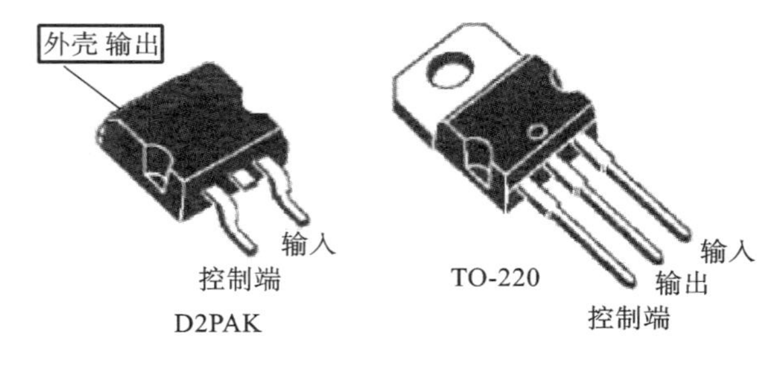

图2.6.7 可调式三端稳压器集成电路LM317外形

测试方法：将万用表置于 $R\times1$ k挡，红表笔接LM317的散热板(背部金属片)，黑表笔分别接1、2、3脚，测量出的电阻大约为：1脚24 kΩ，2脚0 Ω，3脚4 kΩ。

2.7 其他器件

2.7.1 开关元件

1. 开关定义

开关是在电路中接通、断开电路，或使其电流流到其他电路的电子元件。

2. 主要分类

开关可以分为检测、操作和设定三类。其中检测开关包括检测物体位置的限位开关、微动开关和小型检测开关。这类开关在各种用途中可以实现高精度位置检测。

通过人工操作向机械和设备进行输入的操作开关主要有按钮开关、拨动开关、推动开关、轻触开关以及船型开关等。这类开关的作用是提高人机交互性。

设定开关包括指拨开关和 DIP 开关。这类开关利用即使主电源关闭也能留下设定值的机械式开关的优势，来切换机械和设备的功能以及工作模式。

1）按照用途分类

开关按照用途可分为拨动开关、波段开关、录放开关、电源开关、预选开关、限位开关、控制开关、转换开关、隔离开关、行程开关、墙壁开关、智能防火开关等。

2）按照结构分类

开关按照结构可分为微动开关、船型开关、钮子开关（见图 2.7.1）、拨动开关、按钮开关、按键开关，还有时尚、潮流的薄膜开关、点开关。

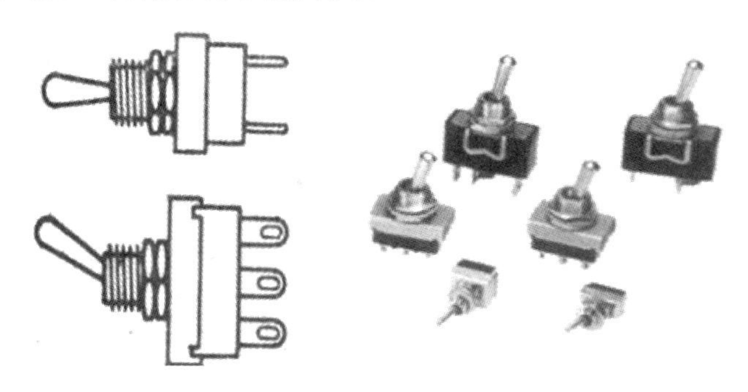

图 2.7.1　钮子开关

3）按照接触类型分类

开关按照接触类型可分为 a 型触点、b 型触点和 c 型触点开关三种。接触类型是指，“操作（按下）开关后，触点闭合”这种操作状况和触点状态的关系。需要根据用途选择合适的接触类型开关。

（1）a 型触点开关。a 型触点开关是指没有按下开关时，两个接触点处于断开状态，按下后变成导通状态的开关。希望通过操作开关运转负荷（如电灯或马达等）时，使用 a 型触点开关。

（2）b 型触点开关。b 型触点是与 a 型触点正好相反的接触类型。也就是说，没有按下开关时，两个触点处于导通状态，按下开关时变成断开状态。

（3）c 型触点开关。c 型触点开关是将 a 型触点和 b 型触点组合形成一个开关。c 型触点的端子有共同端子（COM）、常闭端子（NC）和常开端子（NO）三种。没有按下开关时，共同端子和常闭端子导通；按下开关时，共同端子和常开端子导通。c 型触点开关的用途是，利用开关操作切换两个电路。继电器就是 c 型触点开关。

继电器（relay）是一种电控制器件，它是具有隔离功能的自动开关元件，广泛应用于遥控、遥测、通信、自动控制、机电一体化及电力电子设备中，是最重要的控制元件之一。继电器具有控制系统（又称输入回路）和被控制系统（又称输出回路）之间的互动关系，通常应用于自动化的控制电路中。它实际上是用小电流去控制大电流运作的一种自动开关，故在电路中起着自动调节、安全保护、转换电路等作用。

因为继电器是由线圈和触点组两部分组成的，所以继电器在电路图中的图形符号也包括两部分：一个长方框表示线圈；一组触点符号表示触点组合。继电器实物图如图 2.7.2 所示。

继电器测试方法如下。

图 2.7.2 继电器实物图

(1) 测线圈电阻:用万用表 $R\times10$ 挡测量继电器线圈的阻值,从而判断该线圈是否存在着开路现象。继电器线圈的阻值和它的工作电压及工作电流有非常密切的关系,通过线圈的阻值可以计算出它的使用电压及工作电流。

(2) 测触点电阻:用万用表的电阻挡,测量常闭触点与动点电阻,其阻值应为 0;而常开触点与动点的阻值就为无穷大。由此可以区别出哪个是常闭触点,哪个是常开触点。

(3) 测量吸合电压和吸合电流:利用可调稳压电源和电流表,给继电器输入一组电压,且在供电回路中串入电流表进行监测。慢慢调高电源电压,听到继电器吸合声时,记下该吸合电压和吸合电流。为求准确,可以测试多次再求平均值。

(4) 测量释放电压和释放电流:连接与(3)一样,当继电器发生吸合后,再逐渐降低供电电压,当听到继电器再次发生释放声音时,记下此时的电压和电流,亦测试多次而取得平均的释放电压和释放电流。一般情况下,继电器的释放电压在吸合电压的 10%~50%,如果释放电压太小(小于 1/10 的吸合电压),则不能正常使用,因为此时继电器会对电路的稳定性造成威胁,使工作不可靠。

4) 按照开关数分类

开关按照开关数可分为单控开关、双控开关、多控开关、调光开关、调速开关、防溅盒、门铃开关、感应开关、触摸开关、遥控开关、智能开关、插卡取电开关、浴霸专用开关等。图 2.7.3 所示为单刀三位开关(1D3W)符号、外形与实物图。

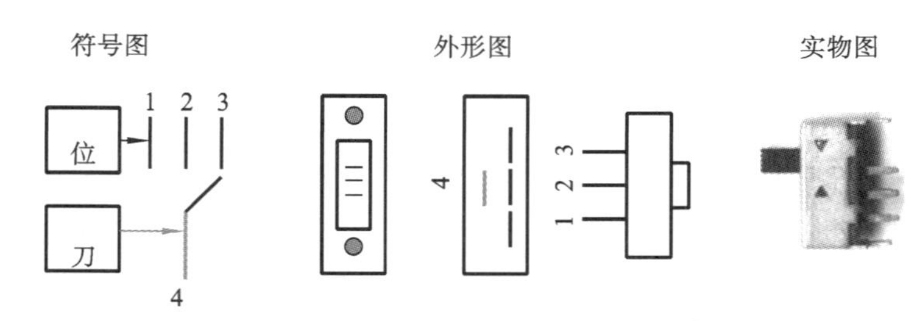

图 2.7.3 单刀三位开关符号、外形与实物图

3. 开关检测

检测方法:将数字万用表转换开关拨至 200 Ω(或蜂鸣器)挡位,用一支表笔接在极(刀)接触点上,另一支表笔接在某一位的接触点上,当该极(刀)与某一位相连接时,两个触点应处于导通状态,同时万用表发出声响;当该极(刀)与其他位不相连时应处于断开状态,此时,万用表屏幕显示为“1”,表示该开关合格可靠,可以使用。

2.7.2　接插件

接插件是用来在机器与机器之间、线路板与线路板之间、器件与电路板之间进行电气连接的元器件。它的作用是连接两个有源器件，传输电流或信号。接插件也叫连接器，国内也称作接头和插座，一般是指电器接插件。

接插件的主要优点如下。

(1) 接插件简化了电子产品的装配过程，也简化了批量生产过程。

(2) 易于维修。如果某电子元器件失效，装有接插件时可以快速更换失效元器件。

(3) 便于升级。随着技术进步，装有接插件时可以更新元器件，用新的、更完善的元器件代替旧的。

(4) 提高设计的灵活性。使用接插件使工程师们在设计和集成新产品，以及用元器件组成系统时，有更大的灵活性。

图2.7.4所示为接插件实物图。

图2.7.4　接插件实物图

2.7.3　发声元件

1. 扬声器

1) 扬声器结构

扬声器是一种把电信号转变为声信号的换能器件，扬声器的性能优劣对音质的影响很大。扬声器在音响设备中是一个功能最薄弱的器件，而对于音响效果而言，它又是一个最重要的部件。扬声器的种类繁多，而且价格相差很大。扬声器的工作原理是：音频电能通过电磁、压电或静电效应，使其纸盆或膜片振动并与周围的空气产生共振(共鸣)而发出声音。

一般扬声器是由磁铁、框架、定芯支片、振模折环、锥型纸盆和音圈组成的，如图2.7.5所示。

2) 扬声器的测量

(1) 直流电阻测量。

将万用表拨至欧姆挡，用两支表笔分别接触扬声器的两个接线端，测量出的结果应在8 Ω

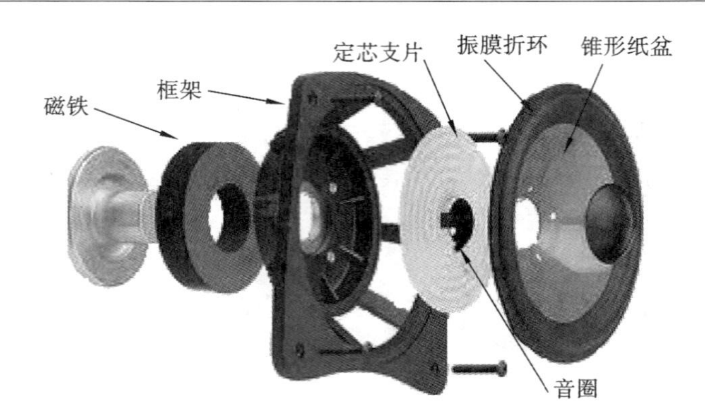

图 2.7.5 扬声器

左右。若测得直流电阻为 0，说明扬声器线圈短路，不能使用；若测得的直流电阻为无穷大，说明线圈断路，也不能使用。

(2) 好坏判断。

在测得扬声器直流电阻为正常情况下，将干电池正极引出导线接触扬声器的正极接线端，用负极引出导线去断、续触碰另一端，如果扬声器发出“喀喀”的响声，说明扬声器线圈基本正常。

2. 耳机

耳机左、右声道的相互干扰小，其电声性能指标明显优于扬声器。

耳机输出声音信号的失真很小。

耳机的使用，不受场所、环境的影响。

耳机的使用缺陷是：长时间使用耳机收听，会造成耳鸣、耳痛的情况；只限于单人使用。

2.7.4 导线的检测

将数字万用表转换开关拨至蜂鸣器挡，用剥线钳或偏口钳将导线两端剥出适当长度的铜线。将红表笔接触一端，黑表笔轻触另一端。如果有“嘀嘀”的声音，说明导线没有断路，可以使用。

检测交流电源线，这至关重要，因为它直接接入 220 V 交流电压，必须认真检测，以免伤害人身及设备安全。

2.8 训练项目——电子元器件的识别与测试

1. 训练目标

掌握常见电子元器件的识别与测试方法；能用相关的电子仪器仪表对常用的电子元器件的质量进行检测。

2. 训练环境

电子元器件测试平台，主要使用的仪器是数字万用表、电源、信号源、示波器与 LCR 测试仪。

3. 训练操作

学生自学元器件的基础知识，一人一个测试平台，完成测试平台上的元器件的识别与测试，并填写电子元器件识别与测试报告。

电子元器件识别与测试报告

院、系＿＿＿＿＿＿　班级＿＿＿＿＿＿　姓名＿＿＿＿＿＿　测试日期＿＿＿＿＿＿

表 1　电阻识别与测量

序号	识别					测量		结论	
	色环（或数字）	标称阻值	误差	封装/大小	功率	欧姆挡量程	测量值	相对误差	是否适用
1									
2									
3									
4									
5									
6									
7									
…									

说明：(1) 测量时，需要涵盖 1/8 W 电阻(1%)、1/6 W 电阻(5%)、1/4 W 电阻(5%)、1/2 W 电阻(1%)、大功率电阻(1 W、2 W、5 W、10 W)、3 位标识(5%)和 4 位标识(1%)的贴片电阻等；

(2) 根据标称误差与相对误差进行比较得出是否适用的结论。

表 2　排阻测量

序号	识别					测量		结论	
	数字	标称阻值	公共端/排阻个数	封装/大小	误差	欧姆挡量程	测量值（最大的一个）	相对误差	是否适用
1									
2									
3									
4									
…									

说明：(1) 一些精密排阻采用四位数字加一个字母的标示方法(或者只有四位数字)，数字后面的第一个英文字母代表误差(G=2%，F=1%，D=0.25%，B=0.1%，A 或 W=0.05%，Q=0.02%，T=0.01%，V=0.005%)；

(2) 是否适用，根据标称误差与相对误差进行比较得出结论。

表 3　电位器测试

序号	识别				测量			结论	
	电位器名称	数字	标称阻值	封装/大小	欧姆挡量程	固定端阻值	动触点到一固定端阻值	动触点是否可调	是否适用
1									
2									

续表

序号	识别				测量			结论	
	电位器名称	数字	标称阻值	封装/大小	欧姆挡量程	固定端阻值	动触点到一固定端阻值	动触点是否可调	是否适用
3									
4									
…									

说明：(1) 测量时，需要涵盖多圈线绕电位器、单联电位器、双联电位器、开关电位器和微调电位器(3362、3392)等；
(2) 动触点到一固定端阻值，动触点选取任意一位置测量一个电阻值；
(3) 是否适用，根据动触点是否可调、数字是否有跳动等得出结论。

表 4　开关电位器测量

序号	识别				测量			结论	
	电位器名称	数字	标称阻值	封装/大小	欧姆挡量程	固定端阻值	动触点到一固定端阻值	动触点是否可调	是否适用
1									
2									
…									

表 5　敏感电阻测试

序号	识别				测量			结论	
	电位器名称	数字	标称阻值	封装/大小	欧姆挡量程	常态（阻值）	遮光/加温（阻值）	阻值变化规律	是否适用
1									
2									
2									
3									
4									
…									

说明：(1) 测量光敏电阻时，遮光；测量热敏电阻时，加热(可以用手指捏住光敏电阻)；
(2) 测量涵盖光敏电阻、PTC 热敏电阻和 NTC 热敏电阻；
(3) 是否适用，根据阻值变化规律等得出结论。

表 6　无极性电容器的测量

序号	识别				测量		结论	
	名称	色环（或数字）	标称容量	封装/大小	万用表量程	测量值	短路/开路否	是否适用
1								

续表

序号	识别				测量		结论	
	名称	色环（或数字）	标称容量	封装/大小	万用表量程	测量值	短路/开路否	是否适用
2								
3								
4								
5								
6								
7								
…								

说明：(1) 封装/大小只填写贴片电容；

(2) 测量涵盖贴片瓷介电容(0603、0805)、瓷介电容、独石电容、云母电容、安规电容等；

(3) 是否适用，根据电容是否开路或短路等得出结论。

表 7　有极性电容器的测量

序号	识别					测量						结论		
						LCR 设置与测量值						充放电测试		
	名称	色环（或数字）	标称容量	耐压值	封装/大小	频率	电平	串/并	量程	RNG+(0～3)	测量值	量程	击穿、漏电、失效否	是否适用
1														
2														
3														
4														
5														
6														
7														
…														

说明：(1) 测量涵盖贴片钽电容、贴片电解电容、电解电容等；

(2) 是否适用，根据电容是否击穿、漏电、失效等得出结论。

表 8　电感的测量

序号	识别					测量						结论		
						LCR 测量值						直流电阻		
	名称	色环（或数字）	标称容量	耐压值	封装/大小	频率	电平	串/并	量程	RNG+(0～3)	测量值	量程	阻值	是否适用
1														

续表

序号	识别					测量						结论		
	名称	色环（或数字）	标称容量	耐压值	封装/大小	LCR 测量值						直流电阻		是否适用
						频率	电平	串/并	量程	RNG+（0～3）	测量值	量程	阻值	
2														
3														
4														
5														
6														
7														
…														

说明：(1) 测量涵盖色环电感、空心电感(8 匝)、磁环电感、工字电感等；

(2) 是否适用，简单判断可以根据电感是否开路等得出结论。

表 9　二极管检测

序号	识别					测量						结论
	名称	标识/型号	最高反向电压/稳压	最大工作电流	引脚/极性	正/反向电压			二极管电阻			是否适用
						万用表挡位	正向压降	反向压降	欧姆挡量程	正向电阻	反向电阻	
1												
2												
3												
4												
…												

说明：(1) 测量涵盖普通二极管类型，有整流、开关、检波、稳压等二极管，如 1N4148、2AP9、1N4007、1N5408；

(2) 测量二极管正向压降使用万用表的二极管挡；

(3) 将万用表调至欧姆 $R\times1$ k 挡，测二极管的电阻值，正向电阻值在几十欧至几百欧，反向电阻值在几千欧，说明管子是良好的；如果两次测的电阻值都很大，则此管子内部断路或被击穿；如果电阻值都很小，则此管子内部短路。

表 10　发光二极管检测

序号	识别					测量			结论
						正/反向电压			是否适用
	名称	标识/型号	发光颜色	最大工作电流	引脚/极性	万用表挡位	正向压降	是否发光	
1									
2									

续表

序号	识别					测量（正/反向电压）			结论
	名称	标识/型号	发光颜色	最大工作电流	引脚/极性	万用表挡位	正向压降	是否发光	是否适用
3									
4									
5									

说明：(1) 测量涵盖普通发光二极管(3 mm 白发红、5 mm 白发红、贴片发光二极管、红色二极管(3 mm、5 mm)、绿色二极管(3 mm、5 mm)、黄色二极管(3 mm、5 mm)、双色 、七彩发光管等)；

(2) 是否适用，可以根据发光二极管是否发光等得出结论。

表 11　特殊二极管检测

二极管类型	外加条件	正向电阻	反向电阻	正向电阻变化	反向电阻变化
光敏二极管	无光照(遮住光线)			—	—
	有光照				
红外发射管	—			—	—
红外接收管	无光照(遮住光线)				
	有光照				

表 12　三极管的检测

序号	识别						测量					结论
	名称	标识/型号	类型(功率、NPN、PNP、N或P沟道场效应管)	引脚/极性			引脚判断			放大倍数 β		是否适用
				1	2	3	1	2	3	欧姆挡量程	测量值	
1												
2												
3												
4												
5												
…												

说明：(1) 测量涵盖普通三极管，类型有大功率三极管(2SC5200、2SA1943)、中功率三极管(TIP41C、D772)、小功率三极管(9013、8550)、贴片晶体管(SOT-89、9013)、场效应管(结型 J201、结型 2SK30A)等；

(2) 类型填功率和 NPN、PNP、N 沟道场效应管、P 沟道场效应管等；

(3) 根据极间电阻与 β 判断三极管好坏。

表 13　8×8(20 mm)点阵的识别

序号	引脚	行	列	序号	引脚	行	列	序号	引脚	行	列
1				7				13			
2				8				14			
3				9				15			
4				10				16			
5				11							
6				12							

说明：点阵的引脚中有的引脚对应的是“行”，有的引脚对应的是“列”，在对应的“行”和“列”下面打“√”。

表 14　8×8(20 mm)点阵的检测

	1	2	3	4	5	6	7	8	
1									
2									
3									
4									
5									
6									
7									
8									

说明：表中对应的二极管点亮时，点阵的引脚中，阳极引脚写前面，阴极引脚写后面，即格式为(阳极，阴极)。

表 15　四位一体数码管(共阴)的检测

序号	引脚	字段/位	序号	引脚	字段/位	序号	引脚	字段/位
1			5			9		
2			6			10		
3			7			11		
4			8			12		

表 16　一位数码管测试

字段	a	b	c	d	e	f	g	h	公共端
共阴(引脚)									
共阴(引脚)									

表 17　声电元器件

器件类型	测试阻值(200 Ω 挡)	器件类型	测试阻值(200 Ω 挡)
驻极体话筒		无源蜂鸣器	
有源蜂鸣器		压电蜂鸣器	

表 18　继电器识别

序号	识别		测量			结论	
	规格型号	类型	线圈	常开触点	常闭触点	中间触头(引脚)	是否适用
1							
2							
…							

说明:(1) 测试 12 V 单刀双掷、双刀双掷继电器;

(2) 线圈、常开触点、常闭触点、引脚号标识用位置加数字表示,如“右 2”。

表 19　开关测试

类型	测试项目	触点通断变化	类型	测试项目	触点通断变化
自锁开关(上)	左 1～2 通断		轻触(微动)开关	左 1～2 通断	
	左 2～3 通断			右 1～2 通断	
	右 1～2 通断			左 1～右 1 通断	
1 位拨码开关	左 1～右 1 通断		1 位拨码开关	左 2～右 2 通断	

思考与练习题

1. 根据下列电阻的色环(四环,误差位忽略)写出具体阻值。

棕黑黑:　　棕黑红:　　红黄黑:

棕黑绿:　　绿棕棕:　　橙橙黑:

2. 简述常用电阻器的检测方法。

3. 什么是电阻器的标称阻值?

4. 选用电容器有哪些注意事项?

5. 怎样对中等容量的电容器质量进行简单测试?

6. 测量电阻时,为什么不能用双手同时捏住电阻或测试笔?

第3章　PCB设计

3.1　PCB设计基础知识

3.1.1　PCB定义

PCB(printed circuit board)的中文名称为印制电路板，又称印刷线路板。印制电路板是指在绝缘基板的覆铜板上，按设计的要求，有选择地加工安装孔、连接导线和电子元器件引脚的焊盘而形成的电路板，如图3.1.1所示。

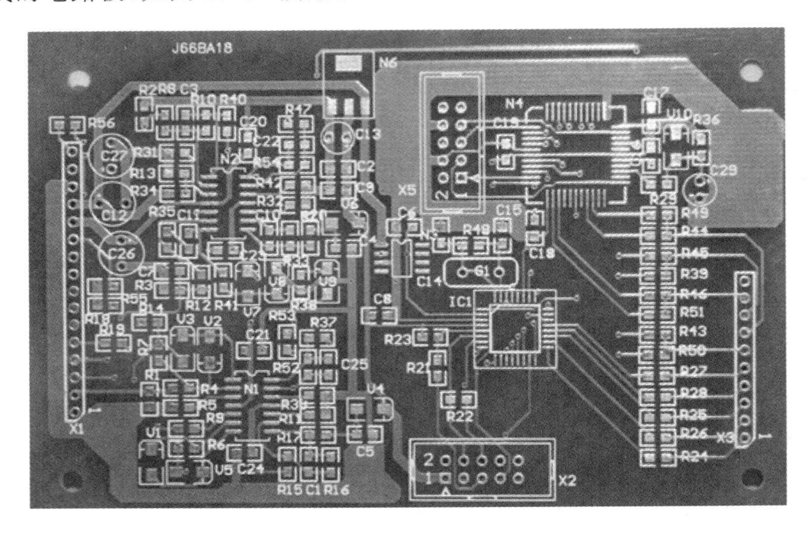

图3.1.1　印制电路板

PCB的主要作用是：①提供各种电子元器件固定、装配的机械支持；②实现各种电子元器件之间的电气连接或电气绝缘；③为元器件焊接提供阻焊图形，为元器件插装、检查、维修提供识别字符。

3.1.2　PCB的分类

1. 按印制电路板的层数分类

PCB按印制电路板的层数可以分为单面板、双面板和多层板。

单面板(single sided board)只有一面有导电铜箔，另一面没有，导线只出现在其中一面，因此得名。在使用单面板时，通常在没有导电铜箔的一面安装元件。如果有贴片元件时，贴片元件和导线为同一面。将元件引脚通过插孔穿到有导电铜箔的一面，导电铜箔将元件引脚连接起来就可以构成电路或电子设备。单面板成本低，但因为只有一面有导电铜箔，所以它不适用于复杂的电子设备。

单面板在设计线路上有许多严格的限制，因为只有一面，所以布线时，导线之间不能交叉。

因此，只有早期的电路或比较简易的电路才使用单面板。图 3.1.2 所示为单面板的正反面实物图。在图 3.1.2 所示的单面板的元件面板中，左边的图所示是安装了元器件的 PCB；由于是贴装元器件，因此贴装元器件与导线在同一面；而在右边的没有安装电子元器件的 PCB 中，由于是贴装元器件，因此元器件的标号放在了导线与焊盘这一面，方便安装。如果是通孔元器件，元器件的标号则放在没有电线与焊盘的另一面。

图 3.1.2　单面板

双面板(double sided boards)包括两层，即顶层(top layer)和底层(bottom layer)。与单面板不同，双面板的两层都有导电铜箔，其结构示意图如图 3.1.3 所示。双面板的每层都可以直接焊接元件，两层之间可以通过穿过的元件引脚连接，也可以通过过孔(via hole)实现连接。过孔是一种穿透印制电路板并将两层的铜箔连接起来的金属化导电圆孔。

因为双面板的面积比单面板大了一倍，因此双面板解决了单面板中因为布线交错的难点，如果有交叉，可以通过过孔导通到另一面，双面板更适合用在比单面板更复杂的电路上。

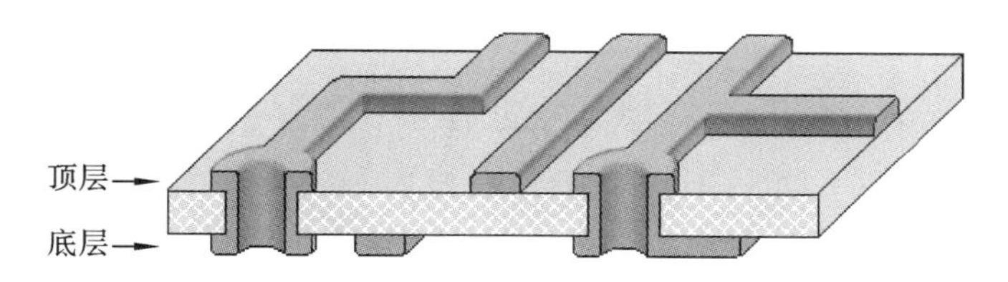

图 3.1.3　双面板结构示意图

多层板(multi-layer boards)是具有多个导电层的电路板。多层板的结构示意图如图 3.1.4所示。它除了具有双面板一样的顶层和底层外，在内部还有导电层，内部层一般为电源或接地层，顶层和底层通过过孔与内部的导电层相连接。多层板一般是将多个双面板采用压合工艺制作而成的，适用于复杂的电路系统。

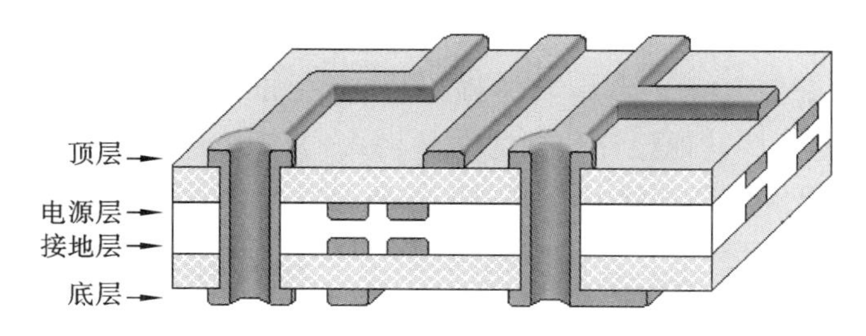

图 3.1.4　多层板结构示意图

板子的层数并不代表有几层独立的布线层，在特殊情况下会加入空层来控制板厚，通常层数都是偶数，并且包含最外侧的两层。大部分的主机板都是 4 到 8 层的结构，不过技术上理论可以做到近100层的PCB。大型的超级计算机大多使用多层的主机板。因为PCB中的各层都紧密结合,所以一般不太容易看出实际数目,不过如果仔细观察主机板,还是可以看出来。

2. 按机械性能分类

PCB按机械性能区分为刚性电路板、柔性电路板和刚柔结合板。

柔性电路板(flexible printed circuit,FPC)是由柔性基材制成的印刷线路板,其优点是可以弯曲,便于电器部件的组装。FPC在航天、军事、移动通信、笔记本计算机、台式计算机外设、PDA、数字相机等领域或产品上得到了广泛的应用。

刚性PCB是由纸基(常用于单面)或玻璃布基(常用于双面及多层),预浸酚醛或环氧树脂,表层一面或两面粘上覆铜箔再层压固化而成。这种PCB覆铜箔板材,就称为刚性板;再制成PCB,就称为刚性PCB。刚性PCB的优点是可以为附着其上的电子元件提供一定的支撑。

刚柔结合PCB是指一块印刷电路板上包含一个或多个刚性区和柔性区,由刚性板和柔性板层压在一起组成。刚柔结合板的优点是既可以提供刚性PCB的支撑作用,又具有柔性PCB的弯曲特性,能够满足三维组装的需求。

注意:刚性PCB与柔性PCB直观上的区别是柔性PCB是可以弯曲的。刚性PCB的常见厚度有0.2 mm,0.4 mm,0.6 mm,0.8 mm,1.0 mm,1.2 mm,1.6 mm,2.0 mm等。柔性PCB的常见厚度为0.2 mm,要焊零件的地方会在其背后加上加厚层,加厚层的厚度为0.2 mm、0.4 mm不等。

刚性PCB的材料常见的包括酚醛纸质层压板、环氧纸质层压板、聚酯玻璃毡层压板、环氧玻璃布层压板等。柔性PCB的材料常见的包括聚酯薄膜、聚酰亚胺薄膜、氟化乙丙烯薄膜等。

3.1.3 PCB设计工具

Protel国际有限公司由Nick Martin于1985年创立于澳大利亚塔斯马尼亚州霍巴特。最初该公司推出的DOS环境下的PCB设计工具在澳大利亚得到了电子业界的广泛接受。在1986年中期,Protel国际有限公司通过经销商将设计软件包出口到美国和欧洲。Protel国际有限公司开始扩大其产品范围,包括原理图输入、PCB自动布线和自动PCB器件布局软件。

2001年,Protel国际有限公司改名为Altium公司,整合了多家EDA软件公司。自2006年Altium公司推出新品Altium Designer 6.0以来,Altium Designer 08、Altium Designer 09、Altium Designer 16等版本的不断升级,体现了Altium公司全新的产品开发理念,更加贴近电子设计师的应用需求,更加符合未来电子设计发展趋势的要求。Altium Designer系列,是个庞大的EDA软件,是个完整的板级全方位电子设计系统,它包含了电路原理图绘制、模拟电路与数字电路混合信号仿真、多层印制电路板设计(包含印制电路板自动布线)、可编程逻辑器件设计、图表生成、电子表格生成、支持宏操作等功能,并具有Client/Server(客户/服务器)体系结构,同时还兼容一些其他设计软件的文件格式,如OrCAD、PSpice、Excel等,其多层印制线路板的自动布线可实现高密度PCB的100%布通率。

Altium Designer 16在原有特性基础上进一步创新,旨在加速设计流程,实现更为轻松的电子设计。

3.1.4 PCB元器件符号与封装库

1. 元器件符号

在Altium Designer中,原理图元器件符号是在原理图库编辑环境中创建的(.SchLib文件)。原理图库中的元器件会分别使用封装库中的封装和模型库中的模型。设计者可从各元器件库中选取需要的元器件进行放置,也可以将这些元器件符号库、封装库和模型文件编译成集成库(.IntLib 文件)。在集成库中的元器件不仅具有原理图中代表元件的符号,还集成了相应的功能模块,如 FootPrint 封装、电路仿真模块、信号完整性分析模块等。

图 3.1.5 所示为常用元件符号图。图 3.1.6 所示为集成电路 A/D 转换器件的引脚图,引脚名称与引脚号都是可见的。

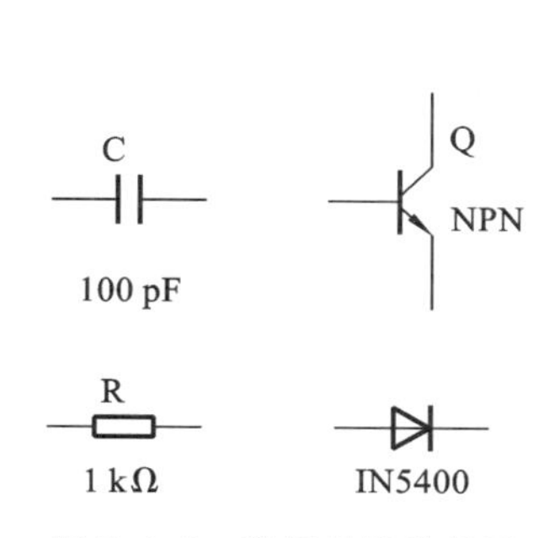

图 3.1.5　常用元件符号图

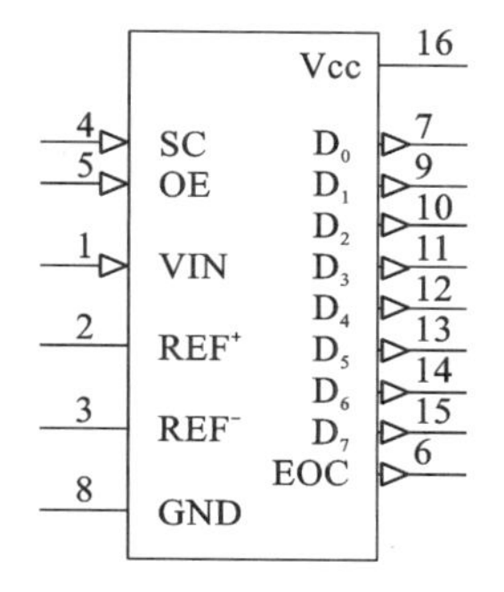

图 3.1.6　A/D 转换器件引脚图

放置原理图元件常见问题是:

(1) 知道原理图元件的符号,并且知道其位于哪个元件库中,但不知其原理图符号在库中的名称;

(2) 知道原理图元件的符号和名称,但不知其位于哪个元件库中;

(3) Altium Designer 元件库中根本就没有该原理图需要的元件符号;

(4) Altium Designer 元件库中虽然有该类型的原理图需要的元件符号,可元件符号不符合实际的需要。

如果遇到上述问题,对应的解决办法如下:

(1) 在库文件面板添加该元件库,选择第一个元件后,按↓键和↑键逐个浏览库中的原理图符号,直到找到该元件;

(2) 利用元件的查找功能找到该元件库和元件;

(3) 自己创建该原理图需要的元件符号;

(4) 复制该原理图元件后,编辑修改该类型的原理图需要的元件符号。

2. 元器件封装符号

元器件封装是指在 PCB 编辑器中为了将元器件固定、安装于电路板,而绘制的与元器件管脚相对应的焊盘、元件外形等。由于它的主要作用是将元件固定、焊接在电路板上,因此它对焊盘大小、焊盘间距、焊盘孔大小、焊盘序号等参数有非常严格的要求。元器件的封装、元器件实物、原理图元件引脚序号三者之间必须保持严格的对应关系,如图 3.1.7 所示,它们的对应关系直接关系到电路板制作的成败和质量好坏。

Altium Designer 为 PCB 设计提供了比较齐全的各类直插元器件和 SMD(surface mount device)的封装库,这些封装库位于 Altium Designer 安装盘符下。

电子元器件种类繁多,随着电子技术的不断发展,新封装元件和非标准封装元件将不断涌现,Altium Designer 的 PCB 封装库中不可能包含所有元件的引脚封装,更不可能包含最新元件或非标准封装元件的引脚封装,为了制作含有这些元件的 PCB,有时需要自制 PCB 元件的

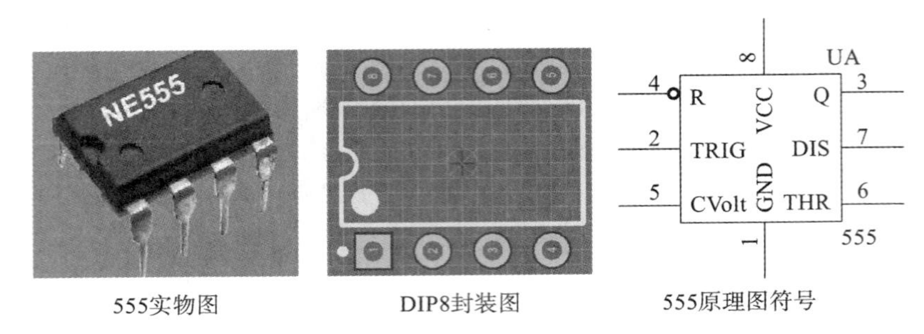

图 3.1.7 元器件封装与元器件实物、原理图元件引脚序号的对应关系

引脚封装。

3.1.5 PCB 设计步骤

1. 原理图设计

原理图设计是整个电路设计的基础，它决定了后面工作的进展，为印制电路板的设计提供元件、连线依据。只有正确的原理图才有可能生成一张具备指定功能的 PCB。

原理图设计流程如图 3.1.8 所示。

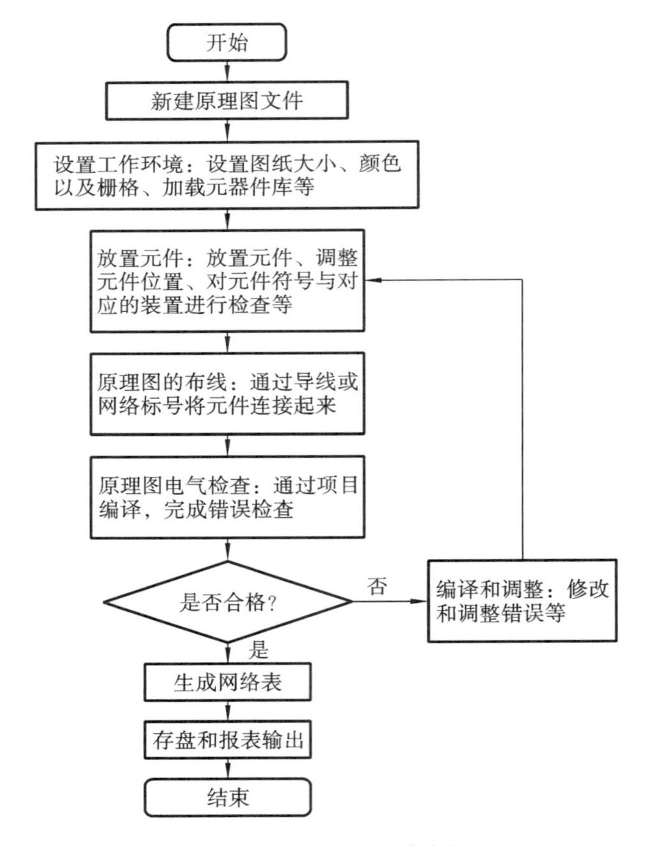

图 3.1.8 原理图设计流程

一般地说，绘制一个原理图的工作包括：设置图纸大小，规划总体布局，在图纸上放置元件，进行布线，对各元件以及布线进行调整，然后进行电气检查，最后保存并打印输出。首先是

设置工作环境，主要设置图纸大小、颜色以及栅格、加载元器件库等；其次是放置元件，主要是放置元件、调整元件位置、对元件符号与对应的封装进行检查等；再次是原理图的布线，主要通过导线或网络标号将元件连接起来；最后是原理图电气检查和编译，主要通过项目编译，完成错误检查，生成网络表。

2. PCB 设计流程

对于 PCB 设计人员来说，产品的可制造性（即工艺性）是一个必须认真考虑的因素，如果线路板设计不符合可制造性要求，那么该设计将会大大降低产品的生产效率，严重情况下甚至会导致所设计的产品根本无法制造出来。

PCB 的可制造性主要包括两个方面，一方面包括 PCB 自身的可制造性，即 PCB 设计要符合 PCB 制造的生产规范；另一方面包括后期的 PCB 与元器件结合成为电子产品的可制造性。

设计人员在设计 PCB 时，应该遵循 PCB 设计的可制造性的一般规范，这些规范包括如下内容。

（1）图号。印制板必须有一个图号，图号必须是唯一的，不能重复，最好有一定规则，否则不利于生产管理。

（2）加工要素。加工要素可以根据以下几个方面来确定：①PCB 材厂家、板厚、型号等；②孔径，孔径主要包括导通孔、元件孔、安装孔、异性孔等孔径的大小以及是否金属化；③外形（板边缘、切口、开槽）位置及尺寸公差；④表面涂覆确定，包括 OSP（Au、Ni、Pb/Sn）和阻焊层的确定；⑤标志，字符、层序或 UL、周号、公司商标的确定；⑥特殊加工要求（如沉孔、插头倒角、大面积漏锡、特性阻抗）；⑦检验标准，如国标、国军标或航天工业部标准及其他标准。

（3）设计基准。印制板的机械加工图都必须有基准点。基准点通常是印制板上的机械安装孔的中心，CAD 制作的基准点与机械加工图的基准点应当一致。

（4）导线宽度。导线宽度依据导线的载流量（即在规定的环境温度下，允许导线升温不超过某一温度时所能通过的电流大小）来确定。在不违背设计的电气间距的前提下，应设计较宽的导线。

（5）导线间距。在布线空间允许的情况下，导线间距应尽量大，并且保证均匀。需要考虑：①线到线、盘到盘、盘到线的距离；②图形距板边的距离（V-CUT、金手指、邮票孔）。

PCB 设计完成后，就是制造文件和设计元器件清单文件的生成。PCB 设计流程图如图 3.1.9 所示。

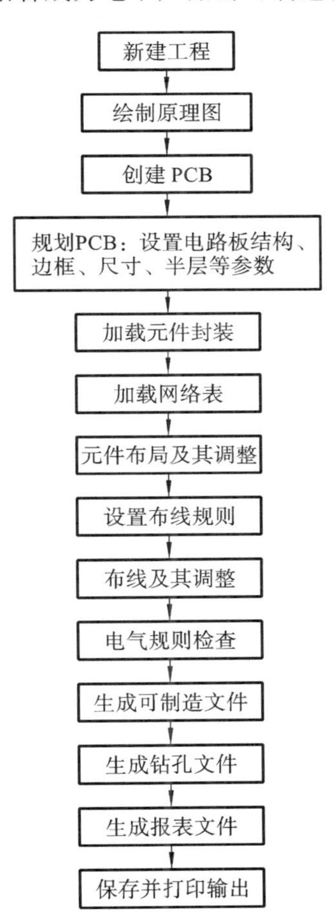

图 3.1.9　PCB 设计流程图

3.2　PCB 设计实例

PCB 设计实例

此小节内容请参看录屏教学资源。

3.3　元器件库建立

3.3.1　概述

在 Altium Designer 中，原理图元器件符号是在原理图库编辑环境中创建的(. SchLib 文件)。原理图库中的元器件会分别使用封装库中的封装和模型库中的模型。设计者可从各元器件库放置元件，也可以将这些元器件符号库、封装库和模型文件编译成集成库(. IntLib 文件)。在集成库中的元器件不仅具有原理图中代表元件的符号，还集成了相应的功能模块，如 Footprint 封装、电路仿真模块、信号完整性分析模块等。

集成库(见图 3.3.1)是通过分离的原理图库、PCB 封装库等编译生成的。在集成库中的元器件不能够被修改，如要修改元器件可以在分离的库中编辑然后再进行编译产生新的集成库即可。

Altium Designer 的集成库文件位于软件安装路径下的 Library 文件夹中，它提供了大量的元器件模型(大约 80000 个符合 ISO 规范的元器件)。设计者可以打开一个集成库文件，执行 Extract Sources 命令，从集成库中提取出库的源文件，在库的源文件中可以对元器件进行编辑。

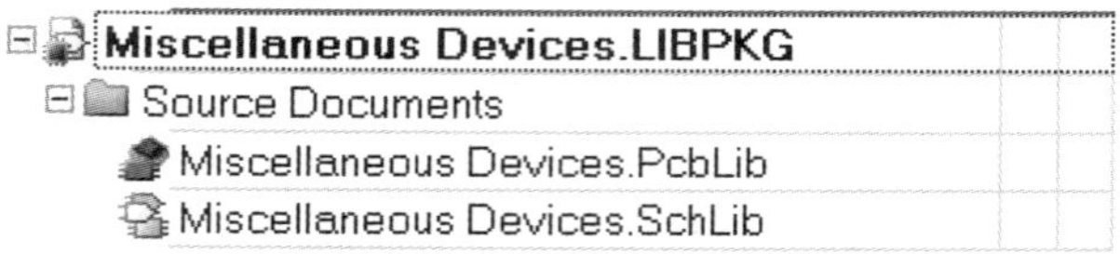

Miscellaneous Devices.LIBPKG
Source Documents
Miscellaneous Devices.PcbLib
Miscellaneous Devices.SchLib

图 3.3.1　集成库

库文件包(. LIBPKG 文件)是集成库文件的基础，它将生成集成库所需的那些分立的原理图库、封装库和模型文件有机地结合在一起。库文件包编译生成集成库(. IntLib 文件)。

3.3.2　建立元件符号库

1. 创建新的原理图文件

(1) 添加空白原理图库文件。选择“文件(F)”→“New”→“Library”→“原理图库(L)”，Projects 面板将显示新建的原理图库文件，默认名为“Schlib1. SchLib”。自动进入电路图新元件的编辑界面，如图 3.3.2 所示。

(2) 选择“File→Save As”，将库文件保存为 my Schlib1. SchLib。

(3) 单击“SCH Library”标签，打开“SCH Library”对话框，如图 3.3.3 所示。如果 SCH Library 标签未出现，单击原理图库新元件的编辑界面下方的“SCH”按钮，并从弹出的菜单中选择“SCH Library”即可(“√”表示选中)。

原理图库新元件的编辑界面各组成部分功能如下。

(1) 器件(Components)区域。

Components 区域用于对当前元器件库中的元件进行管理。可以在 Components 区域对元件进行放置、添加、删除和编辑等工作。在图 3.3.3 中，由于是新建的一个原理图元件库，因此其中只包含一个新的名称为“Component_1”的元件。Components 区域上方的空白区域用

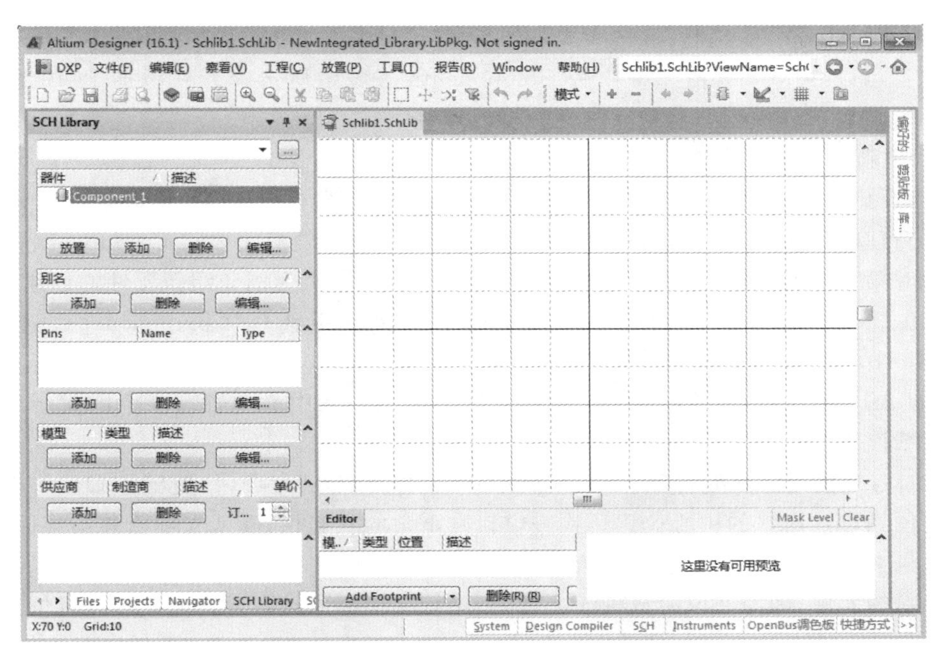

图 3.3.2　原理图库新元件的编辑界面

于设置元器件过滤项，在其中输入需要查找的元器件起始字母或者数字，在 Components 区域便显示相应的元器件。

“放置”按钮将 Componens 区域中所选择的元器件放置到一个处于激活状态的原理图中。如果当前工作区没有任何原理图打开，则建立一个新的原理图文件，然后将选择的元器件放置到这个新的原理图文件中。

“添加”按钮可以在当前库文件中添加一个新的元件。

“删除”按钮可以删除当前元器件库中所选择的元件。

“编辑”按钮可以编辑当前元器件库中所选择的元件。

(2) 别名(Aliases)区域。

该区域显示在 Components 区域中所选择的元件的别名。

单击“添加”按钮，可为 Components 区域中所选中的元件添加一个新的别名。单击“删除”按钮，可以删除在 Aliases 区域中所选择的别名。单击“编辑”按钮，可以编辑 Aliases 区域中所选择的别名。

图 3.3.3　“SCH Library”对话框

(3) Pins 信息框。

Pins 信息框显示在 Components 区域中所选择元件的引脚信息，包括引脚的序号、引脚名称和引脚类型等相关信息。

单击“添加”按钮，可以为元件添加引脚。单击“删除”按钮，可以删除在 Pins 区域中所选择的引脚。单击“编辑”按钮，可以编辑元件的引脚信息。

(4) 模型(Model)信息框。

设计者可以在 Model 信息框中为 Components 区域中所选择元件添加 PCB 封装(PCB Footprint)模型、仿真模型和信号完整性分析模型等。

2. 创建新的原理图元件

设计者可在一个已打开的库中执行“工具(T)”→“新器件(C)”命令，新建一个原理图元件。由于新建的库文件中通常已包含一个空的元件，因此一般只需要将 Component_1 重命名就可开始对第一个元件进行设计，这里以 AT89C2051 单片机为例介绍新元件的创建步骤。

(1) 在“SCH Library”对话框中的 Components 列表中选择“Component_1”选项，执行 Tools→Rename Component 命令，弹出重命名元件对话框，输入一个新的、可唯一标识该元件的名称，如 AT89C2051，并单击“确定”按钮。同时显示一张中心位置有一个巨大十字准线的空元件图纸以供编辑。

(2) 如有必要，执行“编辑(E)”→“跳转(J)”→“原点(O)”命令(快捷键 J，O)，将设计图纸的原点定位到设计窗口的中心位置。检查窗口左下角的状态栏，确认光标已移动到原点位置。新的元件将在原点周围上生成，此时可看到在图纸中心有一个十字准线。设计者应该在原点附近创建新的元件，因为在以后放置该元件时，系统会根据原点附近的电气热点定位该元件。

(3) 设置栅格。执行菜单“工具(T)”→“文档选项(D)”命令，弹出如图 3.3.4 所示“Schematic Library Options”对话框，设置“栅格”区域中的“捕捉”(捕获栅格，即光标能够在工作区移动的最小距离)选项为 10，“可见的”(可视栅格，即工作区中可看见的网格的距离)选项为 10。

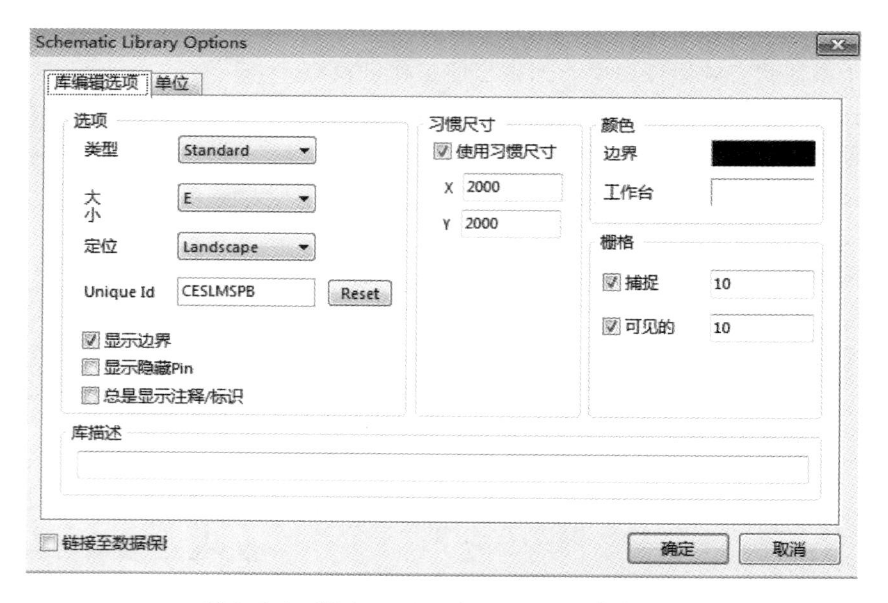

图 3.3.4　“Schematic Library Options”对话框

(4) 为了创建 AT89C2051 单片机，首先需定义元件主体。在第 4 象限画矩形框：1000 mil ×1400 mil。执行“放置(P)”→“矩形(R)”命令，此时鼠标箭头变为十字光标，并带有一个矩形的形状。在图纸中移动十字光标到坐标原点(0，0)，单击确定矩形的一个顶点，然后继续移动十字光标到另一位置(100，－140)，单击确定矩形的另一个顶点，这时矩形放置完毕。十字光标仍然带有矩形的形状，可以继续绘制其他矩形。

(5) 元件引脚代表了元件的电气属性，为元件添加引脚的步骤如下。

①单击 Place→Pin(快捷键 P,P)，光标处浮现引脚，带电气属性。

②放置之前，按 Tab 键打开“管脚属性”对话框，或双击已经放置的引脚，系统弹出如图 3.3.5 所示的元件引脚属性对话框。如果设计者在放置引脚之前先设置好各项参数，则放置引脚时，这些参数成为默认参数，连续放置引脚时，引脚的编号和引脚名称中的数字会自动增加。

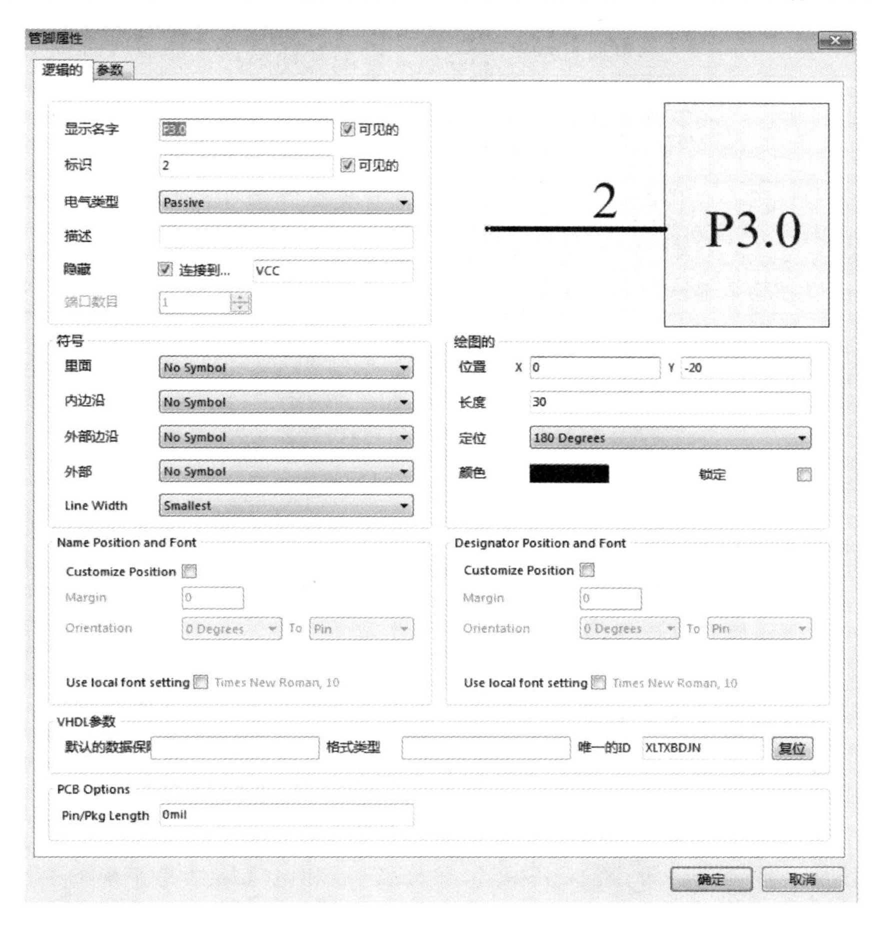

图 3.3.5　“管脚属性”对话框

③在“管脚属性”对话框中，在“显示名字”文本框中，输入引脚的名字“P3.0”；在“标识”文本框中，输入唯一(不重复)的引脚编号“2”。如果设计者想在放置元件时，引脚名和标识符可见，则需选中“可见的”复选框。

④在“电气类型”栏，从下拉列表中设置引脚的电气类型。该参数可用于在原理图设计图纸中编译项目或分析原理图文档时检查电气连接是否错误。在本例 AT89C2051 单片机中，大部分引脚的“电气类型”设置成 Passive，如果是 VCC(这里因软件原因，VCC 与电路图中的 Vcc 等价)或 GND 引脚的“电气类型”，则设置成 Power。“电气类型”下拉列表中包括八项，如表 3.3.1 所示。

表 3.3.1　设置引脚的电气类型

序号	引脚属性	注释	序号	引脚属性	注释
1	Input	输入引脚	5	Passive	无源引脚(如电阻、电容引脚)
2	I/O	双向引脚	6	HiZ	高阻引脚
3	Output	输出引脚	7	Emitter	发射极输出
4	Open Collector	集电极开路引脚	8	Power	电源(VCC 或 GND)

⑤“符号”设置。引脚符号设置域如表 3.3.2 所示。

表 3.3.2　引脚符号设置域

引脚符号	注释	引脚符号	注释
Inside	元器件轮廓的内部	Outside Edge	元器件轮廓边沿的外侧
Inside Edge	元器件轮廓边沿的内侧	Outside	元器件轮廓的外部

表 3.3.2 中每一项里面的设置根据需要选定。

⑥“绘图的”设置。引脚图形(形状)设置如表 3.3.3 所示。

表 3.3.3　引脚图形(形状)设置

设置选项	注释	设置选项	注释
Location X　Y	引脚位置坐标 X、Y	Orientation	引脚的方向
Length	引脚长度	Color	引脚的颜色

⑦本例中所有引脚长度设置为 30 mil。

⑧当引脚“悬浮”在光标上时,设计者可按空格键以 90°间隔逐级增加来旋转引脚。记住,引脚只有其末端具有电气属性(也称热点,Hot End),也就是在绘制原理图时,才能通过热点与其他元件的引脚连接。不具有电气属性的另一末端毗邻该引脚的名字字符。

在图纸中移动十字光标,在适当的位置单击,就可放置元器件的第一个引脚。此时鼠标箭头仍保持为十字光标,可以在适当位置继续放置元件引脚。

⑨继续添加元件剩余引脚,确保引脚名、编号、符号和电气属性是正确的。注意:引脚 6(P3.2)、引脚 7(P3.3)的 Outside Edge(元器件轮廓边沿的外侧)处选择 Dot。放置了所有需要的引脚之后,右击,退出放置引脚的工作状态。放置完所有引脚的元件如图 3.3.6 所示。

⑩完成绘制后,执行菜单“文件(F)”→“保存(S)”命令,保存建好的元件。

添加引脚注意事项如下。

①放置元件引脚后,若想改变或设置其属性,可双击该引脚或在“SCH Library”对话框 Pins 信息框中双击引脚,打开“Pin Properties”对话框。如果想一次多改变几个引脚的属性,按住 Shift 键,依次选定每个引脚,再按 F11 键弹出“Inspector”对话框,就可在该对话框中编辑多个引脚。

②在字母后使用\(反斜线符号)表示引脚名中该字母带有上划线,如 I\N\T\0 将显示为“$\overline{\text{INT}}$0”。

③若希望隐藏电源和接地引脚,可选中 Hide 复选框。当这些引脚被隐藏时,系统将按 Connect To 区的设置将它们连接到电源和接地网络,比如 VCC 引脚被放置时将连接到 VCC 网络。

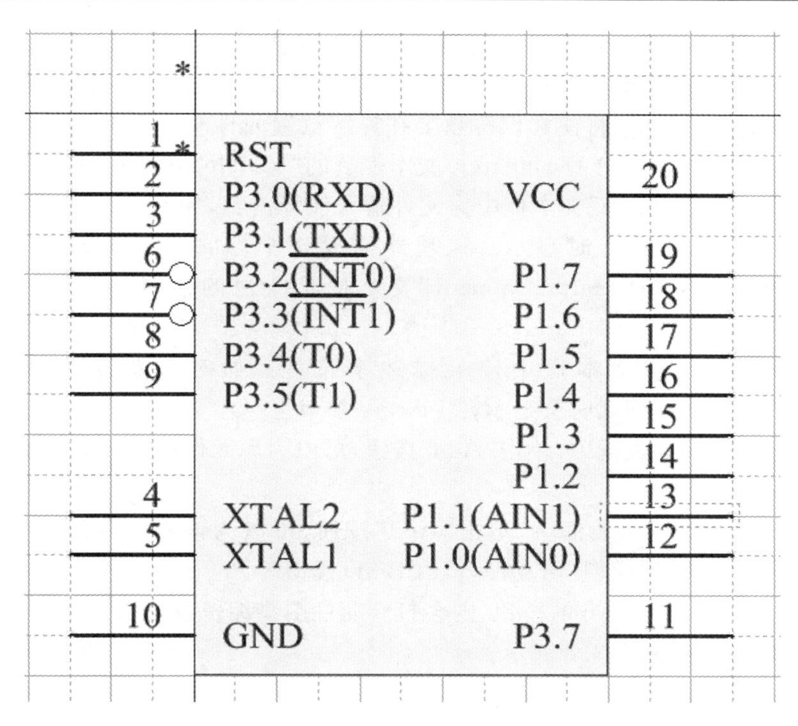

图 3.3.6　放置完所有引脚的元件

④执行 View→Show Hidden Pins 命令，可查看隐藏引脚；不执行该命令，则隐藏引脚的名称和编号。

3. 设置原理图元件属性

每个元件的参数都跟默认的标识符、PCB 封装、模型，以及其他所定义的元件参数相关联。设置元件参数步骤如下。

(1) 在“SCH Library”对话框的 Components 区域列表中选择元件(AT89C2051)，单击 Edit 按钮或双击元件名，打开“Library Components Properties”对话框，如图 3.3.7 所示。

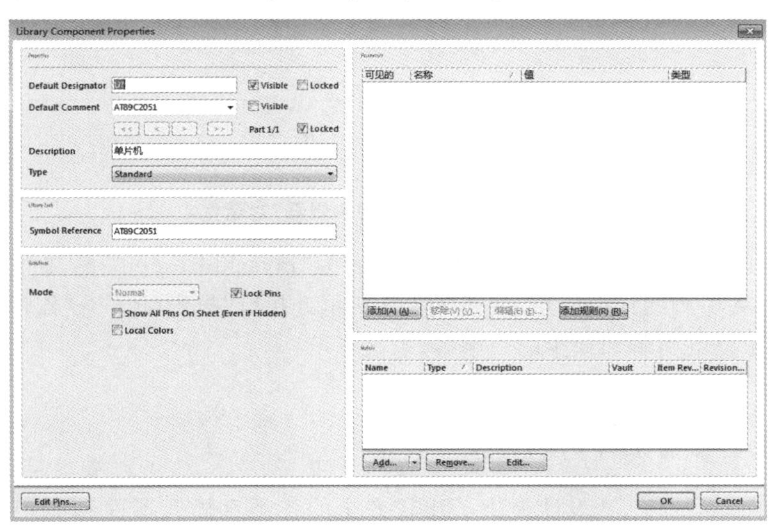

图 3.3.7　“Library Components Properties”对话框

（2）在“Default Designator”文本框中输入“U?”，以便在原理图设计中放置元件时，自动放置元件的标识符。如果放置元件之前已经定义好了其标识符（按 Tab 键进行编辑），则“Default Designator”中的“?”将使标识符数字在连续放置元件时自动递增，如 U1，U2……要显示标识符，则需选中“Default Designator”文本框后的“Visible”复选框。

（3）在“Default Comment”文本框中为元件输入注释内容，如 AT89C2051，该注释会在元件放置到原理图设计图纸上时显示。该功能需要选中“Default Comment”文本框后的“Visible”复选框。如果“Default Comment”文本框是空白的话，放置时系统使用默认的 Library Reference。

（4）在“Description”文本框中输入描述字符串。如对于单片机可输入：单片机 AT89C2051。该字符在库搜索时会显示在 Library 窗口上。

（5）在 Parameters 列表框中，单击“Add”按钮，可以为库元件添加其他的参数，如版本、作者等。

（6）在 Models（模型）列表框中，单击“Add”按钮，可以为该库元件添加其他的模型，如 PCB 封装模型、信号完整性模型、仿真模型、PCB 3D 模型等。

（7）单击左下角的“Edit Pins”按钮，则会打开元件引脚编辑器，可以对该元件所有引脚进行一次性的编辑设置，如图 3.3.8 所示。

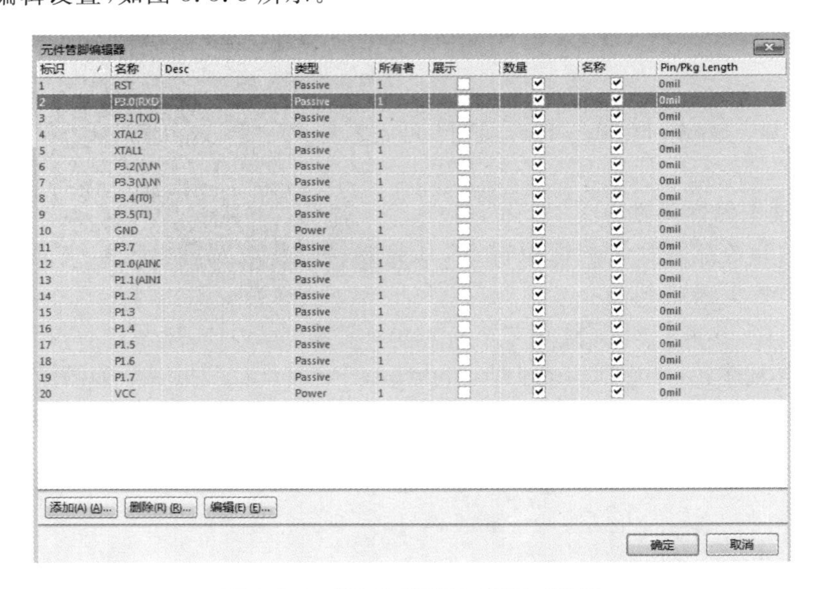
元件管脚编辑器

标识	名称	Desc	类型	所有者	展示	数量	名称	Pin/Pkg Length
1	RST		Passive	1	☐	☑	☑	0mil
2	P3.0(RXD)		Passive	1	☐	☑	☑	0mil
3	P3.1(TXD)		Passive	1	☐	☑	☑	0mil
4	XTAL2		Passive	1	☐	☑	☑	0mil
5	XTAL1		Passive	1	☐	☑	☑	0mil
6	P3.2(\I\N\		Passive	1	☐	☑	☑	0mil
7	P3.3(\I\N\		Passive	1	☐	☑	☑	0mil
8	P3.4(T0)		Passive	1	☐	☑	☑	0mil
9	P3.5(T1)		Passive	1	☐	☑	☑	0mil
10	GND		Power	1	☐	☑	☑	0mil
11	P3.7		Passive	1	☐	☑	☑	0mil
12	P1.0(AIN0		Passive	1	☐	☑	☑	0mil
13	P1.1(AIN1		Passive	1	☐	☑	☑	0mil
14	P1.2		Passive	1	☐	☑	☑	0mil
15	P1.3		Passive	1	☐	☑	☑	0mil
16	P1.4		Passive	1	☐	☑	☑	0mil
17	P1.5		Passive	1	☐	☑	☑	0mil
18	P1.6		Passive	1	☐	☑	☑	0mil
19	P1.7		Passive	1	☐	☑	☑	0mil
20	VCC		Power	1	☐	☑	☑	0mil

添加(A) (A)…　删除(R) (R)…　编辑(E) (E)…

确定　取消

图 3.3.8　“元件管脚编辑器”对话框

（8）选择菜单“报告（R）”→“器件（C）”，生成名为“myschlib1. cmp”的文件，报告文件中包含了元件中的相关引脚的详细信息，如图 3.3.9 所示。执行“报告（R）”→“器件规则检查（R）”命令，可以检查重复的引脚和缺少的引脚等。

以上操作可参考录屏教学资源。

3.3.3　元器件封装库的创建

建立元件符号库

Altium Designer 为 PCB 设计提供了比较齐全的各类直插元器件和 SMD 元器件的封装库，这些封装库位于 Altium Designer 安装盘符下。

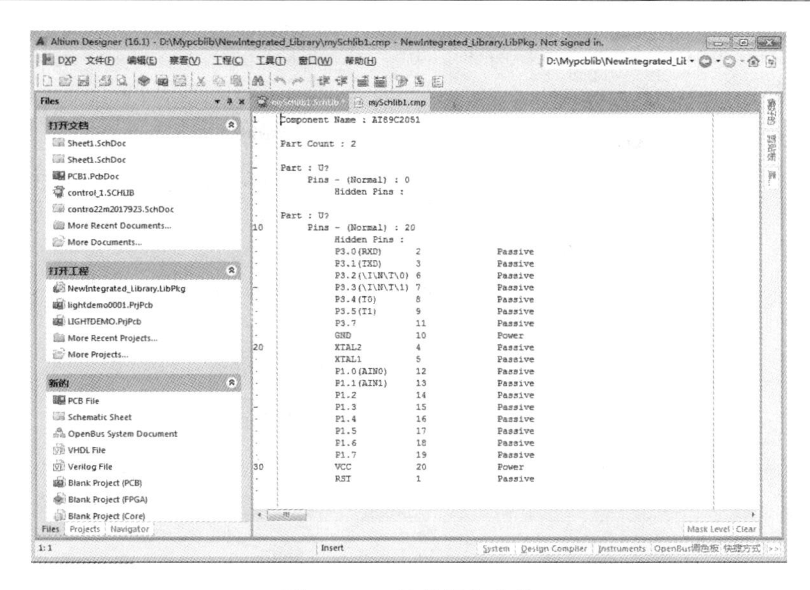

图 3.3.9　元件报告文件

封装可以从一个 PCB 库复制到另一个 PCB 库，也可以是通过 PCB Library 的 PCB Component Wizard 或绘图工具画出来的。在一个 PCB 设计中，如果所有的封装已经放置好，设计者可以在 PCB Editor 中执行 Design→Make PCB Library 命令，生成一个只包含所有当前封装的 PCB 库。下面介绍采用手动方式创建 PCB 封装的方法。实际应用时，设计者需要根据器件制造商提供的元器件数据手册查阅相关数据进行封装库的建立。

1. 建立一个新的 PCB 封装

(1) 执行菜单“文件(F)”(File)→“新建(N)”(New)→“库(L)(Library)→“PCB 元件库”命令，建立一个名为“PcbLib1. PcbLib”的 PCB 库文档，同时显示名为 PCBComponent_1 的空白元件页，并显示 PCB Library 库对话框(如果 PCB Library 库对话框未出现，单击设计窗口右下方的 PCB 按钮，弹出下拉菜单选择“PCB Library”即可)。

如果需要，可以执行 File→Save As 命令，重新将“PcbLib1. PcbLib”命名为其他名称。新 PCB 封装库是库文件包的一部分，如图 3.3.10 所示。

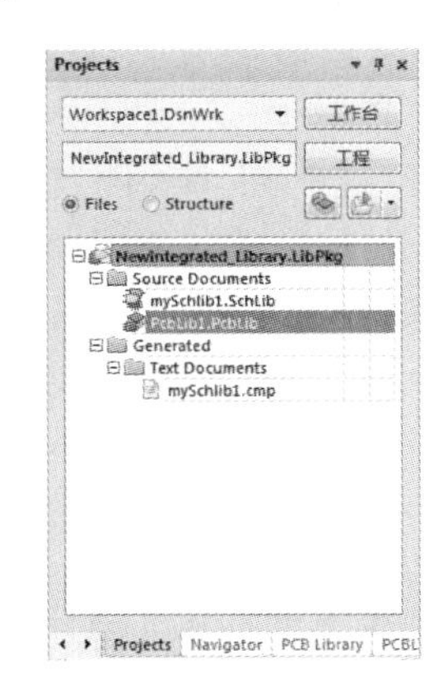

图 3.3.10　添加了封装库后的库文件包

(2) 单击图 3.3.10 下方的 PCB Library 标签进入 PCB Library 窗口，如图 3.3.11 所示。

PCB Library 窗口用于创建和修改 PCB 元器件封装，管理 PCB 器件库。PCB Library 窗口共分 4 个区域，即“面具”“元件”“元件的图元”和“元件的预览图”，提供操作 PCB 元器件的各种功能。

(1) PCB Library 窗口的“面具”对该库文件内的所有封装进行查询，并根据“面具”框中的内容将符合条件的元件封装列出。

(2) PCB Library 窗口的“元件”(Components)区域列出了当前选中库的所有元器件。在 Components 区域中右击将显示菜单选项，设计者可以新建元器件、编辑元器件属性、复制或粘贴选定元器件，或更新开放 PCB 的元器件封装。

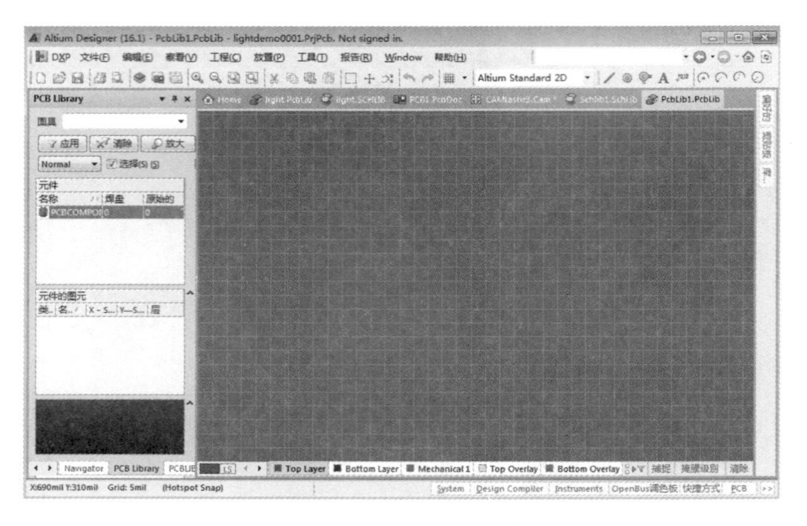

图 3.3.11　PCB Library 窗口

请注意，在该区域右击，会弹出菜单，可以对库中的封装元件进行操作，如“复制(C)”(copy)、“粘贴”(paste)命令可用于选中的多个封装，并支持：在库内部执行复制和粘贴操作；从 PCB 复制粘贴到库；在 PCB 库之间执行复制粘贴操作。

(3) PCB Library 窗口的“元件的图元”(Components Primitives)区域列出了属于当前选中元器件的图元。单击列表中的图元，在设计窗口中加亮显示。

(4) “元件的预览图”区域，在 Components Primitives 区域下是元器件封装模型显示区，该区有一个选择框，选择框选择哪一部分，设计窗口就显示那部分，选择框的大小可以调节。

2. 使用元器件向导创建封装

对于标准的 PCB 元器件封装，Altium Designer 为用户提供了 PCB 元器件封装向导，帮助用户完成 PCB 元器件封装的制作。元器件向导(PCB Component Wizard)使设计者在输入一系列设置后就可以建立一个元器件封装，接下来将演示如何利用向导为单片机 AT89C2051 建立 DIP20 的封装。

使用 PCB Component Wizard 建立 DIP20 封装步骤如下。

(1) 执行菜单“工具(T)”(Tools)→“元器件向导(C)”(Component Wizard)命令，或者直接在 PCB Library 窗口的 Components 区域列表中右击，在弹出的菜单中选择“Component Wizard”选项，弹出“Component Wizard”对话框，单击“下一步”按钮，进入向导，如图 3.3.12 所示。单击“下一步”按钮，出现如图 3.3.13 所示的界面。

建立 DIP20 封装需要如下设置：在模型样式栏内选择“Dual In-line Package(DIP)”选项(封装的模型是双列直插)，单位选择“Imperial(mil)”选项(英制)，如图 3.3.13 所示，单击“下一步”按钮，得到如图 3.3.14 所示的界面。

(2) 进入焊盘大小选择对话框，如图 3.3.14 所示，圆形焊盘选择外径 60 mil、内径 30 mil(直接输入数值修改尺度大小)，单击“下一步”按钮，进入焊盘间距选择对话框，如图 3.3.15 所示，图中设置为水平方向 300 mil、垂直方向 100 mil。

(3) 单击“下一步”按钮，进入元器件轮廓线宽的选择对话框，选默认设置(10 mil)，单击“下一步”按钮，进入焊盘数选择对话框，设置焊盘(引脚)数目为 20，如图 3.3.16 所示。单击“下一步”按钮，进入元器件名选择对话框，默认的元器件名为 DIP20，如果不修改它，则单击

图 3.3.12　元器件封装向导 1

图 3.3.13　元器件封装向导 2

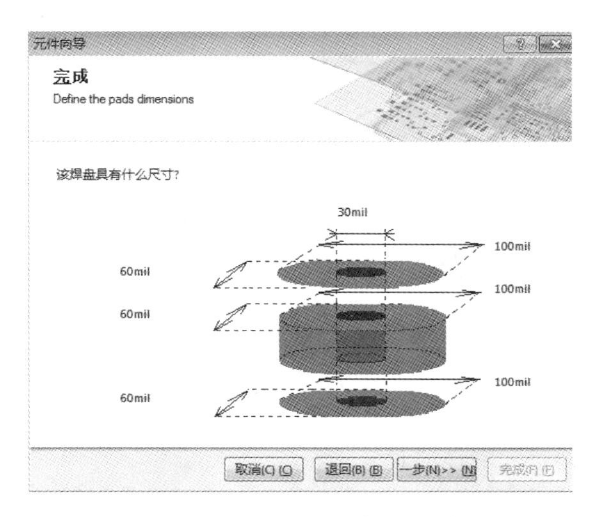

图 3.3.14　焊盘大小选择对话框

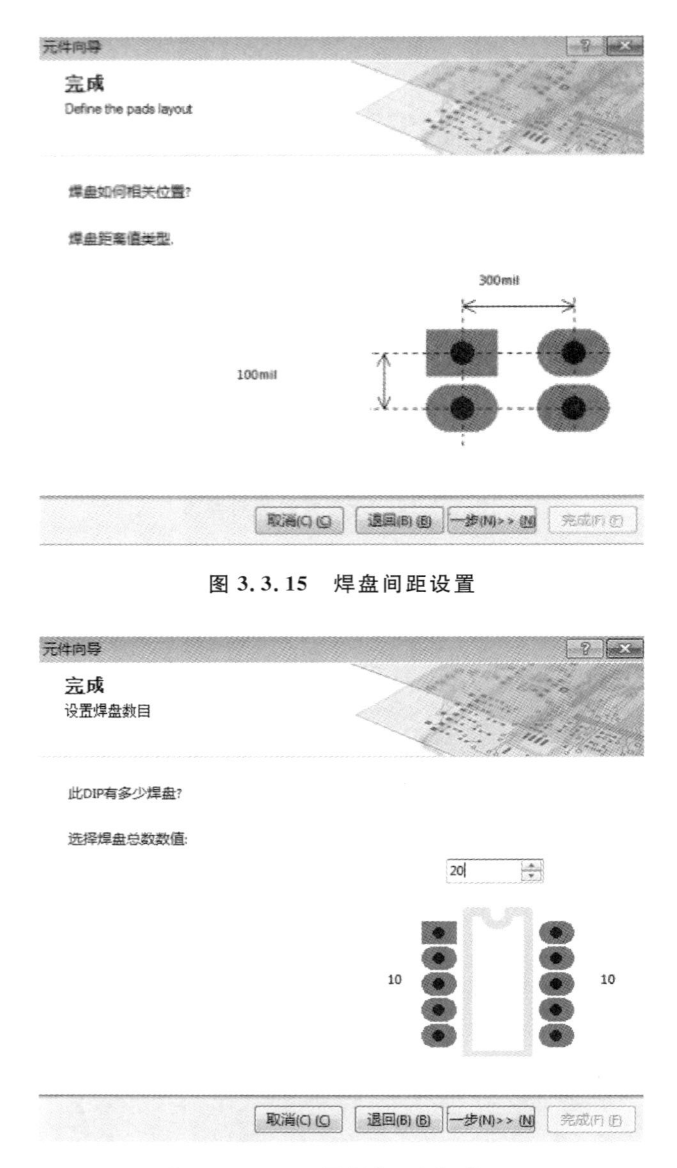

图 3.3.15　焊盘间距设置

图 3.3.16　设置焊盘(引脚)数目

“下一步”按钮，进入最后一个对话框。

(4) 在最后一个对话框中，单击“完成”按钮结束向导，在 PCB Library 面板 Components 区域列表中会显示新建的 DIP20 封装名，同时设计窗口会显示新建的封装，如有需要可以对封装进行修改，如图 3.3.17 所示。

(5) 执行菜单“文件(F)”(File)→“保存(S)”(Save)命令(快捷键为 Ctrl+S)，保存库文件。

3. 手工创建封装

对于形状特殊的元器件，用 PCB Component Wizard 不能完成该元器件封装的制作，这时就需要利用手工方法创建该元器件的封装。

创建一个元器件封装，需要为该封装添加用于连接元器件引脚的焊盘和定义元器件轮廓的线段、圆弧。设计者可将所设计的对象放置在任何一层，但一般的做法是将元器件外部轮廓放置在Top Overlay层(即丝印层),焊盘放置在Multilayer层(对于直插元器件)或顶层信号层(对于贴片元器件)。当设计者放置一个封装时,该封装包含的各对象会被放到其本身所定义的层中。

数码管的封装可以用PCB Component Wizard来完成,为了掌握手动创建封装的方法,用它来作为示例。

手动创建数码管LED-7的封装步骤如下。

(1) 在"Projects"窗口中,选择"PcbLib1. PcbLib",单击窗口左下方的"PCB Library"标签进入"PCB Library"对话框。

(2) 执行菜单"工具(T)"(Tools)→"新的空元件(W)"(New Blank Component)命令(快捷键为T,W),建立一个默认名为"PCBCOMPONENT_1"的新的空白元件,如图3.3.18所示。

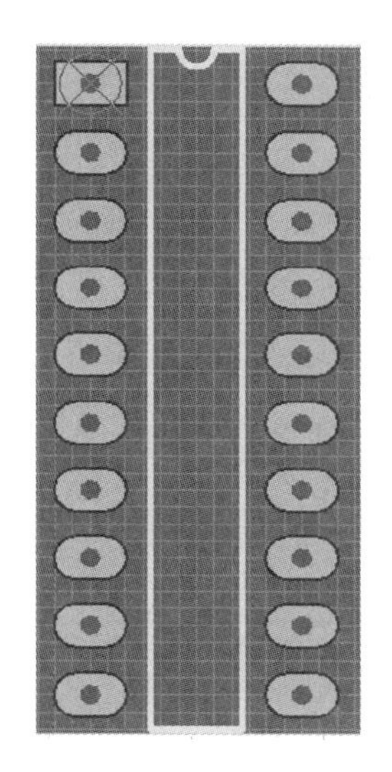

图3.3.17　使用PCB Component Wizard建立的DIP20封装

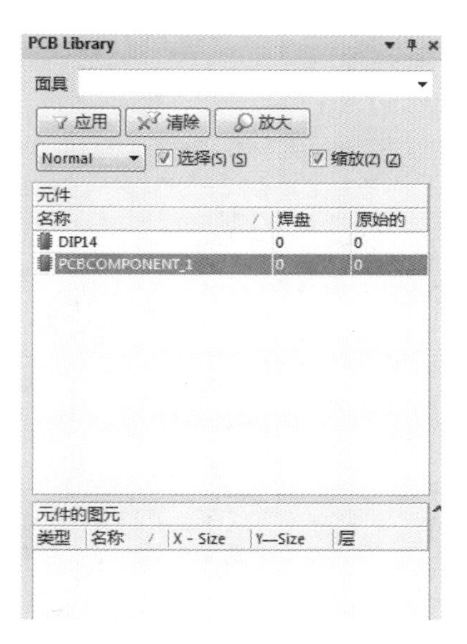

图3.3.18　新建空白元件

在"PCB Library"对话框中,双击该空白元件封装名"PCBCOMPONENT_1",弹出"PCB库元件[mil]"(PCB Library Component[mil])对话框,为该元件重新命名,在"PCB Library Component"对话框中的Name文本框中,输入新名称LED-7。

推荐在工作区参考点位置(0,0)附近创建封装,在设计的任何阶段,使用快捷键J,R就可使光标跳到原点位置。

(3) 为新封装添加焊盘。

"Pad Properties"对话框为设计者在所定义的层中检查焊盘形状提供了预览功能,设计者可以将焊盘设置为标准圆形、椭圆形、方形等。放置焊盘是创建元器件封装中最重要的一步,焊盘放置是否正确,关系到元器件是否能够被正确焊接到PCB,因此,焊盘位置需要严格对应于器件引脚的位置。放置焊盘的步骤如下。

①执行菜单"放置(P)"(Place)→"焊盘(P)"(Pad)命令(快捷键为P,P)或单击工具栏中的"焊盘"按钮,光标处将出现焊盘,放置焊盘之前,先按Tab键,弹出"焊盘[mil]"(Pad[mil])对话框,如图3.3.19所示。

②在图3.3.19所示对话框中编辑焊盘各项属性。在"孔洞信息"选项区,设置"通孔尺寸"

图 3.3.19　放置焊盘之前设置焊盘参数

为 30 mil，孔的形状为圆形（R）；在“属性”选项区，在“标识”文本框中，输入焊盘的序号 1，在“层”处，选择“Multi-Layer”（多层）；在“尺寸和外形”选项区，“X-Size”设为 60 mil，“Y-Size”设为 60 mil，“外形”选择 Rectangular（方形），其他选缺省值，单击“确定”按钮，建立第 1 个方形焊盘。

③利用状态栏显示坐标，将第 1 个焊盘拖到（X：0，Y：0）位置，单击或者按 Enter 键确认放置。

④放置完第 1 个焊盘后，光标处自动出现第 2 个焊盘（如果没有出现，就按快捷键 P，P），按 Tab 键，弹出 Pad[mil]对话框，将焊盘 Shape（形状）改为 Round（圆形），其他用上一步的缺省值，将第 2 个焊盘放到（X：100，Y：0）位置。注意：焊盘标识会自动增加。

⑤在（X：200，Y：0）处放置第 3 个焊盘（该焊盘用上一步的缺省值），X 方向每增加 100 mil、Y 方向不变，依次放好第 4、5 个焊盘。

⑥然后在（X：400，Y：600）处放置第 6 个焊盘（Y 的距离由实际数码管的尺寸而定），X 方向每次减少 100 mil、Y 方向不变，依次放好第 7～10 个焊盘。

⑦右击或者按 Esc 键退出放置模式，所放置焊盘如图 3.3.20 所示。

（4）为新封装绘制轮廓。

PCB 丝印层的元器件外形轮廓在 Top Overlay（顶层）中定义，如果元器件放置在电路板底面，则该丝印层自动转为Bottom Overlay(底层)。

①在绘制元器件轮廓之前，先确定它们所属的层，单击编辑窗口底部的Top Overlay标签。

②执行菜单“放置(P)”(Place)→“走线(L)”(Line)命令(快捷键为P,L)或单击工具栏中的“放置走线”按钮，放置线段前可按Tab键编辑线段属性，这里选默认值。光标移到(−60,−60)处单击，绘出线段的起始点，拖动到(460,−60)处绘出第一段线，拖动到(460,660)处绘出第二段线，拖动到(−60,660)处绘出第三段线，然后拖动到起始点(−60,−60)处绘出第四段线，数码管的外框绘制完成，如图3.3.21所示。

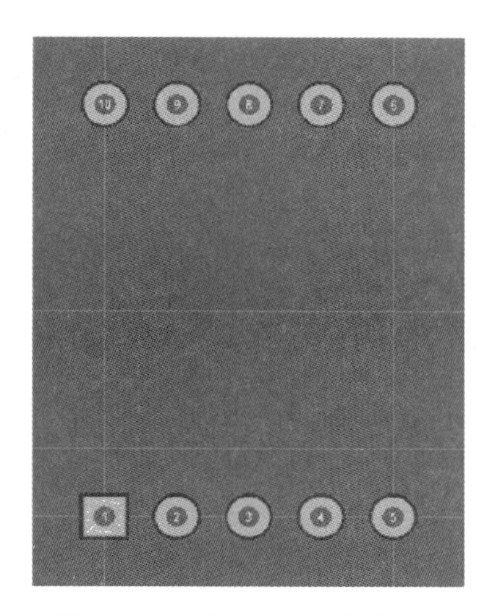

图3.3.20 放置好焊盘的数码管

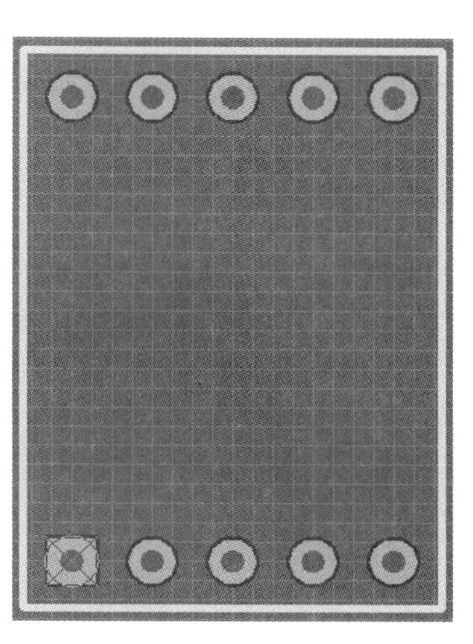

图3.3.21 七段数码管外框

③接下来绘制数码管的“8”字，执行快捷键P,L，单击以下坐标(100,100)、(300,100)、(300,500)、(100,500)、(100,100)绘制“0”字，右击，再单击(100,300)、(300,300)这2个坐标，绘制出“8”字，右击或按Esc键退出线段放置模式。设计完成的数码管封装符号如图3.3.22所示。

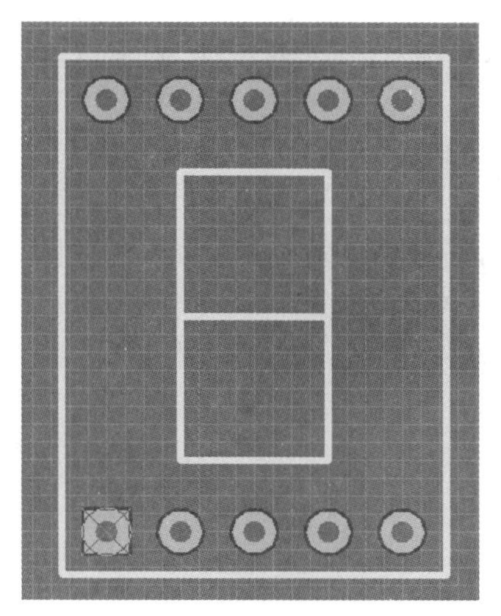

图3.3.22 设计完成的数码管封装符号

注意：

a. 画线时，按 Shift+Space 快捷键可以切换线段转角（转弯处）形状；

b. 画线时如果出错，可以按 Backspace 键删除最后一次所画线段；

c. 按 Q 键可以将坐标显示单位从 mil 改为 mm；

d. 在手工创建元器件封装时，一定要与元器件实物相吻合，否则 PCB 制作完成后，元件安装不上去。

④执行菜单“文件(F)”(File)→“保存(S)”(Save)命令（快捷键为 Ctrl+S），保存库文件。

以上操作可参考录屏教学资源。

3.4　实训项目——声光控电路设计

元器件封装库的创建

3.4.1　训练目标与内容

(1) 熟悉声光控开关电路原理或其他要求设计电路的原理；

(2) 熟悉 Altium Designer 开发工具的使用；

(3) 利用 Altium Designer 设计、编辑声光控开关电路图；

(4) 设计原理图元器件和 PCB 封装库；

(5) 利用 Altium Designer 设计 PCB 电路板。

3.4.2　训练环境

计算机、PCB 设计工具 Altium Designer。

3.4.3　训练步骤与要求

(1) 在老师的指导下，学习 Altium Designer 工具的基本操作。熟悉该软件工具的常用命令和主要功能。通过训练完成设计实例。

(2) 熟悉声光控开关电路原理或其他要求设计电路的原理。

(3) 学习原理图设计，并设计、画出声光控开关电路或其他要求设计的电路。

(4) 学习 PCB 设计的基本规则与命令，并设计、画出声光控开关 PCB 电路或其他要求设计的电路。

(5) 学会制造文件的作用与生成方法。

绘制原理图具体要求如下。

(1) 原理图设置中，设计图纸的图幅为 A4，方向水平；栅格 Grids 设置中，捕捉栅格为 5 个单位即 50 mil；可见栅格为 10 个单位即 100 mil；电气栅格设置为 4 个单位即 40 mil。

(2) 原理图中所使用的元器件符号要符合国际标准或国家标准。

(3) 原理图符号要对齐到栅格上。

(4) 电源用网络标号 VCC 表示，电源地用 GND 表示，在 PCB 中需要加粗的导线，在原理图中要进行网络标识。

(5) 电子元器件之间的连线，原则上使用导线连接，局部可以使用网络标识进行连接。

(6) 原理图中的元器件，原则上以功能模块为单位放置。

绘制 PCB 具体要求如下。

(1) PCB大小为80 mm×60 mm。

(2) PCB中的封装与连接关系，全部由原理图编译生成，不允许在PCB中随意添加封装。

(3) 在布线规则中，电源、地和一些重要的网络线，线宽都选择1.5 mm，其他网络线宽选择1 mm。

(4) PCB为单面板。

(5) PCB设计中，电子元器件原则上以功能模块为单位放置。

(6) 在PCB中标注功能模块。

(7) PCB设计中用到的所有封装要与实物一一对应，设计的焊盘适中。

(8) PCB设计中所有的元器件都要放到栅格上。

(9) 自动布线完成后，要进行手动布线与调整，尽量使PCB达到最优。

3.4.4　项目考评

考评的目的在于对学生在工程训练过程中所表现出来的态度、技术熟练程度和对训练的内容的了解、掌握程度等作出合理的评价。考评表如表3.4.1所示。

表3.4.1　考评表

院系/班级：　　训练项目：　　指导老师：　　日期：

学号	姓名	态度(10%)	技术熟练程度(40%)	原理图绘制(20%)	PCB布局(30%)	总分	备注

思考与练习题

1. 在原理图元件符号的制作中，引脚设置应该注意哪些事项？
2. 简述原理图中网络标号的作用。
3. PCB元器件的封装设计需要考虑哪些因素？
4. PCB元器件的封装与实物器件有怎样的对应关系？
5. 工作电路板的层、电气层有哪些？非电气层的用途是什么？
6. PCB设计中环境的设置与优化有哪些？对设计有什么帮助？
7. PCB设计中，规则设置对设计的有什么帮助？在声光控电路的PCB设计中设置了哪几项？各有什么作用？
8. 为什么要手工修改布线？
9. 简述PCB布局的要求。

第4章　PCB制作

4.1　PCB化学制作工艺与设备

4.1.1　单面板简易制作流程

单面制板的流程是：下料→热转印→腐蚀→去除印料→孔加工→成品。具体制作步骤如下。

1. 前期准备

确定电路板的大小，以便下料。方法：在 Altium Designer 软件中打开 PCB 图，在菜单中选择 Reports→Measure distance，然后单击板的各端测量板的长和宽。注意，在 Altium Designer 中默认使用的是英制单位，如果不习惯，按 Q 键可以在英制单位与公制单位中切换。完成后会弹出一个对话框，显示出鼠标点击两点之间的距离。这个距离就是下料的依据。

按照 3.2 节(教学视频)介绍步骤生成钻孔和 Gerber 文件。

2. 热转印

打开 CAM 软件，选择菜单 File→Import，将上一步生成的 Gerber 文件全部导入。然后选择菜单栏中的 Table 菜单，在下拉菜单中选择 Composite 选项，在该选项中进行相关的板层设置操作，设置完成后，就可以进行热转印纸的打印了。注意在打印热转印纸时应使光滑的一面朝下。

热转印机上电，打开开关。在热转印机平台下有一个红色的按钮，将它按下可以显示热转印机的温度。

让热转印机的温度上升到 180 ℃左右，将打印好的热转印纸用剪刀裁剪成合适的大小，光滑的一面贴在单面覆铜板上，用胶带固定牢后放到热转印机的平台上，用手轻轻推入机内。按机器上控制方向的按钮可以改变滚轴运动的方向，让板在热转印机中来回热转印两次即可完成热转印。

将板取出，注意不要烫伤手，此时板上铜箔的温度很高，慢慢地撕开转印纸，如果发现纸的光滑面上还有油墨没有印到铜箔上，可以合上纸，继续做一次热转印；如果光滑面上已经没有油墨，但是铜箔上仍然有短线的地方，可以用油性黑色笔将短线的地方连接上。

在关闭热转印机的时候要特别注意，绝对不能马上关闭电源，否则会因温度过高而烧坏机器中的保险。正确的方法是：长按 ENT 键，显示器上会出现倒计时的字样，等到倒计时为零并且听到“嘀”的一声后，松开 ENT 键，机器会进入软件关机状态。等到温度降低到合适的时候才能关闭电源。

3. 腐蚀

打开腐蚀机的电源，将腐蚀机的加热功能启动。把腐蚀液的温度加热到 35～40 ℃的时候才能开始腐蚀。腐蚀液温度最高不要超过 50 ℃。将单面板放到进料口，打开传动开关，旋转转速控制旋钮，将转速调至 15～18 r/min，按下腐蚀开关。由于腐蚀液中的成分有浓氨水，所以在腐蚀过程中要避免吸入过多的氨气，以免灼伤呼吸道。在出料口取板的时候要带上塑胶手套。

4. 去碳迹

在碳迹的保护下，线路部分免受腐蚀。腐蚀结束之后应该去掉这层保护膜。由于碳粉的吸附力较强，所以要用专门的有机溶剂来去除碳迹。方法是在碳迹处倒上少量的有机溶剂，用橡胶手套上凸出的颗粒部分轻轻擦洗，直至全部碳迹都消失，露出铜箔。注意不要使用太大的力气搓洗，以免将较细的线路搓断。

5. 钻孔

根据印刷电路板上焊盘或机械孔的大小选择合适的钻头进行钻孔。在钻孔前先不要开动钻孔机，将钻头安装好后先定好孔的位置。在钻孔时要注意将钻孔机的速度提升到最大挡，以免转速过低使钻头断裂。在下压钻头时要尽量保持垂直下压，动作不要太大，同时要保持电路板的稳定，不要发生位移；提升钻头的时候也不要太快，否则都容易使钻头断裂。如果在钻孔时，基板的废屑遮挡了视线，可用软的刷子清理，不要用手清理，以免受伤。

4.1.2 PCB 化学制作工艺流程

方法与制作单面板时类似，主要有六大块工艺，如图 4.1.1 所示。这些工艺是底片制作、金属过孔、线路制作、阻焊制作、字符制作、铜防氧化(OSP)。

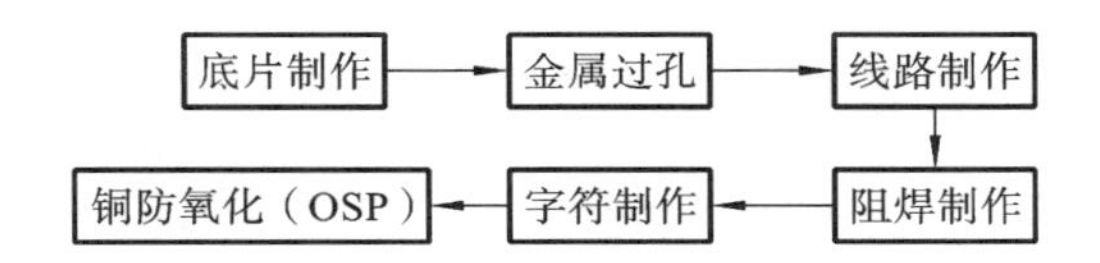

图 4.1.1　PCB 化学制作工艺流程

在制作双面板时，使用的工艺是曝光的方法，因此，其在打印时，使用的是菲林纸。制作一块双面板需要打印顶层图与边框、底层图与边框、顶层阻焊与边框、底层阻焊与边框、顶层字符与边框、底层字符与边框共计 6 层底片，其中两个字符层要采用负片的方式进行打印。在打印机中放置菲林纸时，要使光滑的一面朝上。

底片制作是图形转移的基础，根据底片输出方式可分为底片打印输出和光绘输出。图 4.1.2所示是底片制作流程。

双面板的制作流程是：下料→孔加工→孔金属化→双面线路印刷→曝光显影→镀锡→去除线路油墨→腐蚀→退锡→涂阻焊层→印字符标记→镀锡→成品。具体制作步骤如下。

1. 裁板

实际长宽应在设计长宽的基础上都增加 5 mm 裁取。准备工作完成后就可以打印了，同时按照板子的尺寸下料。

板材准备又称下料，在 PCB 制作前，应根据设计好的 PCB 图的大小来确定所需 PCB 基本的尺寸规格，可根据具体需要进行裁板。裁板示意图与设备如图 4.1.3 所示。

2. 孔加工

钻孔通常有手工钻孔和数控自动钻孔两种方法，一种是用台钻进行钻孔，另一种是用雕刻机进行钻孔。

1) 用台钻进行钻孔

先打印图纸(顶层不镜像)，打印完成后用透明胶将图纸粘贴至覆铜板按照图示过孔进行

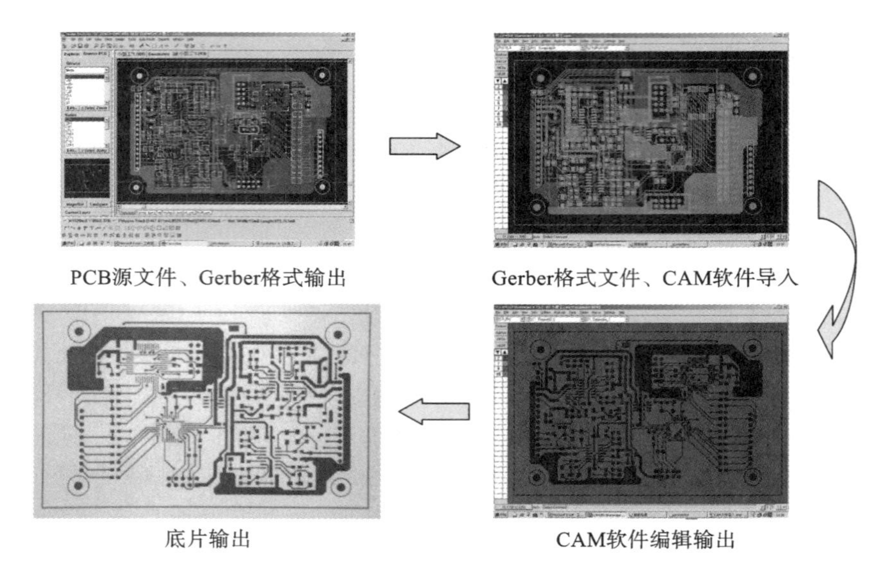

图 4.1.2　底片制作流程

图 4.1.3　裁板示意图与设备

钻孔。

2）**用雕刻机进行钻孔**

数控钻铣雕刻一体机主要用途是实现线路板的自动双面雕刻及全自动钻铣功能。图4.1.4所示是数控钻铣雕刻一体机实物图片。最大工作尺寸是300 mm×300 mm;工作方式为2.5维双面加工。

具体步骤如下。

（1）用Altium Designer将文件导出，单击菜单“文件”→“导出”，保存类型选择.pcb格式并保存。

（2）打开Create-DCD软件，将导出的.pcb文件打开。此时在屏幕上会显示所有需要钻的孔，选择板厚（按实际板厚设置，双面板一般设置为3.0 mm），调整钻头高度和位置（手动定位）；定位成功后，将钻床头部抬至合适的高度，装上与所选孔径配套的钻头。操作控制手柄面板上的相关按钮，使钻头逐渐下降至距离板面1～1.5 mm处。注意：一定要使钻头缓缓下降，慢慢地边观察边下降，防止钻头被打断。当钻头下降到距离板面1～1.5 mm时，清Z轴，开始钻孔。当一种孔径的孔全部钻完之后，更换其他尺寸的钻头，直到将孔全部钻完。孔全部钻完后，清除残留在孔中的基板屑，清洗干净，准备进入下一道工序。

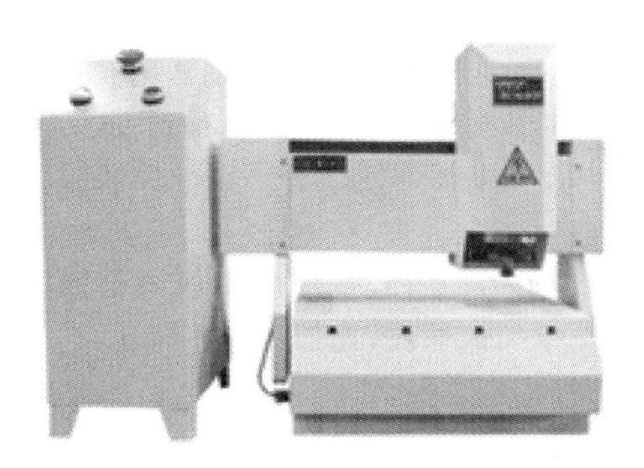

图 4.1.4　数控钻铣雕刻一体机实物图片

3. 板材抛光

加工了孔的PCB要进行抛光，以去除覆铜板金属表面氧化物保护膜及油污。

操作步骤如下：

(1) 旋转刷轮调节手轮，使上、下刷轮与不锈钢辊轴间隙调至合理；

(2) 开启水阀，使抛光时能喷水冲洗，以使覆铜板表面处理得更干净；

(3) 开启风机开关，使线路板经过风机装置时，能烤干覆铜板表面的水分；

(4) 调节速度调节旋钮，使传送轮速度合适，以达到最好的表面处理效果；

(5) 将待处理的覆铜板置于传送滚轮上，抛光机将自动完成板材去氧化物层、油污等全过程。

4. 孔金属化

孔金属化就是镀铜。因为双层板中间的基板没有导电能力，所以为了使两层的铜箔能够连通起来，在过孔壁上镀上一层铜。

图4.1.5所示是全自动智能沉铜机，主要用途是对双面线路板等非金属材料进行双面贯孔沉铜；采用物理黑孔沉铜工艺；配置含预浸、水洗、活化、通孔、微蚀、加速等工艺槽；加工尺寸为300 mm×400 mm。

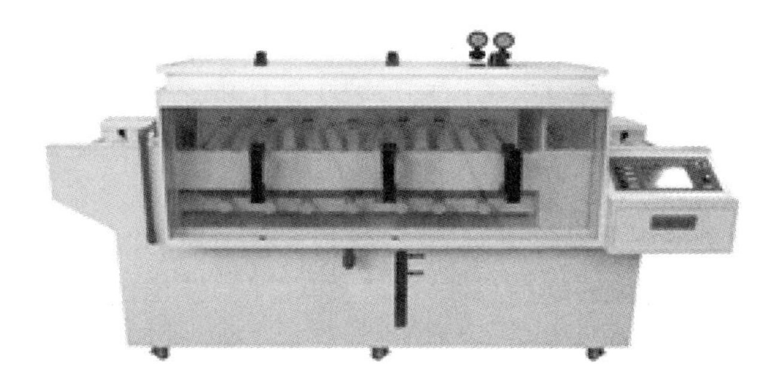

图 4.1.5　全自动智能沉铜机

主要工艺流程如下。

1) **预浸**

将PCB放入预浸槽中，按下定时按钮，约5 min后，蜂鸣器鸣叫，表示预浸完成。经预浸后的电路板要用清水清洗并在75 ℃烘干。预浸的目的是清除铜箔和孔内的油污、油脂及毛刺铜粉，调整孔内电荷，以利于碳颗粒的吸附。

2）活化

预浸后，取出电路板冲洗干净、烘干，再将电路板置入活化槽中，按定时按钮，2 min 后，蜂鸣器鸣叫，表示活化完成。取出时要戴手套，防止碳粉粘到手上不易清除。将拿出的铜板在纸箱边缘轻轻敲打，直至所有孔都不被碳粉堵塞为止。活化完成后，要检查孔是否贯通。

3）微蚀

将铜板放到烘箱中烘干。烘干后的铜板放入沉铜机的微蚀槽中 1 min，微蚀的作用是使铜板表面的碳粉去除，只留下孔中的碳颗粒，如图 4.1.6 所示。

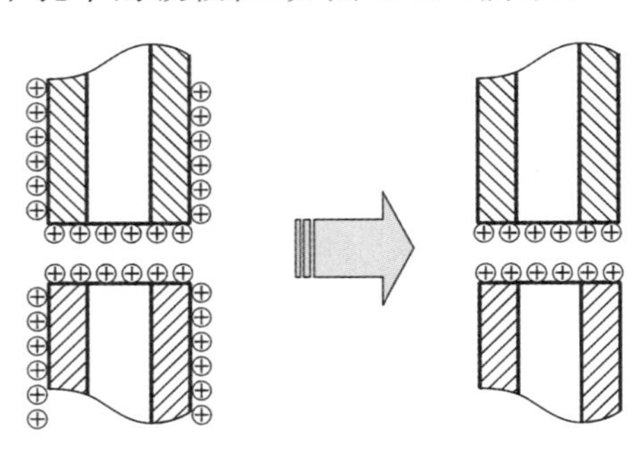

图 4.1.6　微蚀示意图

4）镀铜

微蚀后戴手套将板子拿出来，用清水冲洗干净后烘干，烘干后放入镀铜机中镀铜，电镀的时间约为 30 min。注意：镀铜时，要将夹子顶部的螺丝拧紧，镀铜完毕后，可能会在夹子上也镀上一层铜，这时需要及时地清除掉这一层铜。最后将铜板冲洗干净，烘干准备丝印线路。

5. 丝印线路

把丝印网固定在丝印台上，在丝印网上放适量的线路感光油墨，在刮刀上也均匀地挂上一层油墨以减小丝印时的阻力。把印制板放到丝印网下面，对好位置，用刮刀将油墨均匀地漏印在板面上，双面板的两面都要印上油墨。印完后，需将印制板放入烘箱中烘干固化，温度设置为 75 ℃，时间设置为 15 min。

(1) 对于新买来的线路油墨，可以直接使用，不必添加任何化学试剂，选择丝网较密的 300 目的丝网。如丝网不干净，则要进行清洗。方法是用自来水＋洗衣粉或洗网水清洁。

(2) 丝印机台面粘好 L 型定位框，将电路板置于定位框之上。

(3) 网框固定：网框前部与台面距离略大于 10 mm 且丝网离线路板有 5 mm 距离(用手按网框，感觉有向上的弹性即可)。

(4) 在网上贴透明胶于待印电路板四周(目的是节省油墨，方便清洗网框)。

(5) 在电路板上放一张白纸，刷油墨 1～2 次，观察白纸印刷涂层均匀和无杂质点即可进行第(6)步操作。

(6) 刷线路油墨：先在丝网上预涂一层油墨，以 45°倾角在线路板上推油墨 1 次(建议从身体侧，以 45°角均匀用力向外侧推印)，待线路板上形成均匀涂层即可，然后印刷另外一面。

刷线路油墨的注意事项：取出的油墨置于丝网前端的透明胶上；印刷油墨的过程中要一次完成，中间不要停顿，力度要均匀；油墨印完后，油墨不能塞孔。

(7) 取下电路板，将其放入烘干箱中固化(75 ℃，20 min)。

(8) 回收油墨。

(9) 清洗网框。使用后的网框要及时清洗，若长时间暴露在光线中，将清洗困难。使用洗网水时，只能用棉团或卫生纸团蘸取洗网水进行擦拭或者用抹布粘显影液清洗(推荐使用)，不能用溶剂型洗网水浸泡网框，这样会使丝网脱离网框。

6. 线路曝光

曝光是指在刮好感光线路油墨的覆铜板上进行曝光，根据对孔的方式来曝光，曝光的部分固化，在后续显影可呈现图形；即经光源作用将原始底片上的图像转移到感光底板上。图 4.1.7所示是线路曝光示意图与设备。

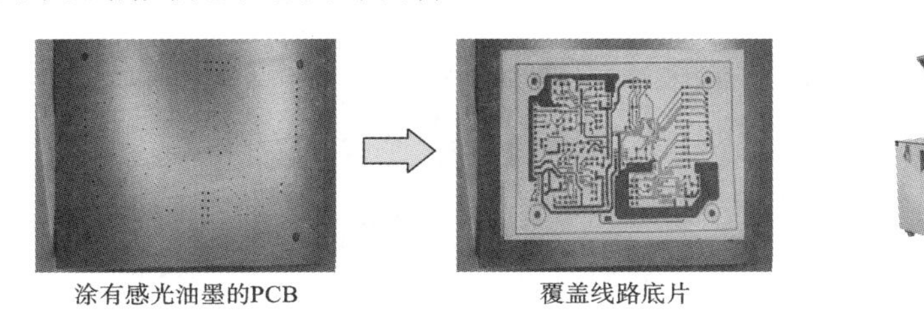

图 4.1.7 线路曝光示意图与设备

将预先打印好的线路底片用剪刀裁剪成合适的大小，将“顶层图与边框”底片贴在双面板的顶层，注意要对准焊盘和过孔。对准位置后用透明胶带粘好，粘贴时不要遮住底片上的线路。将板的正面朝下，放到曝光机中。在板的反面盖上一张干净的菲林纸，防止印制板粘到曝光机上。

盖上曝光机的顶盖，将曝光时间设置为 40 s 左右。正面曝光完成后，用同样的方法对反面进行曝光。

7. 线路显影

显影是将没有曝光的干膜层部分除去，得到所需电路图形的过程。显影为极重要制板流程，显影的好坏将直接影响到制作成功与否。要严格控制显影液的浓度和温度，显影液浓度太高或太低都易造成显影不净。显影时间过长或显影温度过高，会劣化干膜表面。

曝光工序后，还不能看见板上的线路，需要进行显影。显影原理是：由于底片的线路部分是透明的，而非线路部分是黑的，经过曝光后，线路曝光，而非线路没有曝光，曝光部分也就固化了，而没有曝光的线路部分没有固化，经显影后可去掉。

用夹子把经过曝光的双面板夹好，放到显影机内，启动显影机，把时间设置为 15 s，温度设置为 45 ℃。显影后，可以看见线路出现在板上了。

(1) 显影机应提前开启预热，温度设置为 40～45 ℃。

(2) 显影液的配制：用塑料容器盛装(配比为 1 L(水)：10 g(显影粉))。

(3) 显影：将电路板放置于传送带上，启动显影机时间 20～40 s(主要根据丝印油墨的均匀程度和丝印厚度来控制时长)。

(4) 清洗：取出并用清水清洗(用手指触摸正板感觉不滑手即可)。

注意事项：

(1) 对片时一定要对齐，线路板孔对中在底片焊盘中间；

(2) 显影后清洗不干净，将会造成镀锡时无法镀上或镀不牢。

显影完成后，如何判断显影质量的好坏？观察被油墨覆盖的板面是否完好，然后对光检查显影线路是否有残留油墨，如有残留，线路不清晰或朦胧可见，需对这些不清晰地方进行局部显影，然后用水清洗。

图 4.1.8 所示是显影后的覆铜板与显影设备。

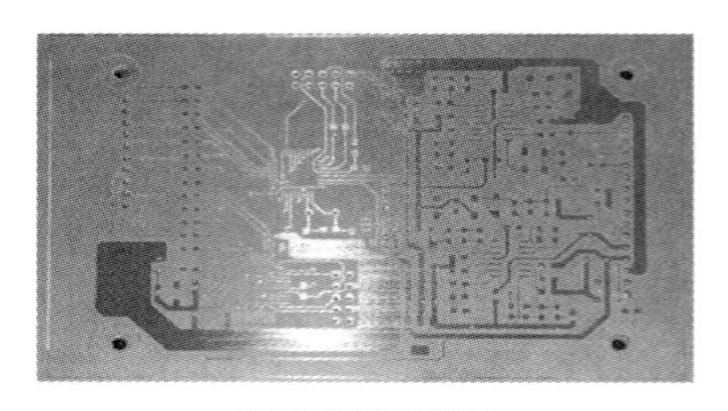

显影后的覆铜板

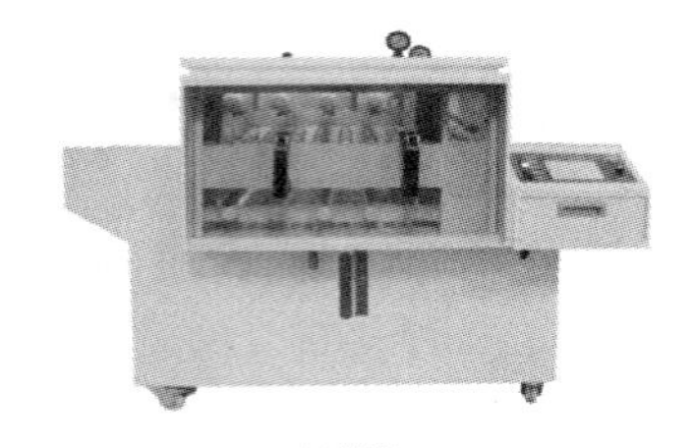

显影机

图 4.1.8 显影后的覆铜板与显影设备

8. 镀锡

由于使用的腐蚀剂是碱性的，它不能腐蚀锡，因此在线路上镀一层锡后可以防止线路被腐蚀液腐蚀，同时增强线路板的可焊接性。镀锡与镀铜原理一样，区别是镀铜是全板电镀，而镀锡只镀图形部分。

方法是用不锈钢夹子把抗电镀油墨的板材固定好，并置于镀锡机中。根据板材的大小，调节合适的电流，一般标准为 1.5～2 A/$(dm)^2$。镀锡时间以 20 min 为宜，镀锡完成后用清水冲洗干净。镀锡后要检查一遍，一定要让铜箔上全部都均匀地挂上一层锡。

如果出现镀不上锡，应检查夹具与板是否接触良好、显影是否干净、显影后清洗是否充分。相应解决方法如下。

(1) 接触不良：用刀片在电路板边框外刮掉油墨露出铜层，再用夹具夹上即可。

(2) 显影不干净：可局部再次涂显影液显影(不能再次大面积浸泡)。

(3) 若图形未镀上锡，则进行局部显影并冲洗干净后即可再次电镀。

注意：每次使用完后需将锡锭拿出水洗并烘干，不能保存在电镀液中。

9. 去除线路油墨

镀锡之后要将印制板上多余的油墨除掉，这样便于腐蚀。

方法是用油墨去除粉沾水清洗，直至把油墨全部清洗干净，最后再用清水冲洗一遍。注意在使用油墨去除粉的时候要戴上手套，每次只取出少量的粉末，因为这种粉末在溶解的时候会放出大量的热，如果粉末量太多，可能会烫伤手上的皮肤。

10. 腐蚀

腐蚀是以化学的方法将覆铜板上不需要的部分(非线性部分)的铜箔除去，使之形成所需要的电路图。

原理是：干膜覆盖在线性部分不会被腐蚀，而铜容易溶于腐蚀液。

操作顺序：

(1) 开启机外及机内总电源开关；

(2) 开启加热开关，设置(或检查)工作温度；

(3) 当温度加至 55 ℃时，启动腐蚀工作，使液体温度均匀，开启排气扇；

(4) 开启传动开关；

(5) 头一次蚀刻时，应先试蚀刻，如果欠蚀刻，则应调慢传送速度，如果两面蚀刻不一致，则需调节上下球阀的开通角度，至满意即可。

腐蚀完成后，双面板上多余的铜都腐蚀掉了，只留下镀过锡的线路部分，最后再用清水冲洗干净。

11. 褪锡

在塑料容器中倒入少量的褪锡液。(注意:倒褪锡液要格外小心,并且要戴手套作业,褪锡液中有硝酸等具有强烈腐蚀性的成分,不要溅到皮肤或者衣服上。)再把双面板放到容器中,待双面的锡都褪完后取出,用大量清水冲洗干净。容器中多余的褪锡液可回收利用。

12. 去膜

经过腐蚀后留下的膜全部都要去掉才能露出铜层,去膜后的效果如图 4.1.9 所示。

图 4.1.9　去膜后的 PCB

13. 印刷阻焊

阻焊制作是将底片上的阻焊图像转移到腐蚀好的线路板上,它的主要作用有:防止在焊接时线路被轻易短路(如锡渣掉在线与线之间或焊接不小心等),防止在焊接后线路被轻易短路(如元件外壳是金属材料,很易与线路短路;引脚过长等),美观,防盗等。如果线路板需要做字符层,则必须要做阻焊层。它的制作流程与线路显影前几个工艺流程一样，主要工艺流程如图 4.1.10 所示。

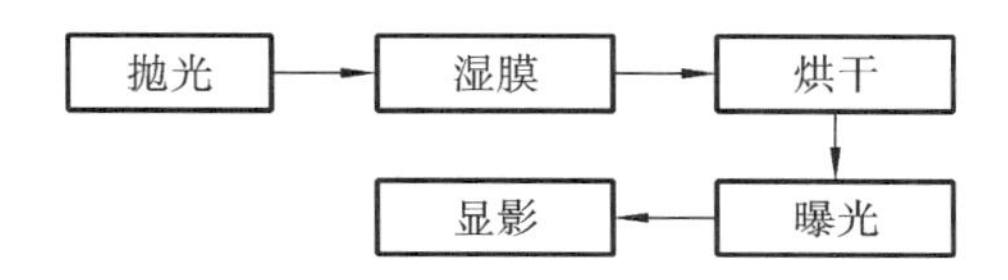

图 4.1.10　阻焊制作工艺流程

为制作高精度的线路板,采用最新专用液态感光阻焊油墨来制作阻焊,它主要是利用印刷方式在线路板上刷上一层感光阻焊油墨。效果与设备如图 4.1.11 所示。

操作步骤(和线路感光油墨操作类似)如下。

(1) 表面清洁:将丝印台有机玻璃台面上的污点用酒精清洗干净。

(2) 固定丝网框:将准备好的丝网框固定在丝印台上,用固定旋钮拧紧。

(3) 粘边角垫板:在丝印机底板粘上边角垫板,主要用于刮双面板,刮完一面再刮另一面时,防止刮好的一面与工作台摩擦使油墨损坏。

(4) 放料:把需要刮油墨的覆铜板放到丝印台上。

(5) 调节丝网框的高度:主要是为了在刮油墨时不让网与板粘在一起,用手按网框,感觉有点向上的弹性即可,这样即可使网与板之间有反弹性,使网与板分离。

(6) 在丝网上涂上一层油墨,以 45°倾角刮推过;揭起丝网框,即实现了一次油墨印刷;刮完一面反过来刮另一面即可。

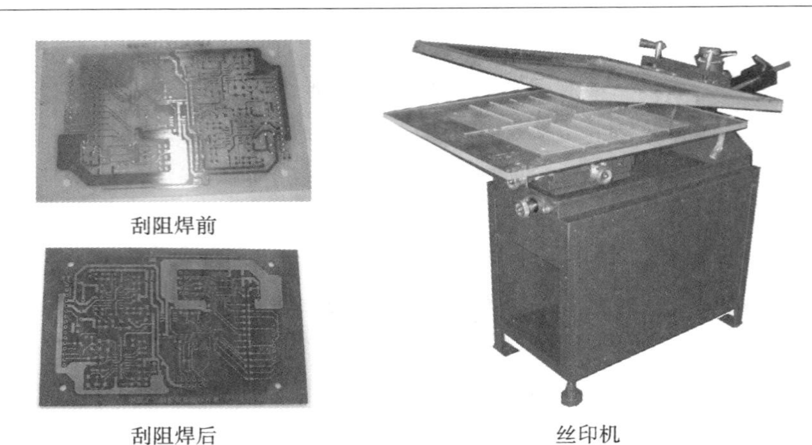

图 4.1.11　油墨丝印效果与设备

印完后，放入烘箱中干燥，温度设定为 75 ℃，时间设置为 15 min。

干燥后，在顶层用“顶层阻焊与边框”底片盖好，注意对准焊盘的位置。用透明胶带固定，放到曝光机中曝光。曝光时间设为 120 s。正面曝光完毕后再对反面用同样的方法进行处理。曝光中需要注意的问题如前所述。曝光结束后，送入显影机喷淋显影，之后清洗、烘干。

注意：选择网框为 225 目，对光看丝网较稀；曝光方法与线路感光油墨曝光方法一样，曝光时间为 120 s，而线路感光油墨曝光时间是 40 s ，真空下都是 15 s；阻焊固化时间为 30 min，固化温度为 150 ℃；

14. 印刷字符

字符制作主要是在做好的线路板上印上一层与元器件对应的标号，在焊接时，方便插贴元器件，也方便了产品的检验与维修。它与线路制作和阻焊制作工艺流程有点不同，它是在干净的丝网上涂上一次感光胶或感光墨，经烘干、曝光、显影后（在丝网上做模板），再把文字油墨印刷在线路板上，工艺流程如图 4.1.12 所示。

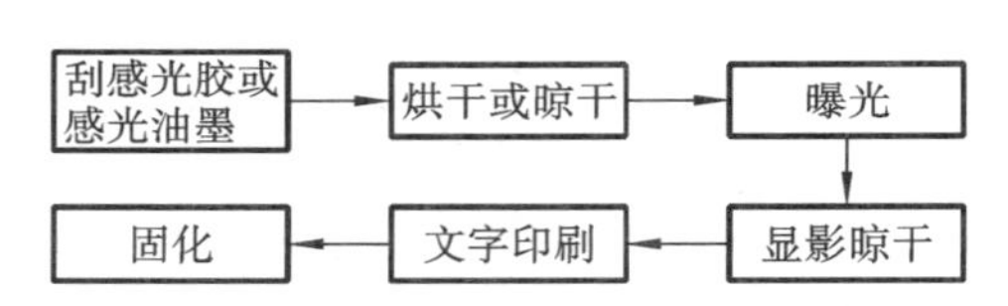

图 4.1.12　字符制作工艺流程

将双面板再次放到丝印台上，用字符油墨进行丝印，丝印完后，放入烘箱中干燥，温度设定为 75 ℃，时间设置为 15 min。干燥后，在顶层用“顶层字符与边框”底片盖好，注意对准位置。用透明胶带固定，放到曝光机中曝光。曝光时间设为 120 s。正面曝光完毕后再对反面用同样的方法进行处理。最后清洗，烘干后就完成了一块双面板的制作。效果图如图 4.1.13 所示。

15. OSP 铜防氧化

OSP 工艺是在焊盘上形成一层均匀、透明的有机膜。该涂覆层具有优良的耐热性，能适用于不洁助焊和锡膏，在多次高温条件下，可以耐多次 SMT。OSP 工艺与多种最常见的波峰焊助焊剂（包括无清洁作用的助焊剂）均能相容，它不污染电镀金面，是一种环保制作过程。

全自动 OSP 防氧化机如图 4.1.14 所示。其用途是提供全自动 OSP 工艺，对焊盘进行防氧化保护；加工面积在宽度为 300 mm、长度无限制区域内；传送方式是自动运行，齿轮传动，运行方向为由左向右；喷淋方式为自动双面高压力喷淋。

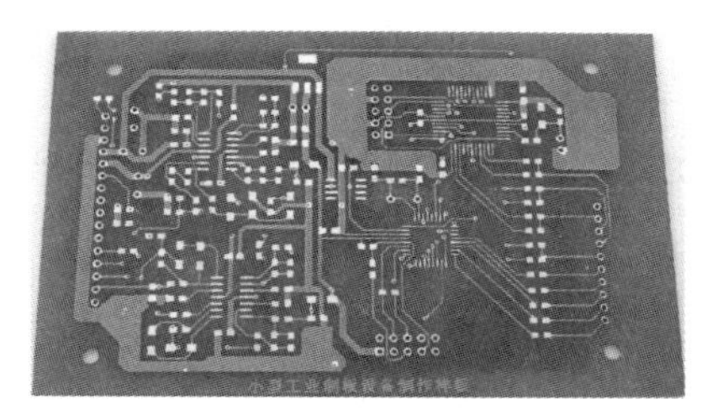

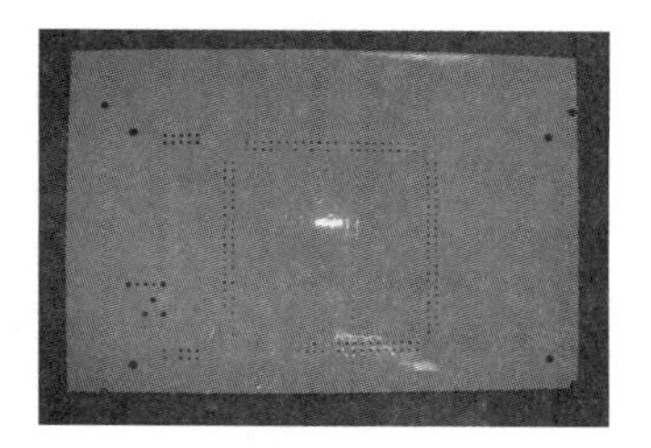

刮感光字符油墨前　　　　刮感光字符油墨后

图 4.1.13　印刷感光油墨效果图

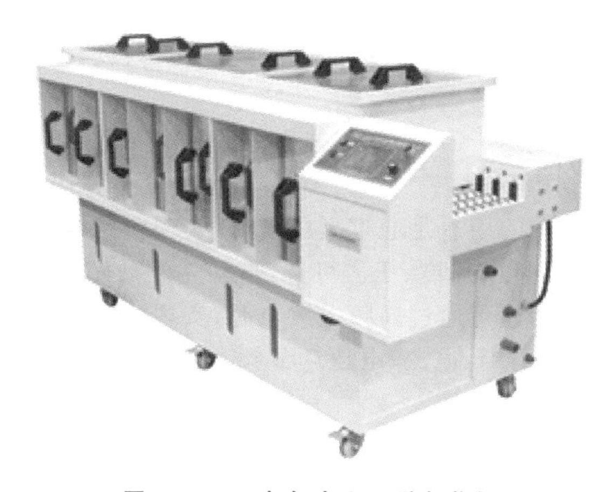

图 4.1.14　全自动 OSP 防氧化机

全自动 OSP 防氧化机按键功能说明。

SET 键:设置键,当选择一个流程时,按此键后再按＋和一键可调节时间。

NET 键:确认键,当选择一个流程或设置完时间后,按此确认键。

＋、一键:有两个作用,一是为选择键,二是在温度设置时为加减键。

操作方法如下。

启动电源,在系统状态下按 SET 键设置每个工序的时间,它们分别为:除油 2 min、水洗 1 min、微蚀 2 min、酸洗 1 min、水洗 1 min、成膜 3 min、烘干 10 min,把待做 OSP 的线路板从除油至烘干按顺序进行即可。

4.1.3　制作设备与用途

制作 PCB 主要设备有贴膜机、油墨印刷机、油墨固化机、曝光机、显影机、蚀刻机、抛光机、沉铜机、镀铜机、钻孔机等;如果要做多层板还需要层压机等。这些是主要设备,辅助设备仪器还有很多。下面介绍一些主要设备的用途。

1. PCB 制前设备

(1) 底片专用打印机。它的用途是进行菲林底片的打印输出;USB 接口与电脑连接,自动完成较高精度菲林的图像绘制输出。

(2) 激光光绘机。它的用途是进行激光光绘底片的光绘输出。

(3) 菲林对位桌。它用于线路板曝光前的菲林对位;线路、阻焊、字符对位。

(4) 自动出片机。它的用途是进行激光光绘底片的自动冲洗出片;能与光绘机兼容,自动完成大幅面菲林图形显影;自动、快速、可靠完成曝光的菲林自动冲洗,定影。

(5) 精密手动裁板机。它的用途是进行覆铜板的快速裁剪。

(6) 全自动数控钻铣雕一体机。它的用途是实现线路板的自动双面雕刻及全自动钻铣功能。

(7) 全自动线路板抛光机。它的用途是进行 PCB 表面全自动抛光处理。可以调节速度、压力、温度,自动完成双面板基材料的表面及通孔的抛光。

2. 电镀/湿制程设备

(1) 全自动智能沉铜机。它的用途是对双面线路板等非金属材料进行双面贯孔沉铜;它含加热恒温、黑孔、负压通孔、烘干模块,自动完成板基通孔的表面沉铜。

(2) 智能镀铜机。它的用途是对双面线路板、非金属材料进行双面镀铜;完成沉铜板自动镀铜。

(3) 曝光机。它的用途是对 PCB 制作工艺中的线路、阻焊、文字油墨图形进行曝光处理;自动完成单双面感光板图形曝光。

(4) 自动喷淋显影机。它的用途是通过高压喷淋,实现线路板制程中的显影工艺过程;它含自动传送、双面喷淋装置,温度、速度、压力可调,自动完成曝光后图形的显影。

(5) 智能镀锡机。它的用途是通过高频电镀电源,实现线路板制程中的镀锡工艺过程;它含电镀专用直流电源,高纯度锡锭,电流、电压调节阀,不锈钢夹具,过滤系统,自动完成线路板图形镀锡。

(6) 自动喷淋脱膜机。它的用途是通过高压喷淋,实现线路板制程中的脱膜工艺过程;完成油墨脱膜。

(7) 全自动喷淋腐蚀机。它的用途是通过高压喷淋,实现线路板制程中的腐蚀工艺过程;含双面喷淋装置,温度、速度、压力可调,自动完成线路板覆铜的腐蚀。

(8) 自动喷淋褪锡机。它的用途是通过高压喷淋,实现线路板制程中的褪锡工艺过程;与 OSP 工艺对应,完成线路褪锡,为 OSP 工艺做准备。

(9) 全自动 OSP 防氧化机。它的用途是完成全自动 OSP 工艺,对焊盘进行防氧化保护;完成焊盘助焊剂阻焊工艺制作。

3. 网印/干制程设备

(1) 线路板自动丝印机。它的用途是进行阻焊、线路及字符油墨的丝网印刷;它含对位光源、有机玻璃底座、四维精密调节系统,自动完成油墨的印刷。

(2) 油墨固化机。它的用途是进行阻焊、线路、字符油墨的烘干与固化及丝网框的烘干;它有 3 层结构,含恒温控制系统、垂直对流系统,能完成线路油墨的烘干,阻焊、字符油墨的烘干及固化。

(3) 自动覆膜机。它的用途是通过高温加热,将感光膜转印到覆铜板上;制作线路干膜。

(4) 全自动洗网机。它的用途是对丝印网框进行全自动清洗;能自动完成丝网的油墨高压冲洗。

4. 其他设备

(1) PCB 测试设备。主要有荧光镀层测厚仪、表面铜厚测试仪、精密型(换气式)高温试验机、大型恒温恒湿试验室、化学沉镍自动添加控制器、X-射线荧光镀层测厚仪、测试治具、测试架、可焊性测试仪等。

(2) 其他电子设备。主要有 PCB 油墨搅拌设备、双向旋转油墨搅拌机、电路板钻孔木垫板和铝片、锡渣还原机等。

4.1.4　制作材料

线路板制作主要材料如下。

(1) 化学材料：黑孔液、化学镀铜液、镀锡液、碱性腐蚀液、洗网水等。

(2) 印刷材料：线路感光油墨、阻焊感光油墨、丝网感光胶、字符油墨等。

(3) 制板材料：20 cm×30 cm 单面玻纤覆铜板、20 cm×30 cm 双面玻纤覆铜板、15 cm×20 cm 单双面感光板、三氯化铁、显影粉、菲林纸、热转印纸、8/1.0/1.5 mm 铣刀、18/0.35/0.5 mm 雕刀、45/0.5/0.8/1.0/1.2/2.0/3.0 mm 进口钻头、油性笔等。

4.2　PCB 机械雕刻制作工艺与流程

4.2.1　数控钻铣雕一体机

数控钻铣雕一体机如图 4.2.1 所示。它的主要用途是对 PCB 进行钻孔、铣边、线路雕刻等加工；主要由传动机构(步进电动机＋进口精密导杆＋进口精密轴承＋进口滚珠丝杠)、驱动机构(3 个 128 细分大功率步进电机驱动器)和计算机软件组成。

主要操作方式：安卓智能手机(或安卓平板电脑)与计算机软件控制的双控制系统操作模式，当设备连接到安卓智能手机(或安卓平板电脑)时，系统自动进入安卓智能手机(或安卓平板电脑)无线操作模式，无须外接计算机，即可完成设备的所有操作功能；当设备不连接安卓智能手机(或安卓平板电脑)时，系统自动进入计算机控制模式，计算机控制软件即可完成设备所有操作功能。

图 4.2.1　数控钻铣雕一体机

(1) 主要功能：在计算机控制模式和安卓智能手机(或安卓平板电脑)控制模式下，设备均具有数据断点保护与恢复功能，在机床加工过程断电后，设备可直接恢复工件继续加工。

(2) 限位装置：3 个硬件限位＋3 个软件限位。

(3) 工作维数：三维加工，可以铣削、雕刻三维工件，如三维浮雕、三维机件等。

(4) 定位方式：激光定位与自动视觉定位双定位模式。标配为激光定位模式，无须计算机与显示器，直接通过安卓智能手机(或安卓平板电脑)，即可实现 PCB 小于 90°任意倾斜放置的激光识别自动校正定位；可选配全自动视觉定位系统，配置全自动视觉定位模块时，机器能根据板材定位孔自动找到原点，并自动精确地从原点开始加工。

(5) 软件功能：定位选择、钻孔、试雕、隔离、镂空、割边、铣孔、断点续传、局部镂空、虚拟加工、三维显示等。

(6) 换刀方式：全自动换刀。刀座为工业标准自动反弹式竖直换刀刀座，非卡槽水平换刀刀座，确保换刀的可靠性及刀具的垂直度。机器具有 1 个自动对刀器、10 个自动换刀刀座。

(7) 工作尺寸：300 mm×300 mm(含自动换刀区域)。

(8) Z 轴行程：60 mm。

4.2.2　钻铣雕一体机操作注意事项

钻铣雕一体机操作注意事项如下。

(1) 操作前先打开设备电源，再开计算机。气泵需通电运行 3 min 后再打开阀门。

(2) 钻孔前确保主轴按钮是按下通电状态，以免损坏刀具和设备。

(3) 不同深度的刀具必须正确设置好 Z 轴零点，才能加工，断太多的钻头严禁继续使用。钻孔时尽量使用深度一致的钻头。

(4) 主轴旋转时严禁用手去接触刀具和取换刀具。

(5) 刀具安装时需夹紧，夹到刀具顶部。

(6) 机器反应没计算机快，操作时需等机器每个动作完成后才能在计算机上操作下一步(除停止和取消)。回零点、原点，清零时都必须等机器动作完成后才能操作。计算机和机器连接断开后可重启软件，如不行，需要重启机器。

(7) 如需激光雕刻或者刷阻焊、字符等，需加工锚定孔。

(8) 机器加工完成后关闭吸尘泵，便于取出覆铜板。

(9) 定期清洗机器内部杂屑飞尘，定期润滑丝杠、导轨。

4.2.3　制作工艺与流程

1. 打开机器和文件

由于 PCB 设计与印刷制作所用软件不一致，因此需在计算机上重新生成一遍 Gerber 文件，然后打开设备电源，打开气泵阀门，按下主轴按钮。打开 Create-DCM 软件，打开要加工的图形 Gerber 文件。

单击　打开前面生成的 Gerber 文件。

2. 配置刀具

选择菜单"配置"→"加工配置"，在"钻孔配置"里面设置好钻孔刀具，如图 4.2.2 所示。配

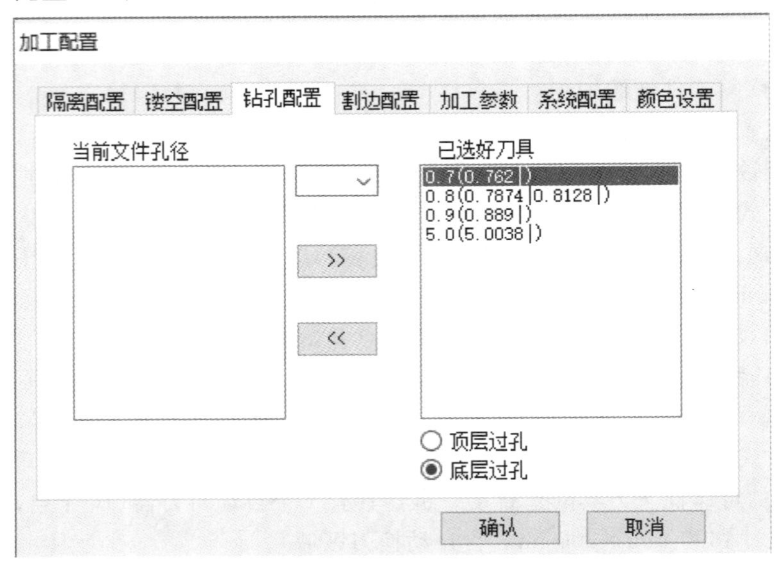

图 4.2.2　钻孔配置

置过程中，孔径可以归类配置，如大于 0.7 mm、小于 0.8 mm 的孔径，都可以配成“0.8”，但不能配成“0.7”，配置太小，元器件可能插不进去，影响安装。

在“隔离配置”里设置好雕刻刀具，一般 12 mil 间距的线距，刀具直径可设置为 0.24 mm，如图 4.2.3 所示。

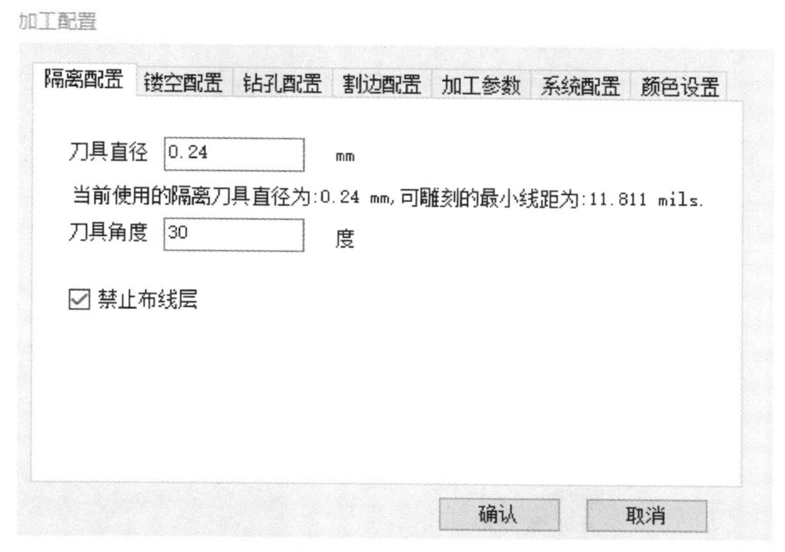

图 4.2.3　隔离配置

如果需要割边的话，在“割边配置”里设置好相应锣刀。

3. 生成加工文件

打开功能菜单，选择“生成 G 代码”，根据加工的 PCB 类型与加工要求，选择相应的文件。如果是单面板，选择“底层隔离”“底层镂空”或“过孔”，或“锚定点”→“两孔文件”，如图4.2.4所示。选择完成后，生成加工文件。

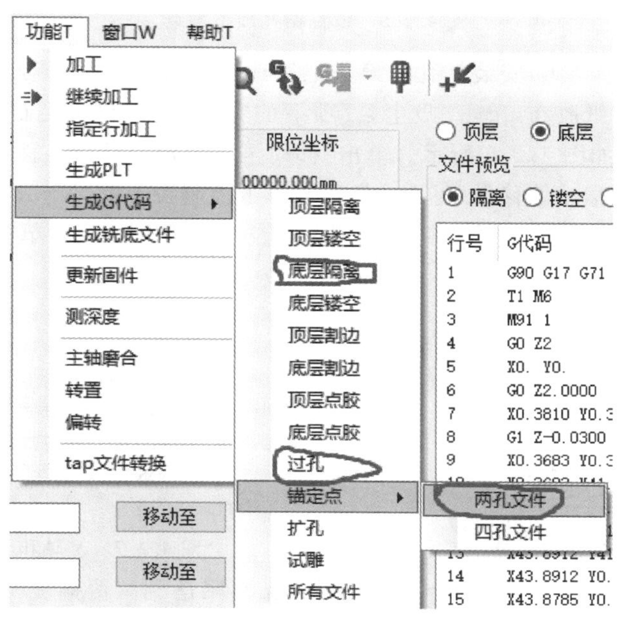

图 4.2.4　生成加工文件

4. 设置钻孔加工零点

将覆铜板用纸胶布固定在加工平台上。打开“控制台”对话框，如图 4.2.5 所示。首先单击“回原点”，等待机器回到机械原点后，单击“回零点”，平台回到以前设置的零点位置。

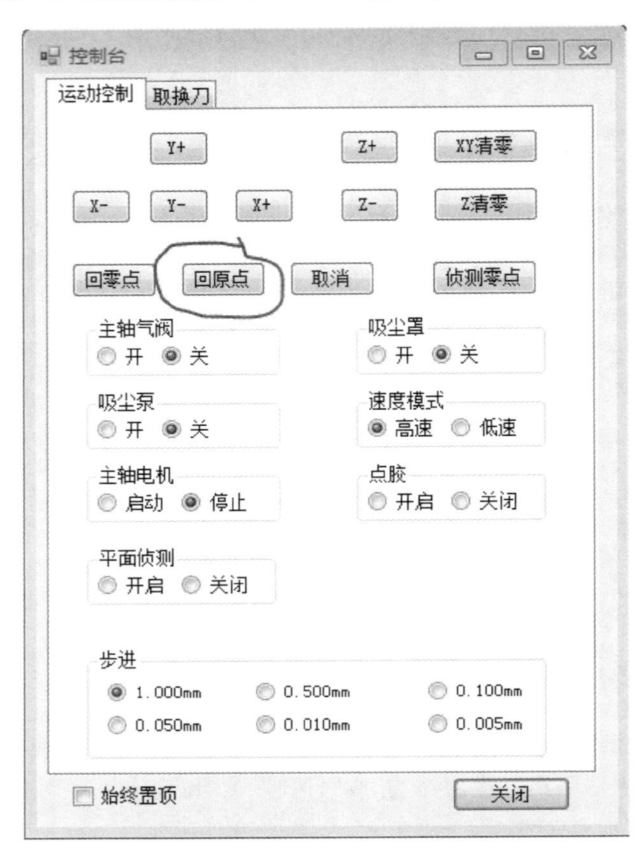

图 4.2.5　设置钻孔加工零点

打开控制台的主轴气阀，安装钻孔的第一把刀具后关闭气阀，将要加工的覆铜板放入加工平台合适位置，并贴上纸胶布，单击“吸尘泵”项下的“关”。在“移动至目标位置”区域下的“Z轴”文本框内输入 10，如图 4.2.6 所示。单击“移动至”，主轴刀具向上移动 10 mm。

设置 X 轴和 Y 轴移动偏移量(见图 4.2.7)，单击控制台上的“X+－”“Y+－”，使主轴刀具移动到覆铜板左下角的上方，并使钻头距离左边及下边各 10 mm。单击 X 轴和 Y 轴清零按钮，设置好 X、Y 轴坐标零点。

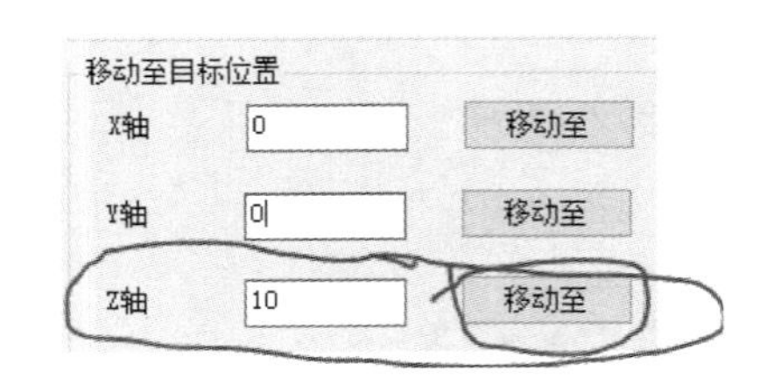

图 4.2.6　Z 轴移动量设置

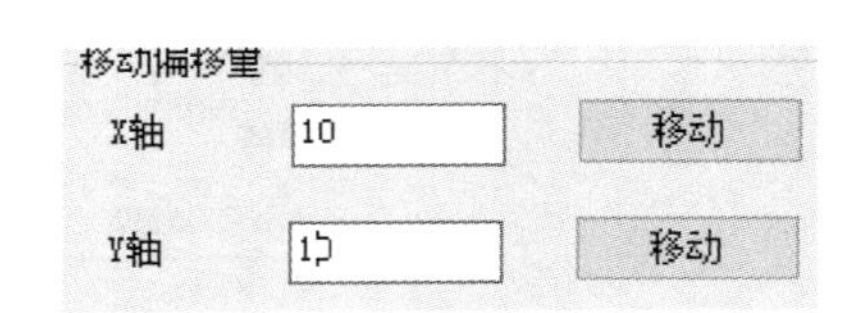

图 4.2.7　X 轴和 Y 轴移动偏移量设置

在控制台上单击“Z－”，并调节合适的步进使钻头降落到离覆铜板 1 mm 内，单击 Z 轴清零按钮，Z 轴零点设置完成。

5. 加工钻孔

零点设置完毕以后，单击图标，将 G 代码发送到雕刻机中。G 代码发送完毕后，按下主轴电源按钮，单击启动加工图标 ▶，弹出选择提示。如果选择非向导加工方式，雕刻机将会加工最后发送的加工文件；如果选择向导加工，则单击“加工”，完成后单击控制台的主轴气阀开关，取下钻头，并安装下一个型号的钻头，关闭主轴气阀，单击“加工”……依此类推，待所有钻孔加工结束后关掉加工向导。

如需激光雕刻线路或者刷阻焊和字符油墨，则还需要加工锚定孔，可安装 1.5 mm 或者 2 mm 钻头，发送自定义文件下选择锚定孔文件，单击“加工”，选择“否”，加工发送的文件。至此，钻孔加工完成。

6. 雕刻线路

开启主轴气阀，安装雕刀，关闭气阀，启动主轴电动机，慢慢降低 Z 轴，当刀尖离覆铜板距离小于 1 mm 时，移开刀具到电路板图的外面，慢慢调节步进，降低刀尖与覆铜板距离，一边降低一边左右移动 X 轴，直到刀具能在覆铜板表面刻画一条很浅的划痕，此时单击“Z 清零”，单击发送自定义文件，选择底层隔离文件，单击“加工”，选择“否”，开始雕刻。

如雕刻过程中发现线路深度不合适，可以在 Z 轴坐标为 -0.03 mm 时按下暂停图标，控制台调节步进为 0.01 mm，单击“Z＋－”，调节刀具深度，然后再次单击暂停图标继续加工。

雕刻完成后在 Y 轴偏移量上输入较大的数值（如 20），单击“移动至”，将平台移动到前面，关闭控制台的吸附，取出线路板，在裁板机上将多余边裁掉。

调节 Z 轴零点：使雕刀在板上形成合适深度划痕后，Z 轴调零。

隔离：生成底层隔离 G 代码，单击图标，载入机器，换上合适铣刀，选择底层、隔离，单击“加工”图标进行加工。

镂空：生成底层镂空 G 代码，单击图标，载入机器，换上合适铣刀，选择底层、镂空，单击“加工”图标进行加工。

注意：

（1）开启吸尘器；

（2）开始加工前必须打开主轴电动机开关，使钻头或铣刀处于旋转状态，以免弄断钻头或铣刀；

（3）要使板子尽量水平，不然会使划痕深浅不一；

（4）若中途加工中断，则单击 ➧ 继续加工，系统会自动加工。

4.3　PCB 激光制作设备与工艺

1. 概述

线路板激光雕刻机拥有激光雕刻线路功能，采用工控机操作方式。该机拥有一个光纤红外激光器，不仅适用于线路板雕刻，同时适用于各种板材的二维雕刻，也可用于特定数控加工及数控教学。线路板激光雕刻机具有如下功能和特点。

控制部分包括激光器控制部分和运动控制部分，这两部分控制硬件连接上相互独立。

运动控制部分 X、Y、Z 轴采用大功率步进电动机驱动及精密丝杠传动，具有极高精度和可靠性。

具有多功能数据转换软件，可以适合多种 PCB 设计软件。进入控制软件后可以直接操作，也可以采用虚拟手柄进行操作来加工任意大小的 G 代码或者 PLT 文件。

具有加工文件预检查能力，防止 G 代码书写错误，防止物料摆放位置超出加工范围。

具有良好的自我诊断能力，可以诊断输入输出参数、发出的脉冲、回零信号等，提高了远程维护的能力。

可以全自动动态升级，可以选择行号加工部分文件，可以进行更可靠的掉电保护和恢复。

加工过程更平稳、匀速，有效降低机械振动。

支持高细分，可以确保高精度、高速度的加工。

可以直接支持直线、圆弧和样条曲线插补。

设备配有安全防尘罩、防辐射观察窗、激光防辐射装置、真空吸附平台、水平校正尺。

辅助装置有静音型烟雾吸收和净化装置，全自动视觉定位。

2. 部件结构

图 4.4.1 所示是线路板激光雕刻机整机结构图。

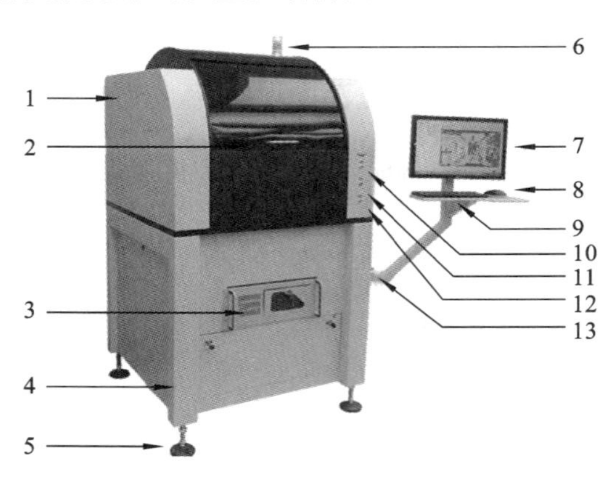

图 4.3.1 线路板激光雕刻机整机结构图

1—主机侧盖；2—主机仓门；3—工控机；4—底座；5—脚杯；6—信号报警指示灯；7—显示器；8—无线鼠标；9—无线键盘；10—烟雾净化装置；11—真空吸附装置；12—照明开关；13—显示器、键盘、鼠标支架

3. 技术参数

线路板激光雕刻机技术参数：加工尺寸，300 mm×300 mm；分辨率($X/Y/Z$)，0.078 μm；图形拼接误差不大于 1 μm；重复精度，±0.02 mm；移动速度，150 mm/s(max)；真空吸附，自动，真空度大于 27 kPa；照明，内置独立照明；噪声，小于 62 dB；电源电压，AC 220 V/50 Hz；整机功率，3 kW(max)；外形尺寸，950 mm×900 mm×1675 mm；净重，400 kg。

4.4 训练项目

4.4.1 训练目标与内容

(1) 了解PCB的概念与作用,了解PCB设计的一般流程;
(2) 了解PCB制作的工艺流程与方法(化学刻蚀法、激光雕刻法和机械雕刻法);
(3) 熟悉PCB阻焊制作和字符制作方法;
(4) 基本具备独立完成简单电子电路PCB设计与制作的能力。

4.4.2 训练环境

主要设备有:抛光机、全自动沉铜机、智能镀铜机、全自动OSP防氧化机、数控钻铣雕一体机、全自动油墨印刷机、全自动字符喷印机、印制电路激光成型机等。

4.4.3 训练步骤与要求

利用实训室具备的PCB制作设备,以团队(原则上3人一组)方式,完成一块PCB(以前面课程中设计的PCB为蓝图)的制作。主要分工:一人主要负责PCB制作的全程管理与制造文件制作;一人负责PCB的钻孔与电路雕刻;一人负责PCB阻焊制作与字符制作。

基本要求:了解PCB制作流程;熟悉PCB设计板图与PCB制作之间的关系;熟悉CAM软件与PCB雕刻机的使用;熟练掌握钻铣雕刻制作PCB的方法;熟练掌握PCB阻焊制作的方法;熟练掌握PCB字符制作的方法。

制作一个完整的单面PCB。

4.4.4 项目考评

考评的目的在于对学生在工程训练过程中所表现出来的态度、技术熟练程度和对训练的内容的了解、掌握程度等作出合理的评价。考评表如表4.4.1所示。

表4.4.1 考评表

院系/班级: 训练项目: 指导老师: 日期:

学号	姓名	态度(10%)	技术熟练程度(40%)	PCB线路(30%)	PCB字符(10%)	PCB阻焊(10%)	总分	备注

说明:以组为单位进行考评,教师在考评时,可以结合每个分项的成绩,对三个组员完成的情况再在总分上进行加减,得到每个小组成员的分数。

思考与练习题

1. 什么是 PCB?
2. PCB 线路有哪几种制作工艺?
3. 简述化学制作单面 PCB 流程。
4. 简述钻铣雕一体机制作 PCB 的工艺流程。
5. 简述钻铣雕一体机操作注意事项。
6. 简述线路板激光雕刻机操作流程。
7. 简述线路板激光雕刻机常见故障与解决方法。

第5章　电子装配基础

5.1　电子装配概述

电子组装技术又称为电子装联技术，定义为：根据成熟的电路原理图，对各种电子元件、电子器件、机电元件、机电器件以及基板进行合理设计、互连、安装、调试，使其成为适用的、可生产的电子产品的技术。电子电路的焊接、组装与调试在电子工程技术中占有重要位置。任何一个电子产品都是由设计、焊接、组装和调试等主要环节形成的，其中焊接是保证电子产品质量和可靠性的最基本环节，调试则是保证电子产品正常工作的最关键环节。

本章主要介绍电子装配技术中最重要的焊接技术、使用工具与焊接材料。

5.2　锡焊的机理

手工焊接是新产品设计、小批量生产研制和维修不可缺少的环节，也是自动化焊接获得成功的基础。

了解焊接的机理特点，熟悉焊接材料、工具，掌握一定的焊接技术及要领，是确保焊接质量的前提。

5.2.1　锡焊的条件

1. 可焊性

焊件必须具有充分的可焊性。只有能被焊锡浸润的金属才具有可焊性，并非所有的金属材料都具有良好的可焊性。例如，铬、钼、钨、铝等金属的可焊性就非常差；像黄铜、紫铜等金属容易焊接，但因表面容易产生氧化膜，为了提高可焊性，一般需采取表面镀锡、镀银等措施来防止氧化。

2. 表面清洁

如果欲焊接的金属表面有氧化膜或脏污存在，则它们会形成焊接时的障碍物，熔锡易沾到表面上。因此焊件表面必须保持清洁，焊件表面任何污物杂质都应清除。氧化膜可用松香除去，而像油脂之类的脏污，则需要用溶剂去除。

3. 合适的焊剂

焊剂的作用是清除焊件表面氧化膜并减小焊料熔化后的表面张力，从而利于浸润。不同的焊件，不同的焊接工艺，应选择不同的焊剂，如不锈钢、铝等材料，不使用特殊的焊剂是无法焊接的。

4. 适当的加热温度

焊接时，不但要将焊锡加热熔化，而且还要将焊接部位加热到接近焊锡的熔点温度。只有在适当的温度范围内加热，焊料才能充分浸润，并充分扩散形成合金结合层。

5. 合适的焊接时间

焊接过程中,合金的扩散等物理、化学变化需要一定时间。焊接时间要适当,过长易损坏焊接部件,过短则达不到要求。

5.2.2　锡焊过程

锡焊过程是将表面清洁的焊件与焊料加热到一定温度,焊料熔化并润湿焊件表面,在其界面上发生金属扩散并形成结合层的物理-化学过程。

1. 扩散

金属之间的扩散不是在任何情况下都会发生,而是有条件的,主要条件是:

(1) 距离,两块金属必须接近到近乎原子间的距离;

(2) 温度,只有在一定温度下金属原子才具有扩散的动能。

2. 润湿

润湿是液体在固体表面发生的一种物理现象。液体与固体的性质越相似,液体在固体表面的铺展能力越强;润湿角越小,润湿越充分。图 5.2.1 所示为干净玻璃上的水和水银,水与玻璃都是非晶体,两者性质相近,所以水在玻璃上可以完全铺展;而水银是金属,与玻璃特性完全不同,所以水银在玻璃上无法铺展而成球状。

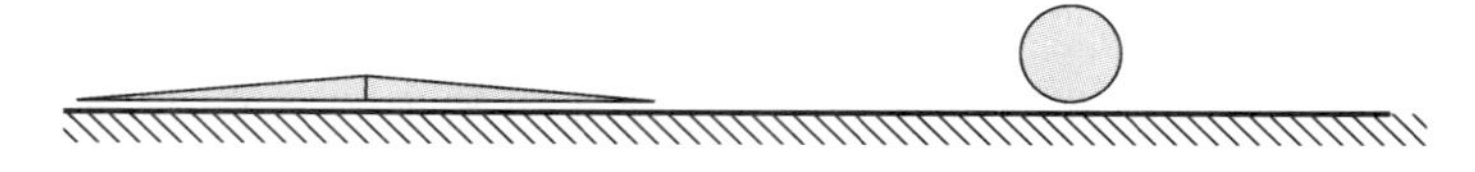

图 5.2.1　干净玻璃表面的水和水银

3. 结合层

焊料润湿焊件的过程中,焊料在焊件界面间扩散,使得焊料和焊件界面上形成一种新的金属合金层——扩散结合层。

结合层厚度可达 1.2～10 μm,结合层过薄(小于 1.2 μm),强度很低;过厚(大于 6 μm),则使组织粗化,产生脆性,降低强度。理想的结合层厚度在 1.2～3.5 μm,强度最高,导电性能最好。无铅焊料结合层厚度为 0.4～0.5 μm。

5.3　焊接与装配工具

下面介绍常用的电子焊接与装配工具。

5.3.1　焊接工具

1. 电烙铁

1) 直热式电烙铁

焊接使用的主要工具是电烙铁。电烙铁是锡焊的基本工具,它的作用是把电能转化为热能,用以加热焊料和被焊金属,使熔融的焊料润湿被焊金属表面并生成合金。

直热式电烙铁按功率可分为 20 W、30 W、…、300 W 等;按功能可分为内热式、外热式以及调温烙铁。

由图 5.3.1 所示的电烙铁内部结构,可以看出,内热式和外热式的主要区别在于加热元件在传热体的内部还是外部。内热式的烙铁加热元件在传热体内部,外热式的加热元件在传热体外部。显然，内热式烙铁的能量转换效率高。

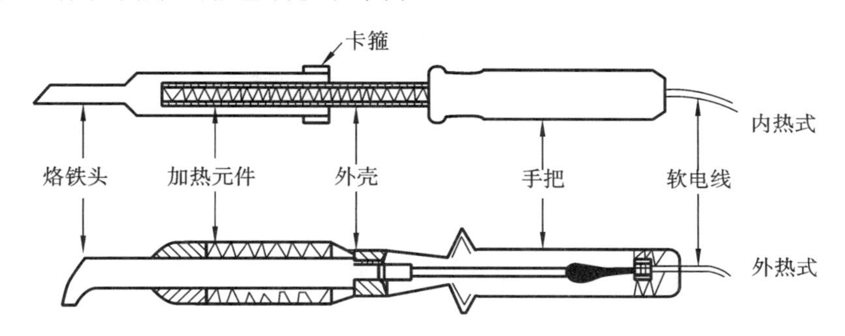

图 5.3.1　电烙铁内部结构

烙铁头的温度与烙铁头的体积、形状、长短等都有一定的关系。为适应不同焊接的要求，烙铁头的形状有所不同，在进行焊接的时候应该根据被焊工件的具体情况选择合适的烙铁头。可以参照图 5.3.2 所示的内容选择焊接时合适的烙铁头。

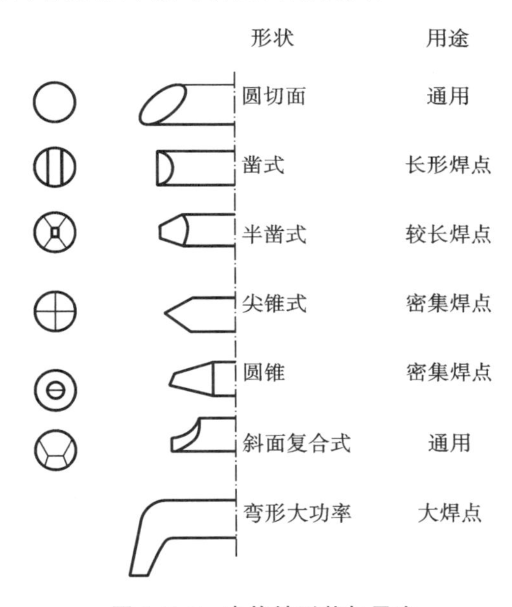

图 5.3.2　电烙铁形状与用途

烙铁头是纯铜制作的，在高温下容易被焊锡腐蚀和被氧化。因此，电烙铁在使用前要进行处理，处理方法如下。

(1) 新的电烙铁不能直接使用，要在使用前给烙铁头镀上一层焊锡。先用砂纸将烙铁头表面的氧化物除去，然后将烙铁通上电，在砂纸上放置少量的松香，待烙铁沾上锡后在松香中来回摩擦，直至整个烙铁表面均匀地挂上一层锡为止，如图 5.3.3 所示。

(2) 使用过一段时间后的烙铁，烙铁头会凸凹不平，此时不利于热量传递。处理这样的烙铁头的方法是：先用锉刀将烙铁头部锉平，然后再按照(1)中的方法处理。

烙铁头的温度对于焊接质量有很大的影响，温度太高可能使元件损坏或焊盘脱落；温度太低又不能熔化焊锡。通常情况下判断烙铁头温度的方法下。

根据助焊剂的发烟状态判别：温度低时，发烟量小，持续时间长；温度高时，发烟量大，消散快；在中等发烟状态，6～8 s 消散时，温度约 300 ℃，这是焊接的合适温度。烙铁头温度判断示

图 5.3.3　镀锡

意图如图 5.3.4 所示。

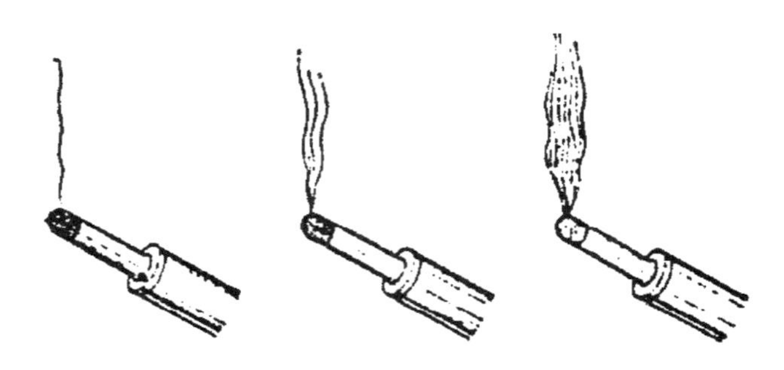

图 5.3.4　烙铁头温度判断示意图

此外，还可以根据焊锡颜色的变化来判别。如果焊锡在很短时间内就变成紫色，说明此时温度太高；如果焊锡的颜色没有变化，说明此时温度低；如果在 3～5 s 时间内焊锡变成黄色，则温度合适。

2）恒温式电烙铁

969D 恒温式电烙铁有普通型及防静电型两种。其功率消耗为 60 W，控制台输出电压为 AC 24 V，控温范围为 0～450 ℃。恒温式电烙铁特备固定温度螺丝，防止操作者乱调温度，如图 5.3.5 所示。

图 5.3.5　969D 恒温式电烙铁

3）电烙铁的选择

根据被焊工件的大小，可从下面几个方面选择电烙铁：

（1）焊接集成电路、晶体管、敏感元件、片状元件时，应选用 20 W 内热式或 25 W 外热式电烙铁；

(2) 焊接大功率管、整流桥、变压器、大电解电容等，应选用100 W以上的电烙铁；

(3) 焊接导线及同轴电缆时，应根据导线粗细选用50 W内热式或45～75 W外热式电烙铁。

4) 使用电烙铁的注意事项

(1) 检查电源线与地线的接头是否正确；

(2) 烙铁线不要被烙铁头烫破；

(3) 不用烙铁时，要将烙铁放到铁架上，以免烫伤自己或他人；若长时间不用，则要切断电源，防止烙铁头氧化；

(4) 使用合金烙铁头(长寿烙铁)，不能用锉刀修整；

(5) 操作者头部要与烙铁头之间保持30 cm以上的距离。

2. 850B热风拆焊台

850B热风拆焊台机身小巧，能大幅度调节空气量及温度，可用于拆除采用QFP、SOP及PLCC等封装的芯片。由于采用了防静电设计，850B热风拆焊台可有效保护元器件的安全。由于采用了自动冷却系统，即使关上电源，其自动冷却系统仍可以继续工作，可延长发热元件及手柄的寿命。

注意：850B热风拆焊台在使用时喷嘴与元件必须保持一定的距离！

850B热风拆焊台的功率消耗为30 W(待机时为4 W)，风量为23 L/min，控温范围为100～420 ℃(配A1126B喷嘴)。其实物如图5.3.6所示。

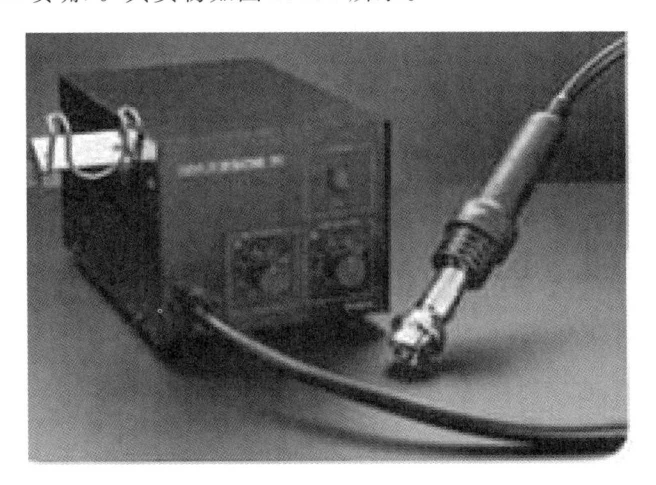

图5.3.6 850B热风拆焊台

5.3.2 装配工具

1. 螺丝刀

螺丝刀，日常生活中又称起子、改锥。有一字形和十字形两种，专门用于拧螺钉。选择起子时应根据螺钉的大小选用，起子刀口厚薄与宽度均需配合，但在拧时不要用力太猛，以免螺钉滑口。螺丝刀图片如图5.3.7所示。需注意，金属把的起子不可以带电使用，以免触电。

2. 尖嘴钳

尖嘴钳主要用来夹持零件、导线，以及弯折零件脚。尖嘴钳内部有一剪口，可以用来剪断1 mm以下细小的线缆。它不宜用于敲打物体或夹持螺母。图5.3.8所示是尖嘴钳图片。

图 5.3.7　螺丝刀图片

图 5.3.8　尖嘴钳图片

3. 斜口钳

斜口钳，又称偏口钳，常用于剪断导线和修剪焊接后的元件引脚。图 5.3.9 所示是斜口钳图片。

注意：斜口钳剪线时，应将线头朝下，以防止断线伤及眼睛或其他人；斜口钳不可用来剪断铁丝或其他金属物体，以免损伤钳口。

图 5.3.9　斜口钳图片

4. 剥线钳

剥线钳可用于剥离导线的绝缘皮。使用时注意将需剥皮的导线放入合适的槽口，剥皮时不能剪断导线。图 5.3.10 所示是剥线钳图片。

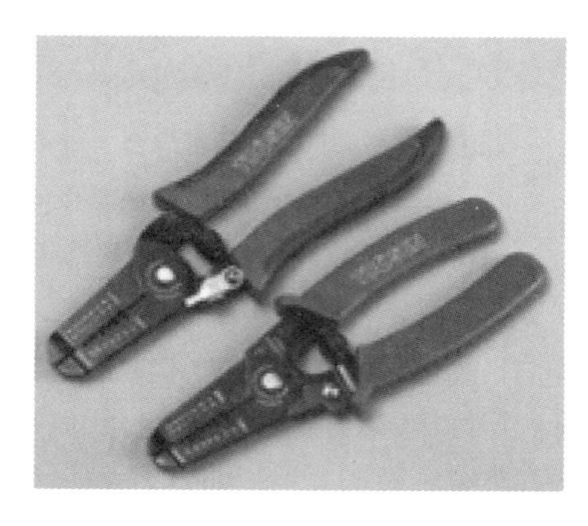

图 5.3.10　剥线钳图片

5. 镊子

镊子可用来夹持导线、小的元器件和贴装器件，辅助焊接，弯曲电阻器引脚、电容器引脚和导线，以方便装配和焊接。此外，用镊子夹持元器件焊接还可以起到散热的作用。镊子的分类很多，但主要使用的有两种：尖头镊子和弯头镊子。注意：平时不要把镊子对准人的眼睛或其他部位。图 5.3.11 所示是镊子图片。

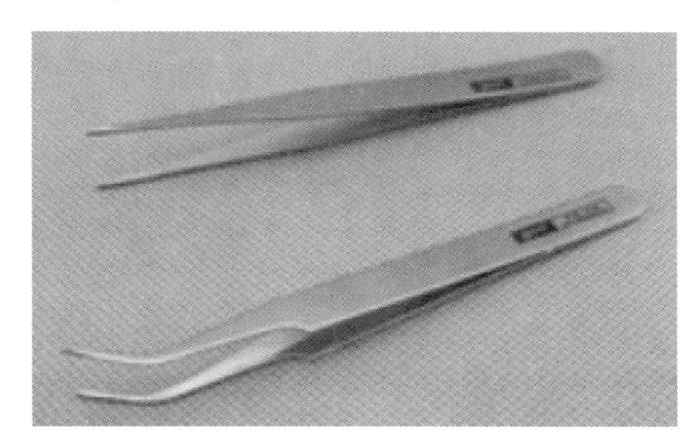

图 5.3.11　镊子图片

6. 平口钳

平口钳头部平宽，适用于重型作业，如螺母、紧固件的装配操作，夹持或折断金属薄板或金属丝。图 5.3.12 所示是平口钳图片。

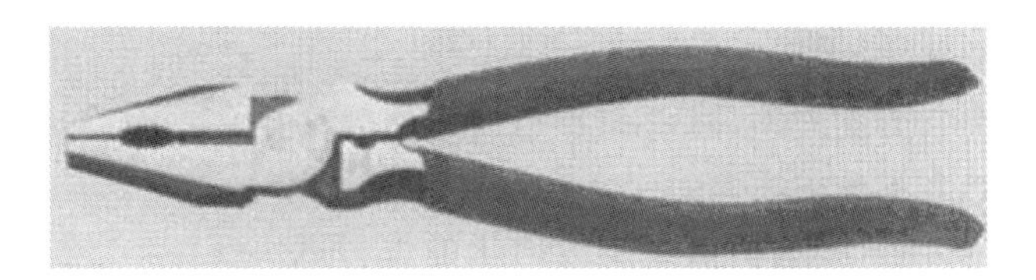

图 5.3.12　平口钳图片

5.4　焊接材料

5.4.1　焊料

焊料包括有铅焊料和无铅焊料。

1. 有铅焊料——铅锡合金

锡(Sn)是一种质软低熔点金属，常温下抗氧化性强，能与多种金属反应，形成金属化合物。这种化合物虽然强固(纯锡质脆)，但是机械性能差。

铅(Pb)是一种软金属，熔点为 327 ℃；虽然塑性好，有较高抗氧化性和抗腐蚀性，但是机械性能很差。

锡(Sn)和铅(Pb)熔成合金即焊锡合金。Sn 占 61.9%(质量分数)，Pb 占 38.1%的合金称为共晶合金，熔点是 183 ℃，它是 Sn-Pb 焊料中性能最好的一种。它有以下优点：

(1) 熔点低，可防止元器件损坏；

(2) 熔点和凝固点一致,可使焊点快速凝固,增加强度;

(3) 流动性好,表面张力小,有利于提高焊点质量;

(4) 强度高,导电性好。

焊锡丝直径(mm)有 0.5、0.8、1.0、1.2、1.5、2.0 等。

2. 无铅焊料

无铅焊料为锡、银、铜焊料。随着欧盟 RoHS 法令的颁布,实施无铅焊料已被很多生产厂采用。RoHS 法令是 2002 年 10 月欧盟提出的,该法令对废电机和电子设备的分类收集、回收再利用、废弃处理及产品之禁用物质亦作了许多要求。

焊锡丝内部填有松香的称为松香焊锡丝,在使用松香焊锡丝焊接时,可以不加助焊剂;另外一种是没有松香的焊锡丝,使用时要加助焊剂。

5.4.2 焊剂

焊剂也称助焊剂,它是锡焊中最重要的材料之一。采用焊剂可改善焊接性能,破坏金属表面的氧化物,又能将其覆盖在焊料表面,防止焊料或金属进一步氧化,同时增强焊料与金属表面的活性,帮助焊料流展,增加浸润功用。通常使用的焊剂是松香或者松香水,松香水是将松香粉末溶在酒精中制成的。

助焊剂的三大作用是:①去除氧化膜;②防止氧化;③减小表面张力,增加焊锡流动性,有助于焊锡润湿焊件。

焊剂应具备的条件是:

(1) 具有清洁被焊金属和焊料表面的作用;

(2) 熔点比所有焊料的熔点低;

(3) 能在焊接温度下形成液态,具有保护金属表面的作用;

(4) 熔化时不会产生飞溅或飞沫;

(5) 表面张力较焊料小,浸润扩散速度较熔化的焊料更快;

(6) 不产生有毒或有强烈臭味的气体;

(7) 溶解前没有腐蚀性,残渣不具有腐蚀性、导电性及吸湿性;

(8) 焊剂的膜要光亮、致密、干燥快、热稳定性好。

5.5 焊接技术

5.5.1 镀锡与元器件工艺成型

1. 镀锡

除少数有良好银、金镀层的引线外,大部分元器件在焊接前都要镀锡,镀锡前要将镀件表面清洁干净,防止氧化物与杂质影响镀锡的效果。

2. 工艺成型

元器件引线弯成的形状应根据焊盘孔的距离不同而加工成型。元器件在印制板上的安装一般有立式和卧式两种方式。

卧式安装时,元件与印制板的间距应大于 1 mm,同时引线不要齐根弯曲,一般应留 1.5 mm 以上,弯曲不要成死角,圆弧半径应大于引线直径的 2 倍,如图 5.5.1 所示。工艺成型后,在焊接时尽量保持排列整齐，同类元件的高度要一致。

立式安装时，弯曲一端的引脚要留出 1.5 mm 以上的余量，元件的高度不应超过电路板上最高的元件，元件两脚要相距 3 mm 左右，如图 5.5.2 所示。焊接时尽量保持排列整齐，同类元件的高度要一致。

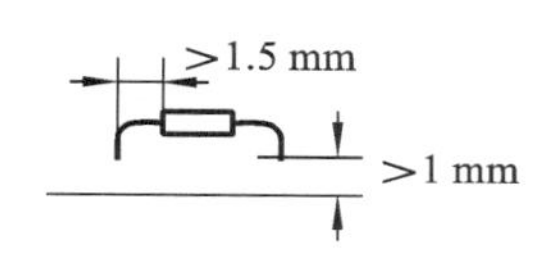

图 5.5.1　卧式安装示意图

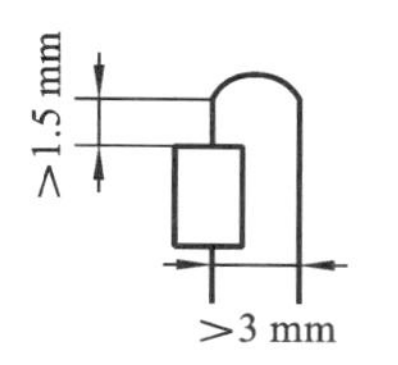

图 5.5.2　立式安装示意图

其他一些元器件的安装要求如下。

(1) 晶体管。首先要分清晶体管的集电极、基极、发射极，管脚引线弯曲应该保留 3～5 mm。对于一些大功率晶体管，需先固定散热片，然后将大功率晶体管插入安装位置固定后再焊接。晶体管的安装如图 5.5.3 所示。

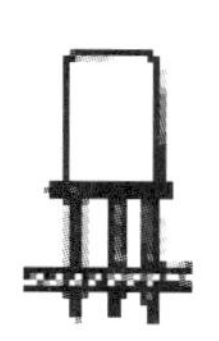
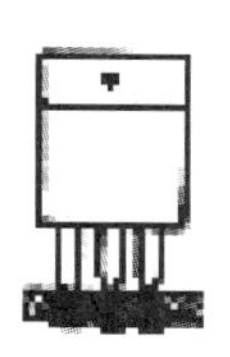

图 5.5.3　晶体管的安装

(2) 集成电路。首先要弄清楚方向和引脚的排列顺序，不能插错。最好先安装集成电路插座，然后再安装集成块。插装集成电路引脚时，不要用力过猛，以免弄断引脚。图 5.5.4 所示是带集成电路插座的集成电路安装图。

图 5.5.4　集成电路安装

注意：在安装元器件的时候应保持字符标记方向一致，并符合阅读习惯，以便后期的检查和维修；穿过焊盘的引线，待全部焊接完成后再剪断。

5.5.2　手工焊接技术

1. 焊接操作的正确姿势

焊接操作在工作台上进行。因此在使用电烙铁时，一般采用的是握笔法来握持电烙铁，如图 5.5.5 所示。另外也可以采用反握法和正握法，如图 5.5.6 和图 5.5.7 所示。

图 5.5.5　握笔法

图 5.5.6　反握法

图 5.5.7　正握法

焊接时，一般左手拿焊锡，右手拿电烙铁。进行连续焊接时焊锡丝采用如图 5.5.8 所示的拿法；如果只焊几个焊点或断续焊接，则采用如图 5.5.9 所示的拿法。

图 5.5.8　焊锡丝的拿法(1)

图 5.5.9　焊锡丝的拿法(2)

注意：为减少有害气体的吸入，烙铁到鼻子的距离一般应在 30 cm 左右为宜。

2. 焊接步骤

一般采用五步焊接法，具体步骤如下。

(1) 准备：烙铁头和焊锡丝靠近被焊工件，并认准位置，处于随时可以焊接的状态，如图 5.5.10(a)所示。

(2) 放上烙铁：将烙铁头放在工件上进行加热，注意加热方法要正确，如图 5.5.10(b)所示。这样可以保证焊接工件和焊盘被充分加热。

(3) 熔化焊锡丝：将焊锡丝放在工件上，熔化适量的焊锡，如图 5.5.10(c)所示。在送焊锡丝过程中，可以先将焊锡丝接触烙铁头，然后移动焊锡丝至与烙铁头相对的位置，这样做有利于焊锡丝的熔化和热量的传导。此时注意焊锡一定要润湿被焊工件表面和整个焊盘。

(4) 拿开焊锡丝：待焊锡充满焊盘后，迅速拿开焊锡丝，如图 5.5.10(d)所示。此时注意熔化的焊锡要充满整个焊盘，并均匀地包围元件的引脚，待焊锡用量达到要求后，应立即将焊锡丝沿着元件引脚的方向向上提起。

(5) 拿开烙铁：焊锡的扩展范围达到要求后，拿开烙铁，注意撤烙铁的速度要快，撤离方向要沿着元件引线的方向向上，如图 5.5.10(e)所示。

图 5.5.10　五步焊接法

3. 手工锡焊技术要点与基本原则

1) 焊接的温度与时间

合适的温度对形成良好的焊点很关键，可以通过控制加热时间的方法来调节温度。

加热时间一般以 2～3 s 为宜；烙铁的温度一般保持在 350～450 ℃。合适的温度对形成良好的焊点很关键，可以通过控制加热时间的方法来调节温度。加热时间不够，会形成夹渣、虚焊；加热时间太长会损坏元器件，焊点容易形成拉尖、发白，甚至会使印制板上的铜箔脱落。

2) 焊接的基本原则

要提高焊接质量，应该遵循以下原则。

(1) 清洁焊件表面：去除表面上的氧化层、锈迹、油污、灰尘等影响焊接质量的杂质。可用机械刮磨或用砂纸擦拭焊件表面，直到焊件表面呈现金属光泽。

(2) 保持烙铁头的清洁，用湿海绵随时擦去烙铁头上的黑色杂质。

(3) 不要用过量的焊剂。使用含松香芯的焊丝，基本不需要焊剂。不要用手摸有焊剂的焊盘，避免造成虚焊。

(4) 烙铁头保留少量焊锡。保留的焊锡作为烙铁头与焊件间的传热介质，使焊件受热均匀。

(5) 焊锡量要合适。

(6) 在焊锡凝固之前不要使焊件移动或振动，否则易造成"冷焊"。

(7) 将要锡焊元件的引脚和导线的焊接部位预先用焊锡润湿。

(8) 烙铁撤离焊点时要注意方向。撤离方向与焊锡量的关系示意图如图 5.5.11 所示。

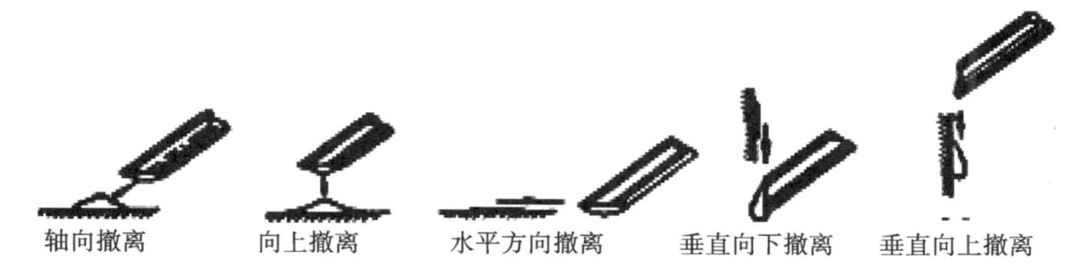

图 5.5.11　烙铁撤离方向与焊锡量的关系示意图

3) 元器件的焊接顺序

一般焊接的顺序是：先小后大，先轻后重，先里后外，先低后高，先贴片后插件，先普通后特殊。元器件的焊装顺序依次是电阻器、电容器、二极管、三极管、集成电路、大功率管。对外连线要最后焊接。

焊接完毕，必须及时对板面进行彻底清洗。剪去过长引脚，检查所有焊点有无虚焊及漏焊。

4. 焊点质量标准及缺陷分析

合格的焊点应该满足下面的要求：

(1) 焊锡充满整个焊盘，形成对称的焊角，如果是双面板，焊锡还要充满过孔；

(2) 焊点外观光滑、圆润、对称于元件引线，无针孔、无沙眼、无气孔；

(3) 焊点干净，看不见焊剂的残渣，在焊点表面应有薄薄一层焊剂；

(4) 焊点上没有拉尖、裂纹和夹杂；

(5) 焊点上的焊锡要适量，焊点的大小要和焊盘相适应；

(6) 焊点有足够的机械强度。

图 5.5.12 所示为合格焊盘的外观。

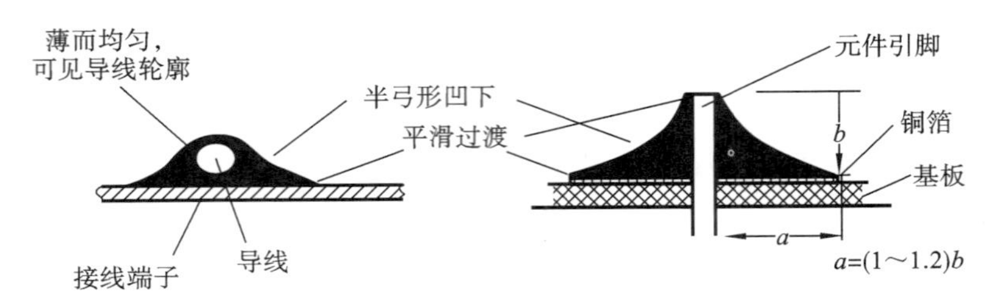

图 5.5.12　合格焊盘

图 5.5.13 所示是 PCB 印刷电路板上的一些合格焊点。

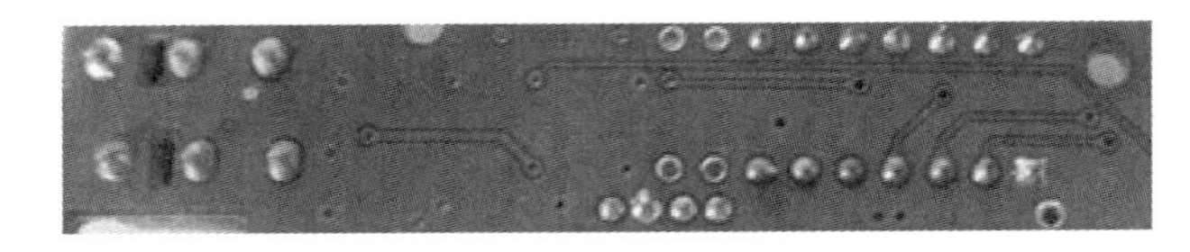

图 5.5.13　印刷电路板上的合格焊点

图 5.5.14 是一些不合格的焊点示意图。

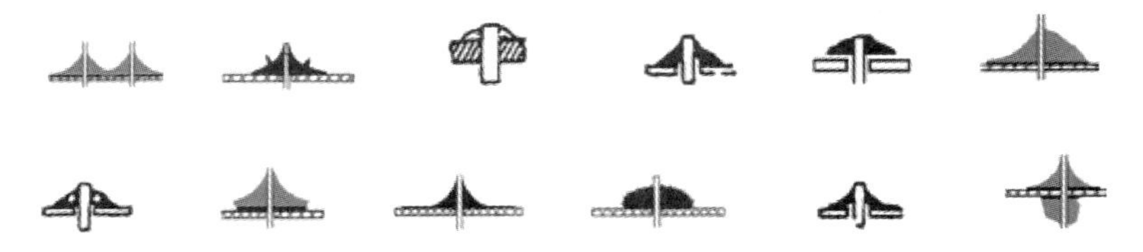

图 5.5.14　不合格的焊点示意图

图 5.5.15 所示是一些常见焊点缺陷及原因分析图。

5. 贴片电子元器件的焊接

现在越来越多的电路板采用表面贴装元件，同传统的封装相比，它可以减少电路板的面积，易于大批量加工，布线密度高。贴片电阻和电容的引线电感大大减少，在高频电路中具有很大的优越性。表面贴装元件的缺陷是不便于手工焊接。

1) 工具和材料

焊接工具需要有 25 W 的铜头小烙铁，最好使用温度可调和带静电放电(electro-static discharge，ESD)保护的焊台，注意烙铁尖要细，顶部的宽度不能大于 1 mm，还要准备细焊锡丝、异丙基酒精和助焊剂等。其中，助焊剂可以增加焊锡的流动性。

2) 焊接方法

以常见的采用 PQFP 封装的芯片为例，焊接步骤如下。

(1) 在焊接之前先在焊盘上涂上助焊剂，用烙铁加热熔化助焊剂，清除氧化膜，以免焊盘镀锡不良或被氧化，影响后面的焊接工作，芯片则一般不需处理。

(2) 用镊子小心地将 PQFP 芯片放到 PCB 上，注意不要损坏引脚。使其与焊盘对齐，要保证芯片的极性放置方向正确。把烙铁的温度调到 300 多摄氏度，将烙铁头尖沾上少量的焊锡，用工具向下按住已对准位置的芯片，在两个对角位置的引脚上加少量的助焊剂，仍然向下

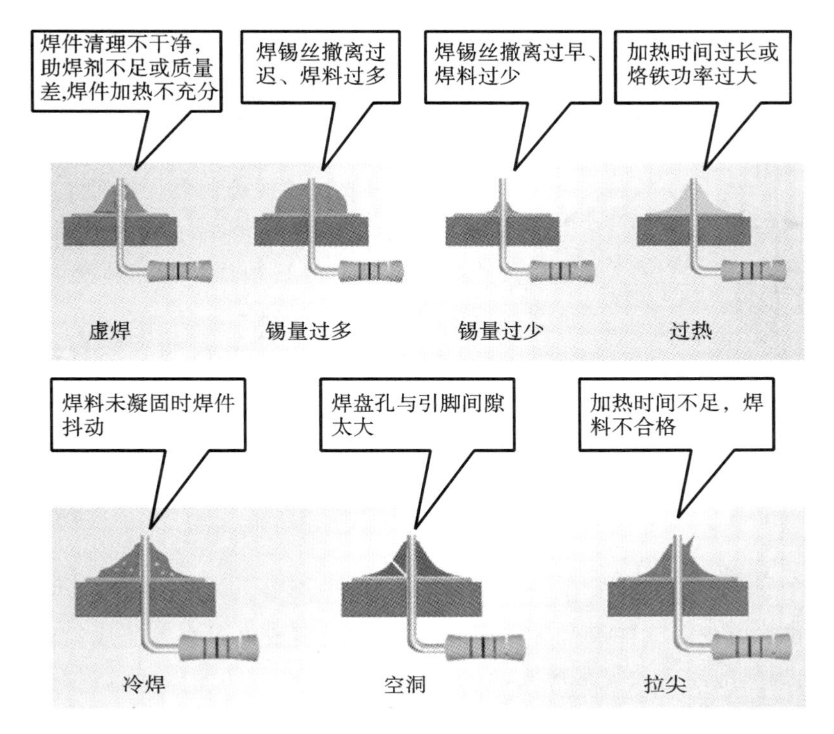

图 5.5.15　常见焊点缺陷及原因分析

按住芯片,焊接两个对角位置上的引脚,使芯片固定而不能移动。焊完对角后重新检查芯片的位置是否对准。如有必要可进行调整或拆除并重新在 PCB 上对准位置。

(3) 开始焊接所有的引脚时,应在烙铁尖上加上焊锡,将所有的引脚涂上助焊剂使引脚保持湿润。用烙铁尖接触芯片每个引脚的末端,直到看见焊锡流入引脚。在焊接时要保持烙铁尖与被焊引脚并行,防止因焊锡过量造成搭接短路。

(4) 焊完所有的引脚后,用助焊剂浸湿所有引脚以便清洗焊锡。在需要的地方吸掉多余的焊锡,以消除任何短路和搭接。最后用镊子检查是否有虚焊,检查完成后,从电路板上清除助焊剂,将硬毛刷浸上酒精沿引脚方向仔细擦拭,直到助焊剂消失为止。

(5) 贴片电阻、电容等元件则相对容易焊一些,可以先在一个焊点镀上少量焊锡,然后放上元件的一头,用镊子夹住元件,焊上一头之后,再看看是否放正了;如果已放正,就再焊上另外一头。

5.5.3　拆焊

调试和维修中常需更换一些元器件,如果方法不得当,不但会破坏印制电路板,也会使换下而并没失效的元器件无法重新使用。

一般电阻器、电容器、晶体管等管脚不多,且每个引脚能相对活动的元器件可用烙铁直接拆焊。将印制板竖起来夹住,一边用烙铁加热待拆元件的焊点,一边用镊子或尖嘴钳夹住元器件引脚轻轻拉出,如图 5.5.16 所示。重新焊接时,需先用锥子将焊孔在加热熔化焊锡的情况下扎通,需要指出的是,这种方法不宜在一个焊点上多次使用,因为印制导线和焊盘经反复加热后很容易脱落,造成印制板损坏。

当需要拆下多个焊点且引脚较硬的元器件时,一般有以下三种方法。

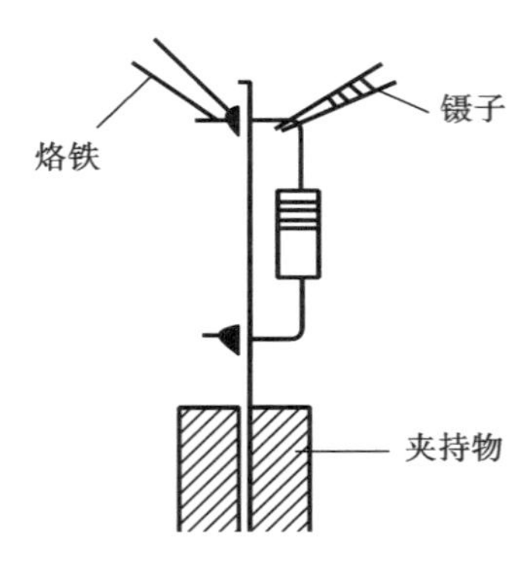

图 5.5.16　拆焊示意图

(1) 采用专用工具，如专用烙铁头，一次可将所有焊点加热熔化取出。这种方法速度快，但需要制作专用工具，且需较大功率的烙铁，同时拆焊后，焊孔很容易堵死，重新焊接时还需清理。

(2) 采用吸锡烙铁或吸锡器。这种工具对拆焊是很有用的，既可以拆下待换的元件，又不使焊孔堵塞，而且不受元器件种类限制。但它须逐个焊点除锡，效率不高，而且须及时排除吸入的锡。

(3) 用吸锡材料。可用作吸锡的材料有屏蔽线编织层、细铜网以及多股导线等。将吸锡材料浸上松香水贴到待拆焊点上，用烙铁头加热吸锡材料，通过吸锡材料将热传到焊点熔化焊锡，熔化的焊锡沿吸锡材料上升，将焊点拆开。这种方法简便易行，且不易烫坏印制板。

5.5.4　波峰焊

波峰焊是指将熔化的软钎焊料(铅锡合金)，经电动泵或电磁泵喷流成设计要求的焊料波峰，亦可通过向焊料池注入氮气来形成，使预先装有元器件的印制板通过焊料波峰，实现元器件焊端或引脚与印制板焊盘之间机械与电气连接的软钎焊。

波峰焊流程(见图 5.5.17)：将元件插入相应的元件孔中→预涂助焊剂→预热(温度 90～100 ℃，长度 1～1.2 m)→波峰焊(220～240 ℃)→冷却→切除多余插件脚→检查。

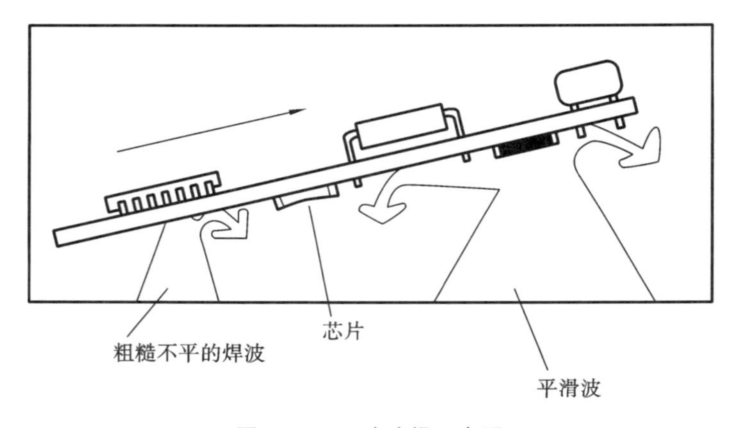

图 5.5.17　波峰焊示意图

波峰由机械或电磁泵产生并可控制，印制板由传送带以一定速度和倾斜度通过波峰，完成焊接。波峰焊适用于大批量生产。波峰焊设备如图 5.5.18 所示。

5.5.5　回流焊

回流焊又称再流焊，它是通过重新熔化预先放置的焊料而形成焊点，在焊接过程中不再添加任何焊料的一种焊接方法。

回流焊机分为有铅回流焊机和无铅回流焊机。回流焊机一般由预热区、保温区、再流区、冷却区等几大温区组成，同时各大温区又可分成几个小温区。无铅回流焊机比有铅回流焊机

图 5.5.18　波峰焊设备

具有更多的温区，其焊接工艺更复杂。

大型回流焊机设计复杂、成本高，导致价格昂贵，因此在教学实训中，可采用小型回流焊机，既满足了教学需求，使学生了解了回流焊全过程，又节省了高额的设备投入。

回流焊主要用于 SMT。回流焊设备如图 5.5.19 所示。

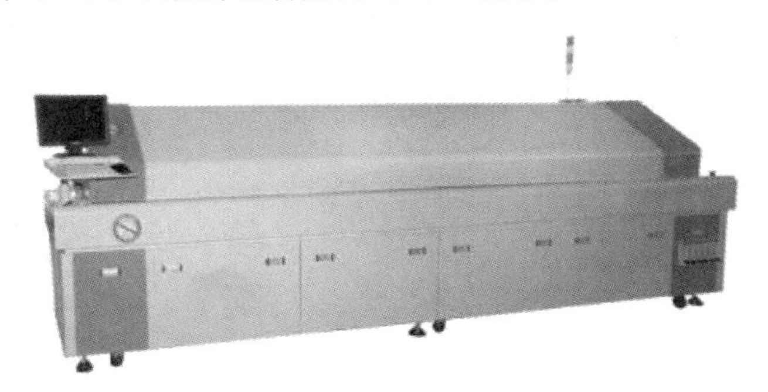

图 5.5.19　回流焊设备

5.6　手工焊接训练

5.6.1　训练目标与内容

(1) 了解电子锡焊方法，焊剂与焊料的选用；

(2) 掌握手工锡焊工艺，焊点质量控制分析技术；

(3) 掌握电子焊接和装配工具的使用方法；

(4) 熟悉拆焊、再焊的方法和技术要领；

(5) 掌握铜丝、导线、接插件、电子元器件的手工锡焊要领。

5.6.2　训练环境

主要仪器设备：直流稳压电源、函数信号发生器、示波器、RLC 测试仪、万用表、电烙铁等常用电子工程仪器、仪表。

5.6.3　训练步骤与要求

(1) 掌握电子焊接与装配工具的使用方法。

(2) 课内 8 学时、课外 8 学时，考核 4 学时。

(3) 掌握铜丝、导线、接插件、常用电子元器件(插件和贴片式元器件)的装配和手工锡焊方法。

焊接铜丝练习要求：

课内 140 个焊盘，课外 140 个焊盘。

通孔元件焊接练习：

电阻 20 个(焊盘 40 个)，其中课内 10 个、课外 10 个；

三极管 2 个(焊盘 6 个)；

LED 10 个(焊盘 20 个)，立式安装；

芯片 3 个(焊盘 6×16＝96 个)。

贴片元件焊接练习：

电阻器 20 个(焊盘 40 个)，其中课内 10 个、课外 10 个；

电容器 20 个(焊盘 40 个)，其中课内 10 个、课外 10 个；

芯片 6 个(焊盘 6×16＝96 个)，课内课外各 3 个。

导线焊接练习：

单根导线 4 根(一端搭焊，另一端直插焊盘焊接)；

排线 10 股(一端搭焊，另一端直插焊盘焊接)。

焊接练习与测试板如图 5.6.1 所示。

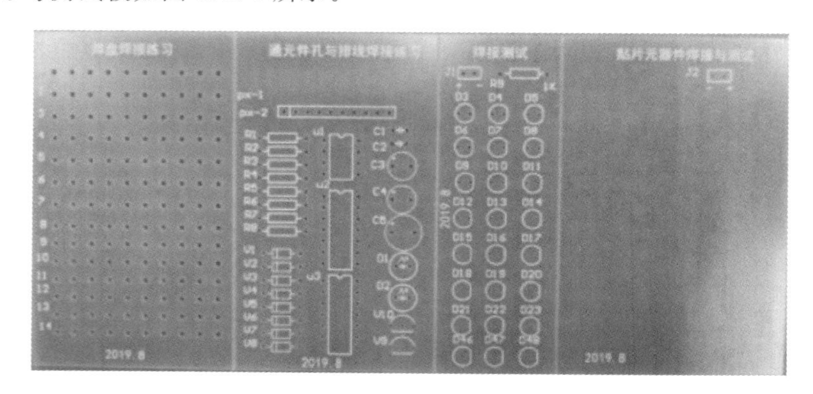

图 5.6.1　焊接练习与测试板

(4) 拆焊和再焊的操作。

掌握电阻器、电容器、二极管等常用元器件的拆焊技术，会利用电烙铁、吸锡器拆焊这些常用电子元器件。

掌握热风拆焊台的使用。

5.6.4 项目考评

考评的目的在于对学生在工程训练过程中所表现出来的态度、技术熟练程度和对训练的内容的了解、掌握程度等作出合理的评价。考评表如表 5.6.1 所示。

表 5.6.1 考评表

院系/班级： 训练项目： 指导老师： 日期：

学号	姓名	态度（10%）	技术熟练程度（30%）	通孔焊接（30%）	贴片焊接（25%）	导线（5%）	总分	备注

思考与练习题

1. 填空题。

(1) 常见的电烙铁有________、________、________等几种。

(2) 内热式电烙铁由________、________、________、________等四部分组成。

(3) 手工烙铁焊接的五步法为________、________、________、________、________。

(4) 印制电路板上的元器件拆焊方法有________、________、________。

(5) 对接插件连接的要求：________、________、________、________。

(6) 屏蔽的种类分________、________、________三种。

(7) 电子器件散热分为________、________、________、________等方式。

2. 选择题(有的是单选，有的是多选)。

(1) 清洁电烙铁所使用的海绵应沾有适量的(　　)。

A. 酒精　　B. 丙酮　　C. 干净的水　　D. 助焊剂

(2) 一般来说，电烙铁的功率越大，热量越(　　)，烙铁头的加热时间越(　　)。

A. 小　　B. 大　　C. 短　　D. 长

(3) 焊接温度不宜过高、焊接时间不宜过长的元器件时，应选用(　　)。

A. 可调温烙铁　　B. 吸锡烙铁　　C. 气焊烙铁　　D. 恒温烙铁

(4) 半导体元件的焊接最好采用(　　)(A/B)的低温焊丝，焊接时间要(　　)(C/D)。

A. 较细　　B. 较粗　　C. 长　　D. 短

(5) 烙铁头的形状有所不同，常见的有(　　)等。

A. 锥形　　B. 方形　　C. 凿形　　D. 圆斜面形

(6) 加锡的顺序是(　　)。

A. 先加热后放焊锡　B. 先放锡后焊　C. 锡和烙铁同时

(7) 电烙铁接通电源后，不热或不太热的原因可能为(　　)。

A. 操作姿势不当　B. 电压低于额定电压

C. 电烙铁头发生氧化　D. 烙铁头根部与外管内壁紧固部位氧化

3. 简答题。

(1) 利用锡焊工艺焊接电子元器件时，焊接前应注意哪些事项？

(2) 简述手工锡焊步骤。

(3) 简述排线焊接方法与步骤。

(4) 焊接的操作要领是什么？

(5) 焊接中为什么要用助焊剂？

(6) 什么是虚焊、堆焊？如何防止？

(7) 焊点形成应具备哪些条件？

(8) 焊点质量的基本要求是什么？

第 6 章　表面贴装技术

6.1　概述

6.1.1　SMT 简介

表面贴装技术(surface mount technology,SMT),是一种无须对印制板钻插装孔,直接将表面组装元器件贴、焊到印制板表面规定位置上的装联技术,也称为表面组装技术、表面安装技术。具体过程可分为焊膏印刷、贴片和再流焊三个步骤。

现在,电子产品追求小型化,以前使用的穿孔插件组件已无法缩小。而且电子产品的功能日趋完善,所采用的集成电路(IC)已经逐步取代无穿孔组件,特别是大规模、高集成 IC,不得不采用表面贴片组件。SMT 将传统的电子元器件压缩成为体积只有原来几十分之一的器件,从而实现了电子产品组装的高密度、高可靠、小型化、低成本,以及生产的自动化。这种小型化的表面贴装元器件根据元器件性质与作用不同分别称为:SMD 器件、SMC 和片式器件。将组件装配到印刷线路板或其他基板上的工艺方法称为 SMT 工艺,相关的组装设备则称为 SMT 设备。目前,先进的电子产品中,特别是在计算机及通信类电子产品中,已普遍采用 SMT 技术。国际上 SMD 器件产量逐年上升,而传统器件产量逐年下降,因此随着时间的推移,SMT 技术将越来越普及。

6.1.2　SMT 发展史

SMT 是 20 世纪 60 年代中期开发,20 世纪 70 年代获得实际应用的一种新型电子装联技术。SMT 发展至今,已经经历了几个阶段。

第一阶段(20 世纪 60 年代),该年代是表面组装技术的开始年代,在电子表行业以及军用通信中,为了实现电子表和军用通信产品的微型化,人们开发出无引线电子元器件,并被直接焊接到印制板的表面,从而达到了电子表微型化的目的,这就是今天称为“表面组装技术”的雏形。

第二阶段(20 世纪 70 年代),以发展消费类产品著称的日本电子行业敏锐地发现了 SMT 的先进性,迅速在电子行业推广 SMT 技术,并很快推出 SMT 专用的焊料(焊锡膏)、专用设备(贴片机、再流焊机、印刷机),以及各种片式元器件等,极大丰富了 SMT 的内涵,也为 SMT 的发展奠定了坚实的基础。

第三阶段(20 世纪 80 年代至今),SMT 生产技术日趋完善,用于表面安装技术的元器件大量生产,价格大幅度下降,各种技术性能好、价格低的设备纷纷问世。由于采用 SMT 技术组装的电子产品具有体积小、性能好、功能全、价位低的综合优势,因此 SMT 作为新一代电子装联技术已广泛地应用于各个领域的电子产品装联中,如航空、航天、通信、计算机、医疗电子、汽车电子、消费电子、办公自动化、家用电器等行业,真可谓哪里有电子产品哪里就有 SMT。

我国 SMT 的应用起步于 20 世纪 80 年代初期,最初从美、日等国成套引进了 SMT 生产线用于彩电调谐器的生产。经过多年的持续发展，我国也实现从引进到自主生产的转变，已经成为世界上数一数二的 SMT 产业大国。

SMT 发展动态是：①元器件的体积进一步小型化；②SMT 产品的可靠性进一步提高；③新型生产设备的不断研制；④柔性 PCB 的表面组装技术不断更新。

6.2　表面贴装技术与设备

6.2.1　SMT 技术组成与主要内容

1. SMT 技术组成

SMT 是一项复杂的系统工程，除了表面贴装元器件、电路基板、材料、组装和检测设备等，工艺技术、组装技术、检测技术、控制和管理技术等也是其重要内容。

2. SMT 的主要内容

SMT 工艺主要包括如下内容。

(1) 表面贴装元器件的设计、制造和包装。在设计方面，主要考虑元器件的结构尺寸、端子形式和耐焊接热等；制造主要是指各种元器件的制造技术；元器件的包装主要是指元器件的包装形式，如：编带式、棒式、托盘和散装等。

(2) 电路基板主要包含单(多)层 PCB，陶瓷、瓷釉金属板和夹层板等。

(3) 组装设计主要涉及电设计、热设计、元器件布局和基板图形布线设计等内容。

(4) 工艺技术主要包括组装材料、组装工艺设计、组装技术和组装设备 4 大部分。组装材料主要包含黏结剂、焊料、焊剂和清洗剂等；组装工艺设计主要包含组装方式、组装工艺流程和工艺优化设计等；组装技术主要包含涂敷技术、贴装技术、焊接技术、清洗技术和检测技术等；组装设备主要包含涂敷设备、贴装机、焊接机、清洗机和检测设备等。

(5) 组装系统控制与管理主要指组装生产线或系统组成、控制与管理等。

SMT 工艺技术涉及化工与材料技术(如各种焊锡膏、焊剂、清洗剂)、涂敷技术(如焊锡膏印刷)、精密机械加工技术(如漏印网版制作)、自动控制技术(如设备及生产线控制)、焊接技术和测试、检验技术、组装设备应用技术等诸多技术。

SMT 生产系统的组线方式：由表面涂敷设备、贴装机、焊接机、清洗机、测试设备等表面组装设备形成的 SMT 生产系统习惯上称为 SMT 生产线。

6.2.2　SMT 生产线构成

SMT 生产线是将不同加工方式和加工数量的生产设备组合起来可连续自动化进行产品制造的生产形式。

SMT 生产线的基本组成：涂敷设备(焊膏印刷机)、焊膏印刷检测机、贴片机、贴片检测机、回流炉(也叫再流焊炉)、清洗机、测试设备等。SMT 生产线如图 6.2.1 所示。

6.2.3　SMT 设备与工艺

1. 锡膏印刷工艺

锡膏印刷有手动、半自动和全自动印刷。手动、半自动印刷机不能与其他 SMT 设备相连，需要人工干预，但它们结构简单、价格低，适合科研院校使用。全自动印刷机可连到 SMT

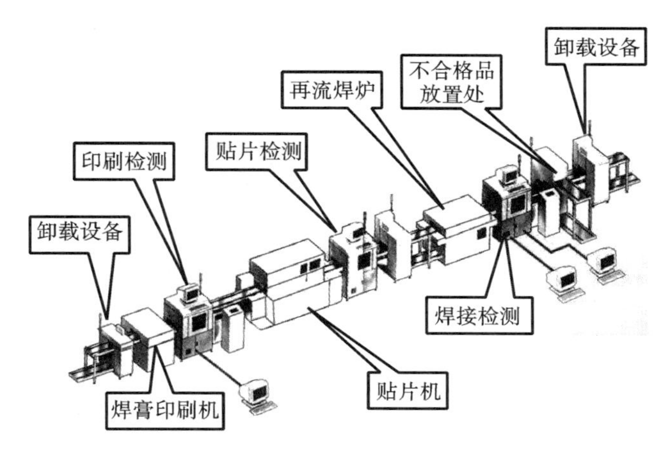

图 6.2.1　SMT 生产线

生产线上，无须人工干预，自动化程度高，适用于规模化生产。手动印刷机主要适用于印刷精度要求不高的大型贴装组件，面临淘汰。半自动印刷机主要适用于小批量离线式生产以及较高精度的贴装组件。全自动印刷机目前用得最广泛，主要适用于大批量在线式生产以及高精度的贴装组件。

锡膏印刷机主要包括刮刀、钢网（钢板）和锡膏等材料与工具，如图 6.2.2 所示。锡膏印刷机可分为半自动、全自动两种。

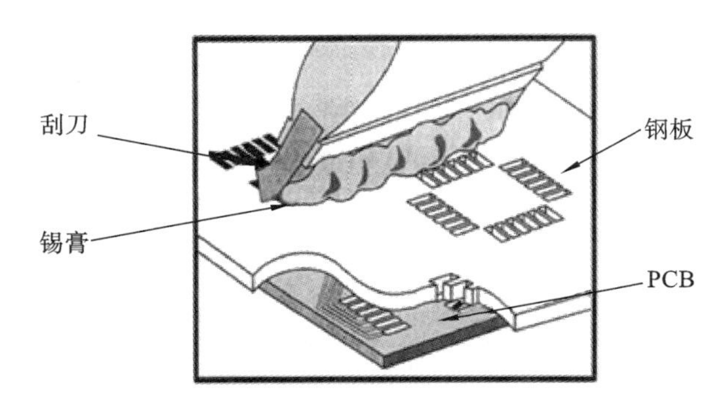

图 6.2.2　锡膏印刷机内部工作示意图

刮刀（也称刮板）有两种形式：菱形和拖裙形。拖裙形刮刀使用的材料分成聚乙烯（或类似）材料和金属，如图 6.2.3 所示。目前 60°钢刮刀使用较普遍。

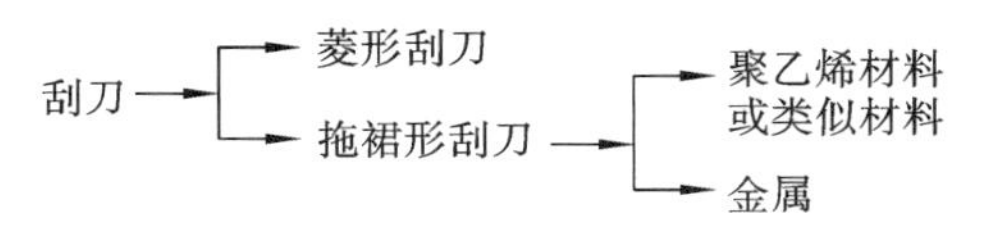

图 6.2.3　刮刀分类

锡膏（见图 6.2.4）的基本成分是由锡膏金属粉和助焊剂均匀混合而成，其锡膏金属粉末通常是由氮气雾化或转碟法制造，后经丝网筛选而成。而助焊剂则是由黏结剂（树脂）、溶剂、活性剂、触变剂及其他添加剂组成，它对锡膏从丝网印刷到焊接整个过程起着至关重要的作用。

根据焊盘镀层，钢板可分为喷锡板和金板。喷锡板因生产工艺复杂故价格高昂，但其上锡性能优于金板。

图 6.2.4 锡膏

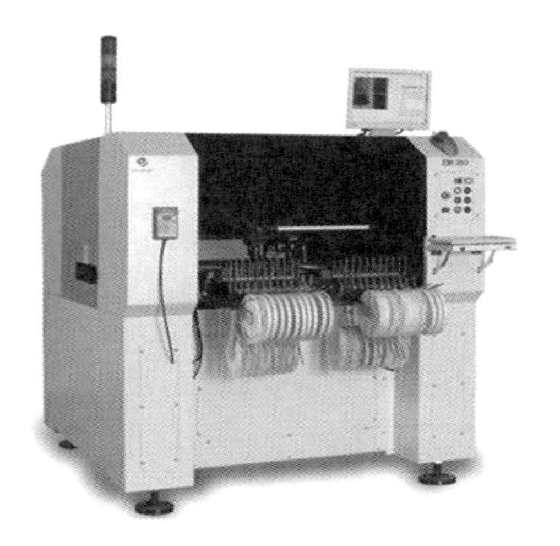

图 6.2.5 贴片机

2. 贴片机与贴装工艺

贴片机是完成元器件贴装的自动化设备，将电子元器件贴装到已经印刷了锡膏或胶水的 PCB 上，如图 6.2.5 所示。目前生产贴片机的厂家众多，所生产的贴片机结构也各不相同，但按规模和速度大致可分为大型高速机和中型中速机，其他还有小型机和半自动、手动贴片机。

在组建 SMT 生产线时，一般安装两台贴片机，其中一台用于贴装普通元器件（俗称高速机），另一台贴装 IC 元器件（俗称高精度贴片机或泛用机），这样两台贴片机各司其职，有利于 SMT 生产线发挥出最高的生产效率。

高速机主要适用于贴装小型量大的组件，如电容器、电阻器等，也可贴装一些 IC 组件，但精度受到限制。

泛用机主要适用于贴装异形的或精密度高的组件，如 QFP、BGA、SOT、SOP 和 PLCC 等形式封装件。

贴片机要用到如下主要辅助配件材料。

1） SMD

表面贴装器件（SMD）主要有矩形片式元件、圆柱形片式元件、复合片式元件、异形片式元件。

表面贴装器件按照特性一般分为无源组件和有源组件。无源组件是当施以电信号时不改变本身特性的组件（电容器、电阻器等），如贴片电阻、贴片电容等。有源组件是当施以电信号时可以改变本身特性的组件（IC、晶体管等）。贴片芯片如图 6.2.6 所示。

SMD 主要有带装（tape）、管装（stick）、托盘（tray）和散装（bulk）等形式，如图 6.2.7 所示。

2）供料器

（1）供料器的类型。

供料器主要有带装供料器、管装供料器、托盘代料器和散装供料器。

带装零件供料器依料带的宽度可分为 8、12、16、24、32、44、56 mm 等种类。

图 6.2.6　贴片芯片

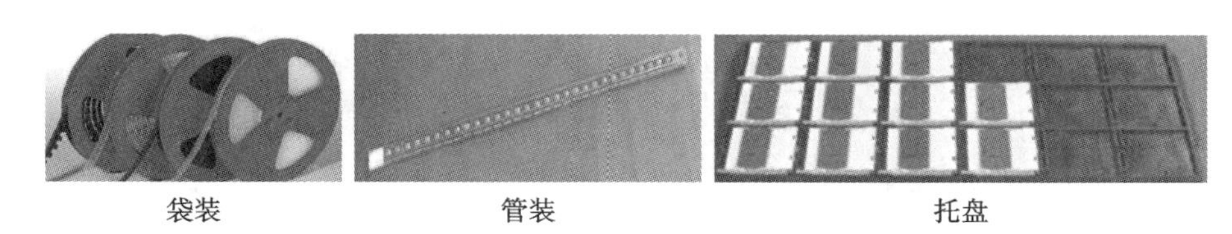

图 6.2.7　SMD 包装形式

管装供料器主要有高速管装供料器、高精度多重管装供料器和高速层式管装供料器。

托盘供料器主要有手动换盘式、自动换盘式和自动换盘拾取式托盘供料器。

散装供料器目前较少使用，主要有振动式和吹气式两种。

(2) 上料步骤。

第一步：备料。

①选择料架。不同包装方式的物料(如胶带或纸带)应装在不同类型的料架上；不同本体大小的物料应装在不同的料架上。

②装所需物料到料架上：要仔细检查料架内的物料是否到位，料架扣有无扣好，以及料带齿轮是否相吻合。

③根据料单确认所备之料架所示意之站别与所放斜槽之站别相一致。做好备料记录并由相邻工位确认；对于托盘装 BGA 或 IC 只有半盘或大半盘时应将物料置于托盘的后部分，而空出前部分。Tray 盘的摆放方式应按 Tray 盘上箭头所指的方向进行放置；上线前的备料应特别留意 BGA 及 IC 的方向，以及一些有极性之组件的极性。对于温、湿度敏感的组件的管制，应参照管制规范。

第二步：换料。

①确认上料站别。应时刻留意物料的使用状况；当听到机器发出缺料报警后，巡视核实缺料信息，并确认好上料站别。

②取备用料放于机器平台相应位置。从料车斜槽内拿取备用料时不能错拿其他站别之料；在工作 TABLE 里放入物料时绝对不能放错站别；放入后应使料架与其他的相平；在上料后勿忘记将插上料架的电源与气管联机。

③关安全门，按 RESET 键。安全门一定要关严，以免机器故障；不可直接按 START 键，而应先 RESET 键，等绿灯亮后方可按 START 键进行贴片。

在工作过程中，随时关注警示灯的提示。下面是警示灯信号说明：

红灯亮，在生产中机器发生 Error 停机；

黄灯闪，机器待机状况中发出警告讯息；

黄灯亮，机器生产中发出警告讯息；

绿灯闪，机器正常待机状态；

绿灯亮，机器正在置件中。

3. 回流焊接

回流焊接通过将高温焊料固化，从而达到将 PCB 和 SMT 的表面贴装组件连接在一起，形成电气回路。回流炉如图 6.2.8 所示。

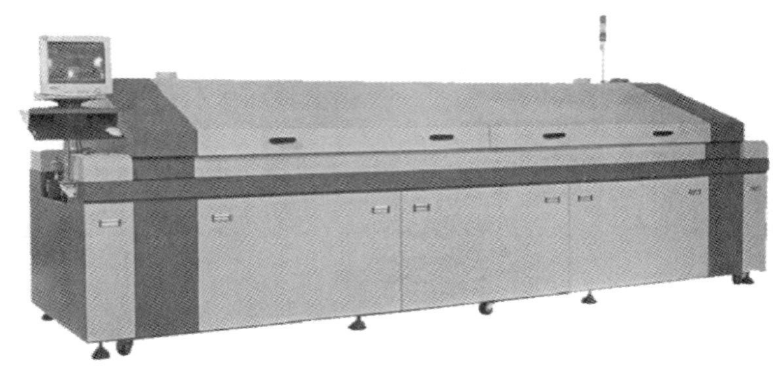

图 6.2.8　回流炉

1）回流焊

（1）焊锡原理。印刷有锡膏的 PCB，在元件贴装完成后，经过加热、锡膏熔化、冷却后，将 PCB 和零件焊接成一体，从而达到既定的机械性能、电气性能。

（2）焊锡三要素是焊接物、焊接介质和一定的温度。焊接物是指 PCB 元器件等。焊接介质是指焊接用材料，如锡膏等。一定的温度是指加热设备产生的温度。

2）回流焊的方式

回流焊的方式主要有红外线焊接、红外＋热风（组合）焊接、气相焊（VPS）、热风焊接和采用热型芯板（很少采用）。

3）工艺分区

热风回流焊过程中，锡膏需经过以下几个阶段：溶剂挥发，焊剂清除焊件表面的氧化物，锡膏的熔融、再流动以及锡膏的冷却、凝固等。回流炉温度曲线如图 6.2.9 所示。

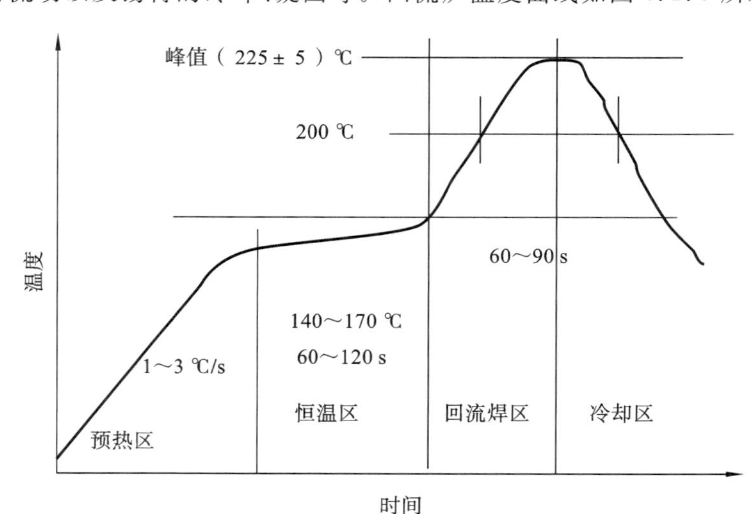

图 6.2.9　回流炉温度曲线

(1) 预热区。

预热区重点是预热的斜率,斜率一般为1～3 ℃/s。预热区目的是使PCB和元器件预热,达到平衡,同时除去锡膏中的水分、溶剂,以防锡膏发生塌落和焊料飞溅。要保证升温比较缓慢,使溶剂挥发;升温较温和,对元器件的热冲击尽可能小,升温过快会造成对元器件的伤害,如会引起多层陶瓷电容器开裂,同时还会造成焊料飞溅,使在整个PCB的非焊接区域形成焊料球以及焊料不足的焊点。

预热区时长占总时间的30%左右,最高温度控制在140 ℃以下,减少热冲击。

(2) 恒温区。

恒温区重点是均温的时间。恒温区目的是保证在达到回流焊温度之前焊料能完全干燥,同时还起着焊剂活化的作用,清除元器件、焊盘、焊粉中的金属氧化物。恒温区时长约60～120 s,占总时间的45%左右,根据焊料的性质有所差异,温度在140～170 ℃之间。

(3) 回流焊区。

回流焊区重点是回流焊的最高温度、回流焊的时间。回流焊区的目的是通过锡膏中的焊料使金粉开始熔化,再次呈流动状态,替代液态焊剂润湿焊盘和元器件,这种润湿作用导致焊料进一步扩展。对大多数焊料,润湿时间为60～90 s。回流焊的温度要高于锡膏的熔点温度,一般要超过熔点温度20 ℃才能保证回流焊的质量。有时也将该区域分为两个区,即熔融区和回流焊区。

峰值温度通常控制在205～230 ℃之间,温度过高会导致PCB变形、零件龟裂及二次回流等现象出现。

(4) 冷却区。

冷却区重点是冷却的斜率。冷却区目的是使焊料随温度的降低而凝固,使元器件与锡膏形成良好的点接触,冷却速度要求同预热速度相同。

回流炉上下各有两个区有降温吹风马达,通常出炉的PCB温度控制在120 ℃以下。

6.3 SMA组装工艺流程与组装方式

6.3.1 SMA组装流程图

采用SMT组装的PCB级电子电路产品也称为表面组装组件(surface mount assembly, SMA)。在一些电子产品中,由于表面组装元器件的品种规格尚不齐全,因此在表面组件中仍然需要部分通孔插装元器件(through hole component, THC)。所以,一般所说的表面组装组件中往往是插装件和贴装件兼有的,全部采用贴装元器件(SMC/SMD)的只是一小部分。

元器件和组装设备是决定电子组装方式及其工艺流程的两大要素。最简单最基本的组装工艺就是单纯的THT工艺或SMT工艺。其中,THT工艺采用通孔组装元器件和波峰焊,价格低廉,其基本工艺流程为:插装→波峰焊→清洗→检测→返修。SMT工艺采用SMC/SMD和再流焊,其特点是简单、快捷,有利于产品体积的减小,其基本的工艺流程为:印刷→贴片→回流焊→清洗→检测→返修。

SMA组装流程图如图6.3.1所示。

6.3.2 单面混合组装工艺

在实际生产中,根据所用元器件和生产设备的类型以及产品的需求,除了单纯的THT工

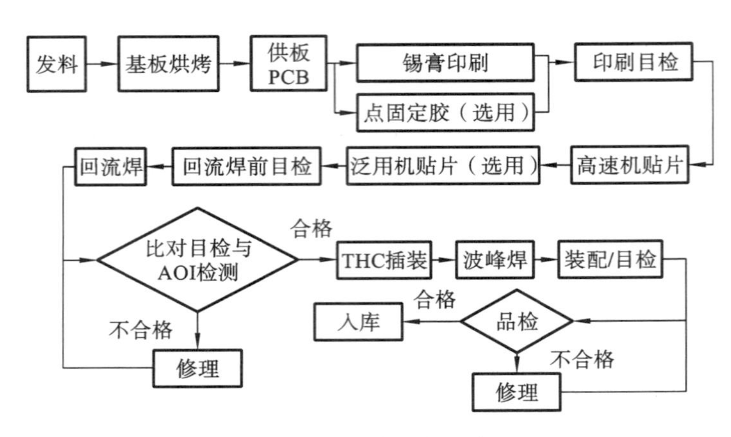

图 6.3.1　表面贴装技术组装流程图

艺或 SMT 工艺外，还可以选择多种组装工艺，以满足不同产品生产的需要。

1. 单面全 SMD 工艺

单面全 SMD 工艺：单面印刷锡膏，贴片后再流焊。其中，印刷锡膏与回流焊工艺简单、快捷，如图 6.3.2 所示。

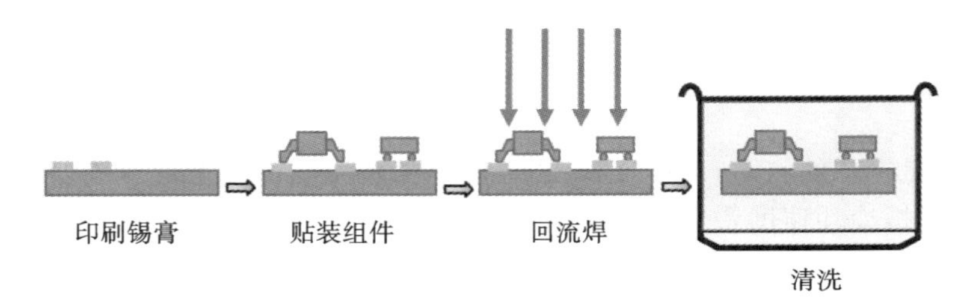

图 6.3.2　单面全 SMD 工艺

2. 单面元器件混装工艺

单面元器件混装工艺流程是比较常见的工艺流程，如图 6.3.3 所示。芯片与 PCB 预烘，消除其中的潮气，避免焊接时由于水分快速蒸发导致“炸锡”现象发生。一般先贴装贴装元件/贴装器件(SMC/SMD)，并利用回流焊焊接好，然后，插上通孔组件(HTC)，通过波峰焊焊接好。该工艺价格低廉，但要求设备多，难以实现高密度组装。

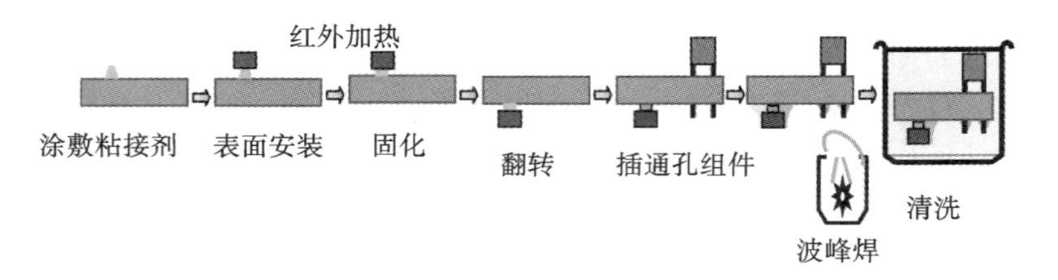

图 6.3.3　单面元器件混装工艺流程

6.3.3　双面回流焊工艺

双面回流焊工艺，也叫全贴片组装工艺。A 面布有大型 IC 器件，B 面以片式组件为主，充分利用 PCB 空间，实现安装面积最小化，工艺控制复杂，要求严格，常用于密集型或超小型电子产品，如手机。其流程如图 6.3.4 所示。

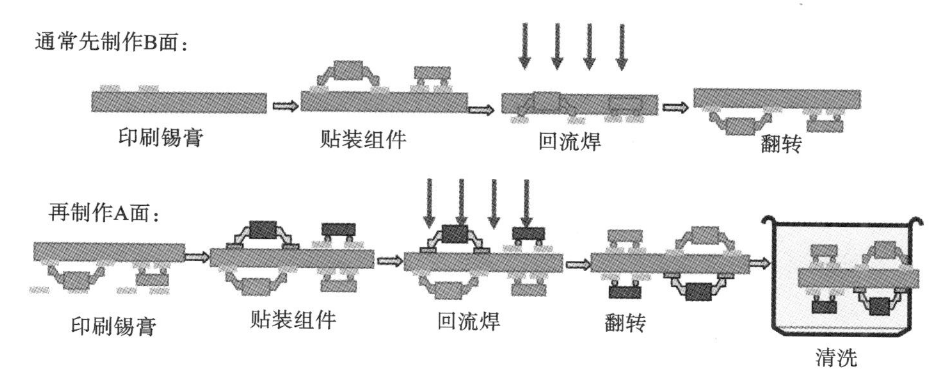

图 6.3.4　双面回流焊工艺流程

6.3.4　混合安装工艺

混合安装工艺也是常见的 SMD 工艺流程之一。它在板两面都有贴装元器件，而且在一面还有通孔元器件。混合安装工艺流程如图 6.3.5 所示。混合安装工艺多用于消费类电子产品的组装。

在制作时，先作 A 面，首先印刷焊锡膏，然后贴装贴片元器件，最后进行回流焊接，焊接完成后，翻转；再制作 B 面，首先点贴片胶，再贴装贴片元器件，最后加热固化，固化完成后翻转到 A 面。

在 A 面安装通孔元器件，然后进行波峰焊接，最后进行清洗。

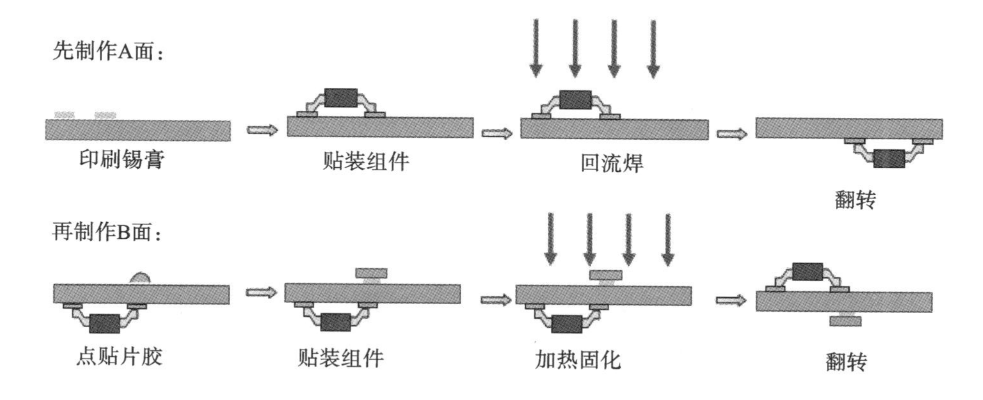

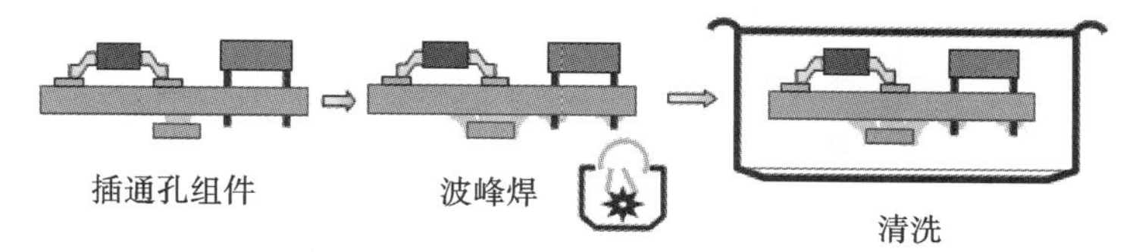

图 6.3.5　混合安装工艺流程

6.4 焊接的检查

6.4.1 检查的目的

在生产中,我们需要利用各种方法和设备(如自动光学检测仪(AOI)、自动在线测试仪(ICT)等)来检查产品的焊接质量,不过实际上所有的检查都不能100%发现不良品,但为了保证不良品的及时发现和维修,只留良品到下一个工程,提高工作效率,在成本等因素的考虑下,我们就需要不断地研究和改善检查方法。

6.4.2 焊接的检查方法

焊接的检查方法大致分为外观检查和电气检查两类。电气检查利用ICT和功能检查(FT)。

1. 外观检查

外观检查的主要检查方法是作业员目检和利用AOI检测。在焊接检查中,狭义的外观检查定义是指作业员通过目视对基板外观进行的以下检查。

(1) 焊接状态:未焊接,焊接不良(桥接、虚焊等)。

(2) 组件贴装状态:缺件,贴装方向错误,组件偏位等。

目视检查是作业者直接用眼睛进行检查,随着组件的小型化,焊接部分也变小,特别是VQFP等组件,目视很难判断焊接部分是否良好,这时就只有借助于放大镜来进行检查。

外观自动检查设备,常用的类型如图6.4.1所示,其简单的原理是:摄像头将采集信号转换成电气组件及焊接部分的图像,图像处理系统根据图像的浓度、形状来判断焊接状态及组件贴装状态的良否。

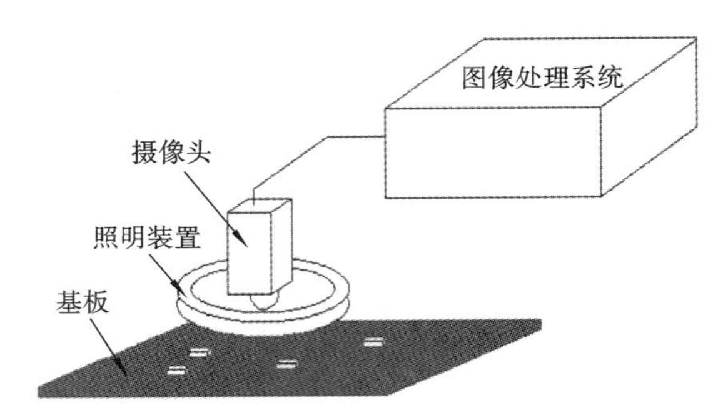

图 6.4.1　外观自动检查设备

2. 电气检查

电气检查通过接触电路板上的测试点,利用电气导通,检查下列项目。

(1) 焊接状态:未焊接,桥接等。

(2) 组件贴装状态:缺件,贴装方向错误等。

(3) 电气组件的状态:有无故障或特性的劣化。

电气检查按检查项目分为在线检查和功能测试两种,具体内容如表6.4.1所示。

表 6.4.1　电气检查

设备名称	在线检查	功能检查
检查原理	基板上的被动组件(电阻器、电容器、电感器)接触检查探头,通过显示的数值是否在规定范围内来判断良否,能检查组件焊接、桥接等	检查基板任意 2 点波形、电压、频率等。按基板规格确认动作机能
价格	中	高
特征	能判定哪个组件或哪部分组件不良,不能检查 IC	很难判定哪部分组件不良,能检查 IC 等组件性能,能发现在线检查不能发现的动作不良,以及脉冲偏移等不良

外观检查和 ICT 检查的具体内容如表 6.4.2 所示。

表 6.4.2　外观检查和 ICT 检查的区别

分类	不良内容	外观(目视)检查	ICT
焊接	桥接	○	○
	未上锡	○	○
	锡珠	○	×
	多锡	○	×
	少锡	○	*
	SOP,QFP 端子浮起	○	*
组件贴装	偏位或组件浮起	○	*
	错极性	○	○
	缺件	○	○
部品	规格错	*	○
	规格外	×	○

注:○表示可以检查出良品;×表示不能检测出良品;*表示功能检测正常,但焊接有质量问题,检测不出良品。

ICT 检查是通过电气特性来判断不良品,如图 6.4.2 所示的少锡的不良品,焊盘和组件间电气仍然导通,因此,此类不良品较难被检查出,此时就需通过目视来检查出不良品。

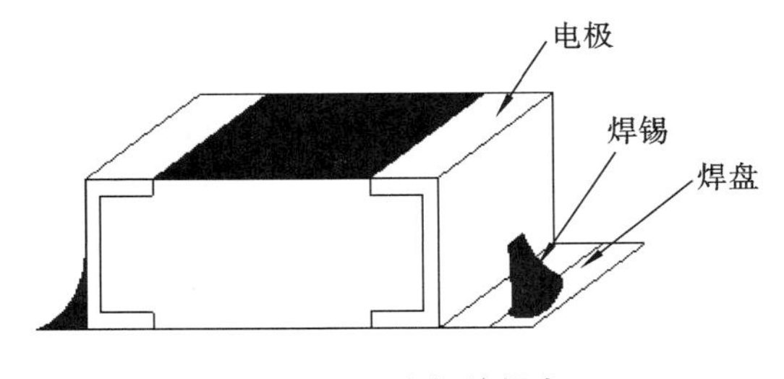

图 6.4.2　少锡的焊盘

外观检查可以判断组件浮起、少锡等不良品,还可以判断焊锡倒角不良品,而 ICT 检查是用探头接触组件焊盘点。

ICT 测试能判断出组件是不良品,但是不能检测出组件规格型号。

组件浮起和组件偏位都是组件相对于焊盘发生位置偏移,但是如果组件和焊盘间仍有连接,则会误判断为良品。

6.4.3 常见的焊接不良及对策分析

常见的焊接不良及对策分析如表 6.4.3 所示。

表 6.4.3 常见的焊接不良、原因及对策分析

序号	常见的焊接不良	示例图片	原因及对策分析
1	锡球与锡球间短路		(1) 锡膏量太多(≥1 mg/mm):使用较薄的钢板(150 μm),开孔缩小,缩小至原焊盘的 85%。 (2) 印刷不精确:将钢板调准一些。 (3) 锡膏塌陷:修正回流焊曲线。 (4) 刮刀压力太高:降低刮刀压力。 (5) 钢板和电路板间隙太大:使用较薄的防焊膜。 (6) 焊盘设计不当:使用同样的线路和间距
2	有脚的 SMD 零件空焊		(1) 零件脚或锡球不平:检查零件脚或锡球的平面度。 (2) 锡膏量太少:增加钢板厚度和使用较小的开孔。 (3) 灯芯效应:锡膏先经烘烤作业。 (4) 零件脚不吃锡:零件必须符合吃锡之需求
3	SMD 零件浮动(漂移)		(1) 零件两端受热不均:焊盘分隔。 (2) 零件一端吃锡性不佳:使用吃锡性较佳的零件。 (3) 回流焊方式不对:在回流焊前先预热到 170 ℃
4	立碑(tombstone)效应		(1) 焊盘设计不当:使焊盘设计最佳化。 (2) 零件两端吃锡性不同:使用吃锡性较佳的零件。 (3) 零件两端受热不均:减缓温度曲线升温速率。 (4) 温度曲线加热太快:在回流焊前先预热到 170 ℃

续表

序号	常见的焊接不良	示例图片	原因及对策分析
5	冷焊（cold solder joints）		（1）回流焊温度太低：最低回流焊温度应为 215 ℃。 （2）回流焊时间太短：锡膏在熔锡温度以上至少 10 s。 （3）引脚吃锡性问题：查验引脚吃锡性。 （4）焊盘吃锡性问题：查验焊盘吃锡性
6	粒焊（granular solder joints）		（1）回流焊温度太低：提高回流焊温度（≥215 ℃）。 （2）回流焊时间太短：延长回流焊时间（>183 ℃以上至少 10 s）。 （3）锡膏污染：使用新的锡膏。 （4）PCB 或零件污染：更换新的 PCB 或零件
7	零件微裂（cracks in components）（龟裂）		（1）热冲击：自然冷却较小和较薄的零件。 （2）PCB 翘产生的应力，零件放置产生的应力：避免 PCB 弯折，注意敏感零件的方向性，降低置放压力。 （3）PCB 布局设计不当：对于个别的焊盘，零件长轴与折板方向平行。 （4）锡膏量过少：增加锡膏量，使用适当的焊盘

6.5　返修

6.5.1　小型封装组件的拆脚方法

若不同时加热两个管脚，就不能取下组件，因此，要事先在两个端子间熔化焊锡形成桥接，如图 6.5.1 所示。使用两个电烙铁，分别放到组件的两侧，同时加热熔化组件两侧的焊锡，如图 6.5.2 所示。

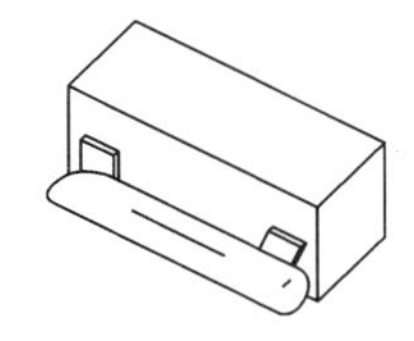

图 6.5.1　焊盘之间形成桥接

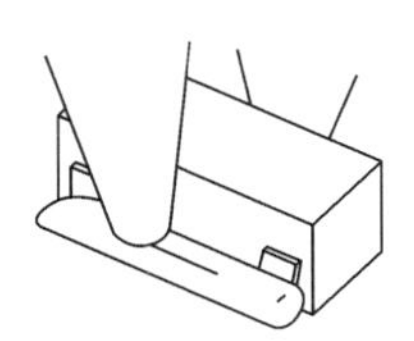

图 6.5.2　两电烙铁熔化组件两侧的焊锡示意图

若焊锡熔化，则用烙铁夹持组件，迅速提起组件，如图 6.5.3 所示。

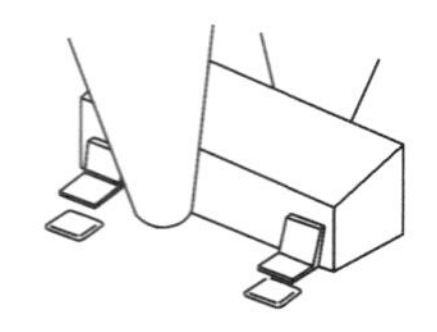

图 6.5.3　两烙铁头夹持组件示意图

6.5.2　取下平面封装 IC 的方法

1. 特殊烙铁方式

使用如图 6.5.4 所示的利于 QFP 和 SOP 形成的烙铁取下焊接上的组件。用烙铁取下 IC 时，如果不能很快取下，则可能会因为烙铁的热量而破坏 IC。原则上取下的 IC 不可能再次使用。

图 6.5.4　特殊烙铁取 IC

2. 热风方式

1）便携型

对平面封装的 IC 进行维修作业时，采用热风或较特殊烙铁头的维修方式的破坏性小，因此推荐使用。一般采用如图 6.5.5 所示的便携式热风修理装置。

图 6.5.5　便携式热风修理装置

2）半自动型

大量拆取相同组件时，可以使用半自动型装置。图 6.5.6 所示是常用的半自动型修理装置。

图 6.5.6　半自动型修理装置

6.6　SMT 表面贴装技术实训

6.6.1　训练目标与内容

通过对 SMT 相关设备的实际操作训练，掌握常用 SMT 相关设备的性能参数、生产工艺知识、使用方法以及工艺流程，树立劳动观念，发扬理论联系实际的科学作风，熟悉现代企业环境，为从事相关技术工作打下坚实基础。

(1) 了解表面贴装工艺的基本知识；

(2) 了解常用的 SMT 元器件；

(3) 了解 SMT 产品的装配工艺流程；

(4) 掌握 SMT 产品装配中使用的设备的操作方法；

(5) 熟悉 SMT 产品的调试与维修方法；

(6) 培养严谨、细致、实干的科学作风，为后续课程的学习打下基础。

6.6.2　训练环境

(1) 主要设备：涂敷设备(焊膏印刷机)、贴装设备、焊接设备、清洗设备、测试设备、返修设备等。

(2) 主要实训套件：贴片收音机散件一套，或 LED 音频响度频谱指示仪散件一套等。

(3) 相关工具：镊子、平口钳、恒温烙铁等。

(4) 原材料：锡膏、无尘布、酒精等。

(5) DSP 收音机的装配工艺指南。

6.6.3　训练步骤与要求

制作一个以 SMT 工艺为主的电子产品(如 DSP 收音机)，主要步骤与要求如下：

(1) 熟悉与了解 SMT 工艺知识；

(2) 掌握 SMT 元件的装配与安装方法；

(3) 熟悉半自动丝印机的操作方法；

(4) 元器件的贴装方法；

(5) 回流炉的使用方法；

(6) THT 元件的装配与安装；

(7) DSP 收音机的整机检测与调试。

6.6.4 项目考评

考评的目的在于对学生在工程训练过程中所表现出来的态度、技术熟练程度和对训练的内容的了解、掌握程度等作出合理的评价。考评表如表 6.6.1 所示。

表 6.6.1 考评表

院系/班级： 训练项目： 指导老师： 日期：

学号	姓名	态度(10%)	技术熟练程度(20%)	作品完成度(45%)	制作工艺(20%)	外观(5%)	总分	备注

思考与练习题

1. 什么是 SMT？它主要应用在哪些领域？
2. 简述 SMT 生产线的基本组成。
3. 简述 SMT 生产线的一般工艺过程。
4. 一般来说，SMT 车间规定的温度为多少？
5. 锡膏印刷时，所需准备的材料及工具有哪些？
6. 常用的有铅锡膏合金成分是什么？合金比例是多少？
7. 锡膏中主要成分分为哪两大部分？
8. 助焊剂在焊接中的主要作用是什么？
9. 锡膏在开封使用时，须经过哪两个重要的过程？
10. 我们经常使用的无铅焊锡成分为 Sn/Ag/Cu，合金比例是 96.5/3.0/0.5，它的熔点是多少？
11. 常用的 SMT 钢板的材质是什么？常用的 SMT 钢板的厚度是多少？
12. 常用的无源元器件(passive devices)和有源元器件(active devices)有哪些？
13. 静电电荷产生的种类有哪些？静电电荷对电子工业的影响有哪些？
14. 英制尺寸长×宽 0603 等于多少？公制尺寸长×宽 3216 等于多少？
15. 5S 的具体内容分别为哪些？
16. PCB 为什么要进行真空包装？
17. 品质“三不政策”是什么？
18. 为什么锡膏使用时必须从冰箱中取出回温？
19. 助焊剂在恒温区开始挥发有什么作用？
20. 有铅制程中，回流炉温度曲线最高温度为多少度最适宜？

第7章　电子产品装配

7.1　调试工艺基础

电子产品的组装有两种情况，一种是产品方案试验性组装，另一种是产品定型后的组装。前者是为后者服务的，只有经过产品方案的试验，确认所设计的电路无问题后，才能制作印制电路板并进入产品定型后的组装。

电子产品的组装质量，决定了产品的性能和可靠性。为了保证产品的性能和可靠性，生产厂家都有严格的产品装配工艺，用来控制产品的装配质量。但是，人们业余进行电子产品的制作时，没有严格装配工艺作指导，电子产品的组装质量全靠人工进行控制，这就要求电子产品制作人员具备一定的电子产品的组装控制质量方面的基本知识。

由于电子元器件的离散性和装配工艺的局限性，装配完的整机一般都要进行不同程度的调试。在电子产品的生产过程中，调试是一个非常重要的环节。调试工艺水平在很大程度上决定了整机的质量。调试通常是电子产品制作的最后一步。调试时，不仅要将产品性能调整到设计的要求，对于某些设计时没有考虑到的问题或缺陷，也要在这一工序中进行处理或补救。因此，只有按正确的步骤与方法进行调试，才能保证产品的性能和可靠性。

7.1.1　通电前的电路检查

1. 检查PCB连通性

PCB制作完成后，先要认真检查PCB电路的连通性。尤其是线路比较密集的地方，应认真检查，看看线路是否短路，如果有短路的地方，要仔细用小刀划开。PCB中，线路较细的导线，要防止线路断开，断开的导线要用焊锡丝补上。还要检查各个焊盘是否连接钻透了，如果没有钻透，还要重新补钻，使焊盘通透。查线时，最好用指针式万用表“Ω×1”挡，或用数字万用表的蜂鸣器来测量，而且要尽可能直接测量元器件引脚，这样可以同时发现接触不良的地方。

2. 线路检查

电路元器件安装后，通电之前要进行电路检查。进行电路检查通常采用两种查线方法。一种是按照设计的电路图检查安装的线路，把电路图上的连线按一定顺序在安装好的线路中逐一对应检查，这种方法比较容易找出错线和少线。另一种是按照实际线路来对照电路原理图，把每个元件引脚连线的去向一次查清，检查每个去处在电路图上是否都存在，这种方法不但可以查出错线和少线，还很容易查到是否多线。不论用什么方法查线，一定要在电路图上把查过的线做出标记，并且还要检查每个元件引脚的使用端数是否与图纸相符。

通过直观检查，也可以发现电源、地线、信号线、元器件引脚之间有无短路，连接处有无接触不良，二极管、三极管、电解电容等引脚有无错接等明显错误。

7.1.2　调试与检测方法

1. 电路安装调试方法

电路安装调试方法一般有以下两种。

(1) 采用边安装边调试的方法。也就是把复杂的电路按原理框图上的功能分块进行安装和调试,在分块调试的基础上逐步扩大安装和调试的范围,最后完成整机调试。对于新设计的电路,一般采用这种方法,以便及时发现问题并加以解决。

(2) 整个电路安装完毕,实行一次性调试。这种方法一般适用于定型产品和需要相互配合才能运行的产品。如果电路中包括模拟电路、数字电路和微机系统,一般不允许将它们直接连在一起使用。因为不仅它们的输出电压和波形各异,而且它们对输入信号的要求也各不相同。如果盲目连接在一起,可能会使电路出现不应有的故障,甚至造成元器件大量损坏。因此,一般情况下要求把这三部分分开,按设计指标对各部分分别加以调试,再经过信号及电平转换电路后实现整机联调。

2. 常用的检查方法

1) 直观检查法

通过视觉、听觉、触觉来查找故障部位,这是一种简便有效的方法。电路安装好以后,要检查接线,在面包板上接插电路,接错导线引起的故障占很大比例;在 PCB 上安装元器件时,容易或焊接短路,或虚焊开路,或焊错了元器件,或元器件极性焊反,也容易引起故障,有时还会损坏器件。通电后,要通过听、闻、摸的方法快速判断电路是否故障。听就是听电路否有打火声等异常声响;闻就是闻电路是否有焦糊异味出现;摸就是抚摸晶体管管壳是冰凉或烫手,集成电路是否温升过高。听、摸、闻到电路异常时应立即断电。

2) 电阻法

在断电条件下,用万用表测量电路电阻和元件电阻来发现和寻找故障部位及元件。可检查电路中连线是否断路,元器件引脚是否虚连;电路中电阻元件的阻值是否正确;检查电容器是否断开、击穿和漏电;检查半导体器件是否击穿、开断及各 PN 结的正反向电阻是否正常等。

3) 电压法

用电压表直流挡位检查电源、各静态工作点电压,集成电路引脚的对地电位是否正确;也可用交流挡位检查有关交流电压值。测量电压时,应当注意电压表内阻及电容对被测电路的影响。

4) 示波法

通常是在电路施加输入信号的前提下进行检查。这是一种动态测试法,通过示波器观察电路有关各点的信号波形,以及信号各级的耦合、传输是否正常来判断故障所在部位,是在电路静态工作点处于正常的条件下进行的检查。

5) 电流法

用万用表测量晶体管和集成电路的工作电流、各部分电路的分支电流及电路的总负载电流,以判断电路及元件正常工作与否。这种方法在面包板上不多用。

6) 元器件替代法

对怀疑有故障的元器件,可用一个完好的元器件替代,置换后若电路工作正常,则说明原有元器件或插件板存在故障,可做进一步检查测定之。使用这种方法,要力争准确判断出有问题的元器件。对连接线层次较多、功率大的元器件及成本较高的部件不宜采用此法。

7）**分隔法**

为了准确地找出故障发生的部位，还可通过拔去某些部分的接插件和切断部分电路之间的联系来缩小故障范围，分隔出故障部分。

7.2　调试仪器的使用

7.2.1　数字万用表

1. 整体介绍

数字万用表采用 26 mm LCD 显示器（一般采用 3 位半数字液晶屏）和背光显示；可测交流电流、电压，直流电流、电压，电阻，电容，二极管，三极管；可用于通断测试，温度及频率等参数的检测；在使用时，必须选择相应正确的挡位和量程。

万用表种类很多，外形各异，但基本结构和使用方法是相同的。万用表面板上主要有表头和选择开关，还有欧姆挡调零旋钮和表插孔。

DT9505 数字万用表面板如图 7.2.1 所示。主要组成为：①开关；②液晶显示器表头；③转换开关；④晶体三极管被测插孔；⑤电容被测插孔及 mA 级电流插孔；⑥4 个表笔插孔。

2. 选择开关

选择开关如图 7.2.2 所示。万用表的选择开关是一个多挡位的旋转开关，用来选择测量项目和量程。一般的万用表测量项目包括电阻、交直流电压、交直流电流、电容、二极管导通性、晶体三极管放大倍数、逻辑电平等。每个测量项目又划分为几个不同的量程以供选择，以适应被测量对象的性质与大小。

图 7.2.1　DT9505 数字万用表面板

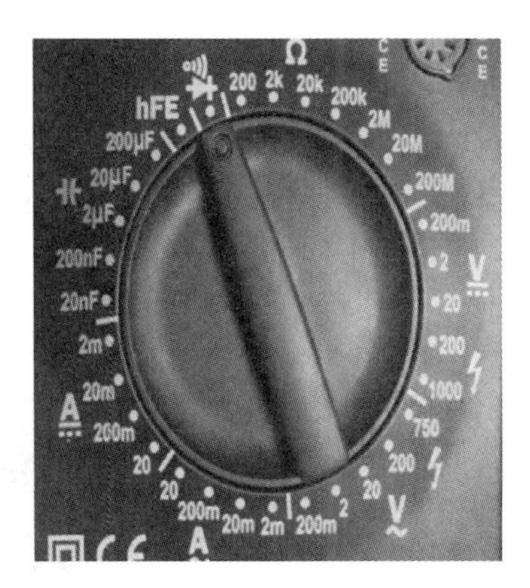

图 7.2.2　选择开关

3. 表笔和表笔插孔

表笔分为红、黑两只。使用时应将红色表笔插入标有“＋”号的插孔，黑色表笔插入标有“－”号的插孔。

4. 万用表的使用方法

一般测量：红表笔应接 VΩ 插孔，此时红表笔带正电，黑表笔接 COM 插孔，带负电。

电流测量：黑表笔接 COM，红表笔接相应电流插孔；当输入电流超过 200 mA 时，使用 20 A 挡位。

若万用表最高位显示数字 1,则说明仪表已发生过载,应选择更高的量程。

1) **测量直流电压**

首先选择量程。万用表直流电压挡标有 V,有 200 mV、2 V、20 V、200 V 和 1000 V 五个量程。根据电路中电源电压大小选择量程,例如,电路中电源电压只有 12 V,则应选用 20 V 挡。若不清楚电压大小,应先用最高电压挡测量,然后逐渐换用低电压挡。

其次是测量。测量直流电压时,万用表应与被测电路并联。红表笔应接被测电路和电源正极相接处,黑表笔应接被测电路和电源负极相接处。显示屏上数据稳定后,读取电压值。

2) **测量直流电流**

首先选择量程。万用表直流电流挡标有 mA,有 2 mA、20 mA、200 mA 和 20A 四个量程。应根据电路中的电流大小选择量程,如不知电流大小,应选用最大量程。

其次是测量。测量直流电流时,万用表应与被测电路串联。应先将电路相应部分断开,再将万用表表笔接在断点的两端。红表笔应接在和电源正极相连的断点,黑表笔接在和电源负极相连的断点。显示屏上数据稳定后,读取电流值。

3) **测量电子元器件**

此部分内容详见第 2 章。

7.2.2 示波器

用示波器可以测量直流电位,正弦波、三角波和脉冲等波形的各种参数。用双踪示波器还可同时观察两个波形的相位关系,这在数字系统中是比较重要的。因示波器灵敏度高、交流阻抗高,故对负载影响小。但对高阻抗电路,示波器的负载效应也不可忽视。调试中所用示波器频带一定要包含被测信号的频率。

1. 示波器的结构

示波器前面板上包括旋钮和功能按键,如图 7.2.3 所示。显示屏下侧及右侧均有 5 个按键,为菜单选择按键。通过它们,可以设置当前菜单的不同选项。其他按键为功能按键,通过它们,可以进入不同的功能菜单或直接获得特定的功能应用。

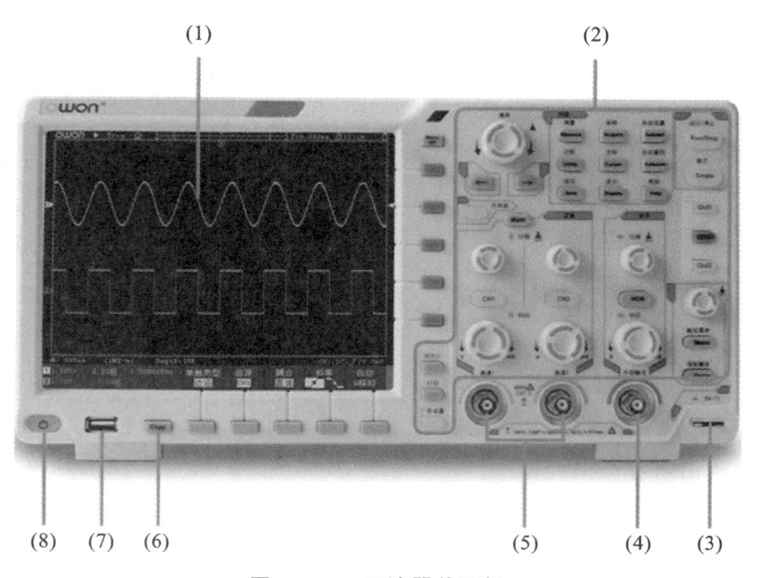

图 7.2.3 示波器前面板

图 7.2.3 中各区域及按键说明如下。

(1) 显示区域。(2)按键和旋钮控制区。(3)探头补偿。5 V/1 kHz 信号输出。(4)外触发输入。(5)信号输入端口。(6)Copy 键:可在任何界面直接按此键来保存信源波形。(7) USB Host 接口:当示波器作为主设备与外部 USB 设备连接时,需要通过此接口传输数据。例如:通过 U 盘保存波形时,使用该接口。(8)示波器开关。按键背景灯的状态:红灯表示关机状态(接市电或使用电池);绿灯表示开机状态(接市电或使用电池)。

图 7.2.4 所示是前面板菜单按键;图 7.2.5 所示是按键和旋钮控制区说明图,具体说明如下。

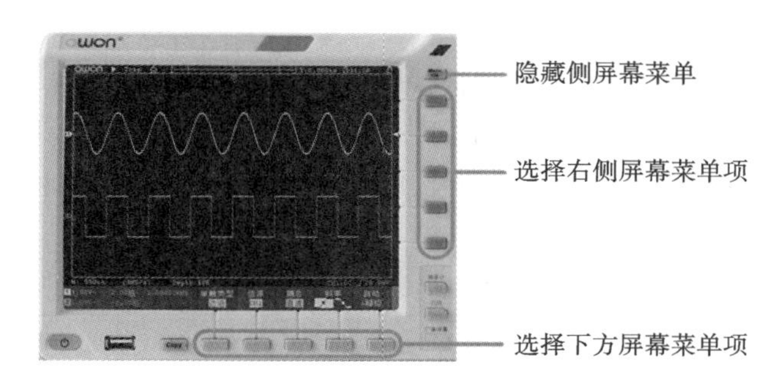

图 7.2.4　菜单按键

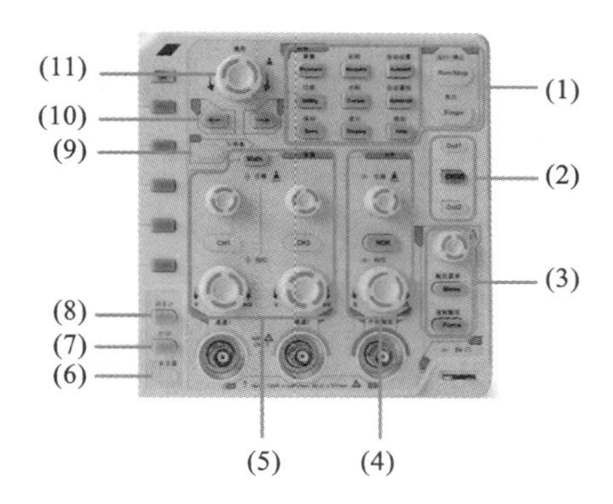

图 7.2.5　按键和旋钮控制区说明图

(1) 功能按键区,共 11 个按键。

(2) 信号发生器控件(可选)。DAQ,万用表记录仪快捷键;P/F,通过/失败快捷键;W. REC,波形录制快捷键。

(3) 触发控制区:包括两个按键和一个旋钮。"触发电平"旋钮调整触发电平。其他两个按键对应触发系统的设置。

(4) 水平控制区:包括一个按键和两个旋钮。在示波器状态,"水平菜单"按键对应水平系统设置菜单,"水平位移"旋钮控制触发的水平位移,"挡位"旋钮控制时基挡位。

(5) 垂直控制区:包括三个按键和四个旋钮。在示波器状态,CH1、CH2 按键分别对应通道 1、通道 2 的设置菜单。Math 按键对应波形计算菜单,包括加减乘除、FFT、自定义函数运算和数字滤波。两个垂直位移旋钮分别控制通道 1、通道 2 的垂直位移。两个挡位旋钮分别控制通道 1、通道 2 的电压挡位。

(6) 厂家设置。

(7) 打印显示在示波器屏幕上的图像。

(8) 开启/关闭硬件频率计的快捷键(如选配解码功能,为开启/关闭解码)。

(9) 测量快照(如选配万用表,为开启/关闭万用表)。

(10) 方向键:移动选中参数的光标。

(11) "通用"旋钮:当屏幕菜单中出现标志 M 时,表示可转动此旋钮来选择当前菜单或设置数值;按下此旋钮可关闭屏幕左侧及右侧菜单。

2. 测量

按"测量"按键,可实现自动测量(见表 7.2.1),共有 30 种测量,屏幕左下方最多能显示 8 种测量类型。

30 种自动测量包括:周期、频率、平均值、峰峰值、均方根值、最大值、最小值、顶端值、底端值、幅度、过冲、预冲、上升时间、下降时间、正脉宽、负脉宽、正占空比、负占空比、延迟 A→B 卐、延迟 A→B 卍、周期均方根、游标均方根、屏幕脉宽比、相位、正脉冲个数、负脉冲个数、上升沿个数、下降沿个数、面积、周期面积。

表 7.2.1　自动测量功能菜单说明

功能菜单		设定	说明
添加测量	测量类型(左侧菜单)		通过旋转"通用"旋钮,选择要测量的类型
	信源	CH1	设定 CH1 或 CH2 为信源
		CH2	
	添加测量		添加选中的测量类型(在左下角显示,最多只有 8 种)
删除测量	测量类型(左侧菜单)		通过旋转"通用"旋钮,选择要删除的类型
	删除		删除选中的类型
	删除全部		删除全部的测量类型
快照 CH1	开启	显示 CH1 全部测量值	
	关闭	关闭 CH1 测量快照	
快照 CH2	开启	显示 CH2 全部测量值	
	关闭	关闭 CH2 测量快照	

波形通道必须处于开启状态,才能进行测量。在存储波形或双波形计算波形上,以及触发模式是视频时,不能进行自动测量。在慢扫时,周期和频率是不可以测量的。

利用 CH1 通道进行信号的周期和频率的测量,按下列步骤操作:

(1) 按"测量"键,屏幕显示自动测量菜单;

(2) 按下方菜单中的"添加测量"键;

(3) 在右侧菜单中,按"信源"菜单项来选择 CH1;

(4) 屏幕左侧显示测量类型菜单,旋转"通用"旋钮,选择"周期"选项;

(5) 在右侧菜单中,按"添加测量"键,周期选项添加完成;

（6）在屏幕左侧类型菜单中，旋转“通用”旋钮，选择“频率”选项；

（7）在右侧菜单中，按“添加测量”键，频率选项添加完成。

在屏幕左下方会自动显示出测量数值，如图 7.2.6 所示。

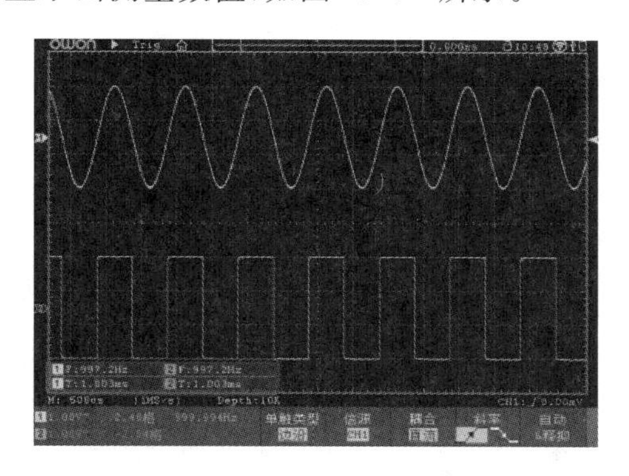

图 7.2.6　自动测量

3. 光标测量

按“光标”键，使屏幕显示光标测量功能菜单。再按“光标”键可关闭光标。

一般模式下的光标测量菜单说明如表 7.2.2 所示。

表 7.2.2　光标测量菜单说明

功能菜单	设定	说明
类型	电压 时间 时间 & 电压 自动光标	显示“电压”测量光标和菜单 显示“时间”测量光标和菜单 显示“时间 & 电压”测量光标和菜单 水平光标的位置自动设为垂直光标与波形的交叉点
测量选择 （类型为“时间 & 电压”）	时间 电压	选择“垂直”光标线 选择“水平”光标线
窗口选择 （进入波形缩放）	主窗 副窗	测量主窗 测量副窗
光标线	a b ab	转动“通用”旋钮可移动 a 光标线 转动“通用”旋钮可移动 b 光标线 链接 a 与 b，转动“通用”旋钮可同时移动两个光标
信源	CH1/CH2	选择待测量光标的波形通道

同时进行 CH1 通道的时间和电压的光标测量，执行以下操作步骤。

（1）按“光标”面板按键，调出光标测量菜单。

（2）在下方菜单中选择“信源”为 CH1。

（3）在下方菜单中选择第一个菜单项，屏幕右侧出现“类型”菜单，选择类型为“时间 & 电压”，屏幕中垂直方向显示两条蓝色虚线，水平方向显示两条蓝色虚线。位于波形显示区左下方的光标增量窗口显示光标读数。

（4）在下方菜单中选择“测量选择”为“ 时间”，可选中两个垂直光标。在下方菜单的“光标线”中选择 a 时，旋转“通用”旋钮，可以将 a 光标向左或右移动；选择 b 时，旋转“通用”旋钮，可以移动 b 光标。

(5) 在下方菜单中选择“测量选择”为“电压”,可选中两个水平光标。在“光标线”中选择 a 或 b,转动“通用”旋钮来移动。

(6) 按水平 HOR 按键进入波形缩放模式。在下方光标测量菜单中,选择“窗口选择”为“主窗”或“副窗”,可使光标线出现在主窗或副窗。

得到的“时间 & 电压”光标测量波形如图 7.2.7 所示。

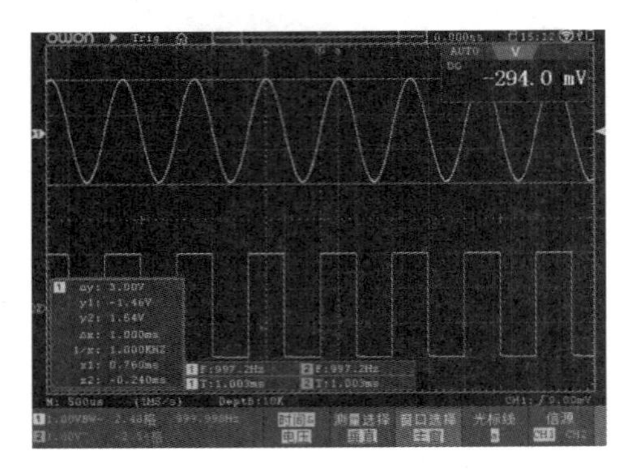

图 7.2.7　“时间 & 电压”光标测量波形

自动光标模式下,水平光标的位置自动设为垂直光标与波形的交叉点,如图 7.2.8 所示。

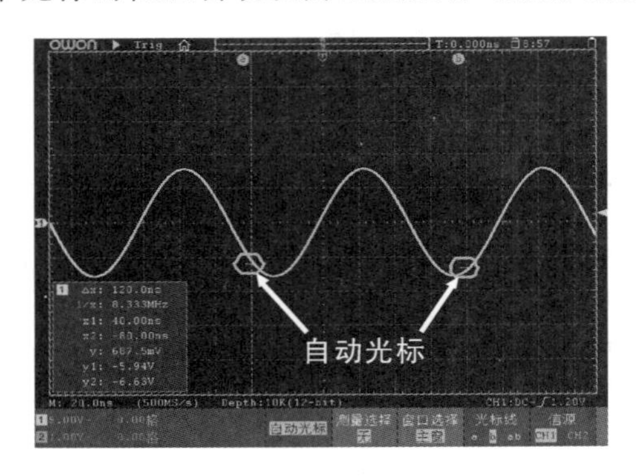

图 7.2.8　自动光标模式

FFT 模式下的光标测量。在 FFT 模式下,按“光标”键,屏幕显示光标测量功能菜单。菜单说明如表 7.2.3 所示。

表 7.2.3　FFT 模式下的光标测量

功能菜单	设定	说明
类型	幅度(或相位)	显示“幅度”(或“相位”)测量光标和菜单
	频率	显示“频率”测量光标和菜单
	频率 & 幅度 (或频率 & 相位)	显示对应的测量光标和菜单
	自动光标	水平光标的位置自动设为垂直光标与波形的交叉点

续表

功能菜单	设定	说明
测量选择（类型为“频率 & 幅度”，或“频率 & 相位”）	频率	选择垂直光标线
	幅度（或相位）	选择水平光标线
窗口选择	主窗	测量主窗
	副窗	测量 FFT 副窗
光标线	a	转动“通用”旋钮可移动 a 光标线
	b	转动“通用”旋钮可移动 b 光标线
	ab	链接 a 与 b，转动“通用”旋钮可同时移动两个光标
信源	Math FFT	显示信源

同时进行 Math FFT 幅度和频率的光标测量，执行以下操作步骤。

（1）按 Math 按键，使下方显示波形计算菜单，选择 FFT。在右侧菜单中选择“格式”，在左侧菜单中，转动“通用”旋钮选择格式为幅度单位（V RMS 或 Decibels）。

（2）按“光标”面板键，调出光标测量菜单。

（3）在下方光标测量菜单中，选择“窗口选择”为“副窗”。

（4）在下方菜单中选择第一个菜单项，屏幕右侧出现“类型”菜单，选择类型为“频率 & 幅度”，副窗垂直方向显示两条蓝色虚线，水平方向显示两条蓝色虚线。位于波形显示区左下方的光标增量窗口显示光标读数。

（5）在下方菜单中选择“测量选择”为“频率”，可选中两个垂直光标。在下方菜单的“光标线”中选择 a 时，旋转“通用”旋钮，可以将 a 光标向左或右移动；选择 b 时，旋转“通用”旋钮，可以移动 b 光标。

（6）在下方菜单中选择“测量选择”为“幅度”，可选中两个水平光标。在“光标线”中选择 a 或 b，转动“通用”旋钮来移动。

（7）在下方光标测量菜单中，选择“窗口选择”为“主窗”，可使光标线出现在主窗。

4. 自动量程的使用方法

该功能可以自动调整设置以及跟踪信号。如果信号发生变化，此设置将持续跟踪信号。自动量程状态下示波器自动根据被测信号的类型、幅度、频率调整到合适的触发模式、电压挡位及时基挡位。自动量程菜单说明如表 7.2.4 所示。

表 7.2.4　自动量程菜单说明

功能菜单	设定	说明
自动量程	关闭 开启	关闭“自动量程”功能 开启“自动量程”功能

续表

功能菜单	设定	说明
模式		跟踪并调整水平刻度和垂直刻度
		跟踪并调整水平刻度，不改变垂直设置
		跟踪并调整垂直刻度，不改变水平设置
波形		可以显示多个周期的波形图
		只显示一到两个周期的波形

测量两通道的信号，执行以下步骤。

(1) 按“自动量程”面板键，显示功能菜单。

(2) 在下方菜单中，按“自动量程”键，切换为“开启”。

(3) 在下方菜单中，按“模式”键；在右侧菜单中，选择模式为 。

(4) 在下方菜单中，按“波形”键；在右侧菜单中，选择波形为 ，如图 7.2.9 所示。

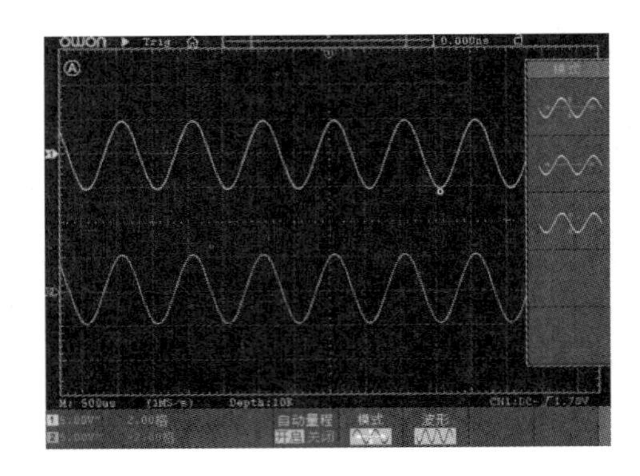

图 7.2.9　自动量程水平/垂直模式多周期波形图

注意：

(1) 进入自动量程模式时，在屏幕的左上角出现闪烁的Ⓐ标志；

(2) 自动量程模式下，可以自动判断触发模式（边沿、视频），此时触发功能键不可操作；

(3) 当处于 XY 模式、STOP 状态下，进入自动量程模式时，会自动切换到 YT 模式、

AUTO 状态；

(4) 在自动量程状态下，触发耦合方式始终为直流耦合，触发方式为自动；

(5) 自动量程模式下，只要调整 CH1 或 CH2 的垂直位移、电压挡位、触发电平和时基挡位，则自动退出自动量程状态，此时再按 Autoset(自动设置)键，又进入自动量程模式；

(6) 如果在自动量程菜单下，关闭子菜单自动量程开关，也会退出自动量程状态，下次如果要进入自动量程模式，则需要再次开启子菜单下的自动量程开关；

(7) 在视频触发状态下水平时基固定于 50 μs 挡位，如果一通道为边沿信号，另一通道为视频信号，则以视频信号的时基为基准(50 μs)挡；

(8) 一旦进入自动量程，以下设置会被强制：当处在波形缩放模式下，会切换到正常模式。

5. 内置帮助的使用方法

(1) 按“帮助”面板键，屏幕显示帮助目录。

(2) 在下方菜单中，按“上一页”或“下一页”键选择帮助主题，或直接转动“通用”旋钮来选择。

(3) 按“确定”键查看主题内容，或者直接转动“通用”旋钮也可。

(4) 按“退出”键退出帮助界面，直接进行其他操作也可自动退出帮助。

6. 执行按键的使用方法

执行按键包括“自动设置”“运行/停止”“单次”“拷贝”。

“自动设置”键：自动设置仪器的各项控制值，以产生适合观察的显示波形。按“自动设置”键，示波器自动快速测量信号。自动设置的功能项目如表 7.2.5 所示。

表 7.2.5 自动设置的功能项目

功能项目	设定
垂直耦合	当前
通道耦合	当前
垂直挡位	调整到适合的挡位
带宽	满带宽
水平位移	居中或正负 2 格
水平挡位	调整到适合的挡位
触发类型	边沿或者视频
触发信源	CH1 或 CH2
触发耦合	直流
触发斜率	当前
触发电平	在信号的 3/5 的地方
触发方式	自动
显示方式	YT
强制运行	停止
帮助	退出
通过失败	关闭

续表

功能项目	设定
反相	关闭
波形缩放	退出

自动设置判断波形类型分 5 种类型：正弦波、方波或脉冲波、视频信号、直流电平、未知信号。屏幕上弹出波形类型提示，并对应显示相关底部菜单。

正弦波：多周期、单周期、FFT、取消自动设置。菜单显示如图 7.2.10(a)所示。

方波或脉冲波：多周期、单周期、上升沿、下降沿、取消自动设置。菜单显示如图 7.2.10(b)所示。

视频信号：(行 场)、奇场、偶场、指定行、取消自动设置。菜单显示如图 7.2.10(c)所示。

直流电平：取消自动设置。菜单显示如图 7.2.10(d)所示。

未知信号：取消自动设置。菜单显示如图 7.2.10(d)所示。

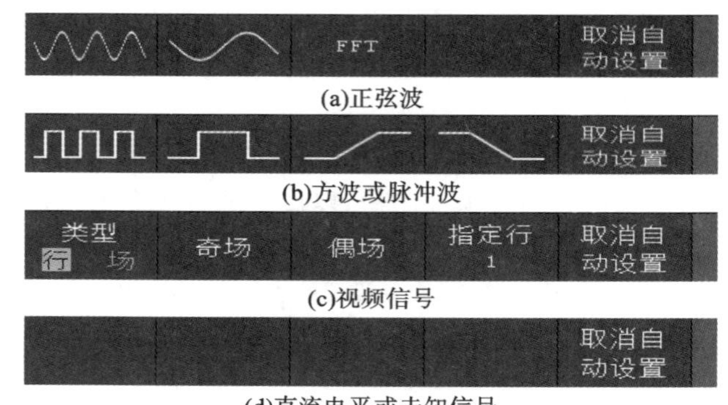

图 7.2.10 5 种类型波形对应菜单显示

“运行/停止”键：运行和停止波形采样。

注意：在停止的状态下，波形垂直挡位和水平时基可以在一定的范围内调整，相当于对信号进行水平或垂直方向上的扩展。在水平时基为 50 ms 或更小时，水平时基可向下扩展 4 个挡位。

“单次”键：按下此功能键，可直接设置触发方式为单次，即当检测到一次触发时采样一个波形，然后停止。

“拷贝”键：可在任何界面直接按此键来保存信源波形。信源及存储位置取决于“保存”功能菜单中类型为“波形”时的设置。

7. 应用实例

例 7.2.1：测量简单信号。

观测电路中一未知信号，迅速显示和测量信号的频率和峰峰值。

(1) 迅速显示该信号。

①将探头菜单衰减系数设定为 10×，并将探头上的开关设定为 10×。

②将“通道 1”的探头连接到电路被测点。

③按下“自动设置”按键。

示波器将自动设置使波形显示达到最佳。在此基础上，可以进一步调节垂直、水平挡位，直至波形的显示符合要求。

(2) 进行自动测量。

示波器可对大多数显示信号进行自动测量。欲测量 CH1 通道信号的周期、频率，按如下步骤操作：

①按“测量”键，屏幕显示自动测量菜单；

②按下方菜单中的“添加测量”键；

③在右侧菜单中，按 “信源”菜单项来选择 CH1；

④屏幕左侧显示测量类型菜单，旋转“通用”旋钮，选择“周期”选项；

⑤在右侧菜单中，按“添加测量”键，周期选项添加完成；

⑥在屏幕左侧类型菜单中，旋转“通用”旋钮，选择“频率”选项；

⑦在右侧菜单中，按“添加测量”键，频率选项添加完成；

⑧在屏幕左下方会自动显示出测量数值，如图 7.2.11 所示。

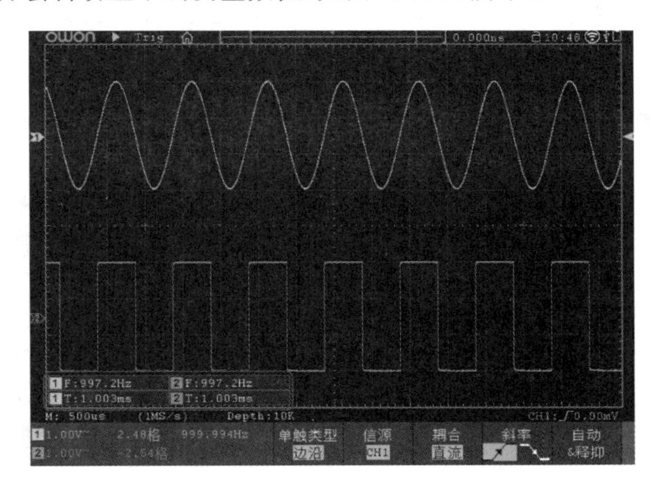

图 7.2.11　自动测量波形

例 7.2.2:测量电路中放大器的增益。

将探头菜单衰减系数设定为 10×，并将探头上的开关设定为 10×。将示波器 CH1 通道与电路信号输入端相接，CH2 通道则与输出端相接。操作步骤如下：

(1) 按下“自动设置”按键，示波器自动把两个通道的波形调整到合适的显示状态；

(2) 按“测量”键，屏幕显示自动测量菜单；

(3) 按下方菜单中的 “添加测量”键；

(4) 在右侧菜单中，按 “信源”菜单项来选择 CH1；

(5) 屏幕左侧显示测量类型菜单，旋转“通用”旋钮，选择 “峰峰值”选项；

(6) 在右侧菜单中，按“添加测量”键，CH1 的峰峰值测量项添加完成；

(7) 在右侧菜单中，按“信源”菜单项来选择 CH2；

(8) 屏幕左侧显示测量类型菜单，旋转“通用”旋钮，选择“峰峰值”选项；

(9) 在右侧菜单中，按“添加测量”键，CH2 的峰峰值测量项添加完成；

(10) 从屏幕左下角测量值显示区域读出 CH1 和 CH2 的峰峰值，如图 7.2.12 所示。

利用以下公式计算放大器增益：

$$增益=输出信号/输入信号$$

增益(db)＝20×log(增益)

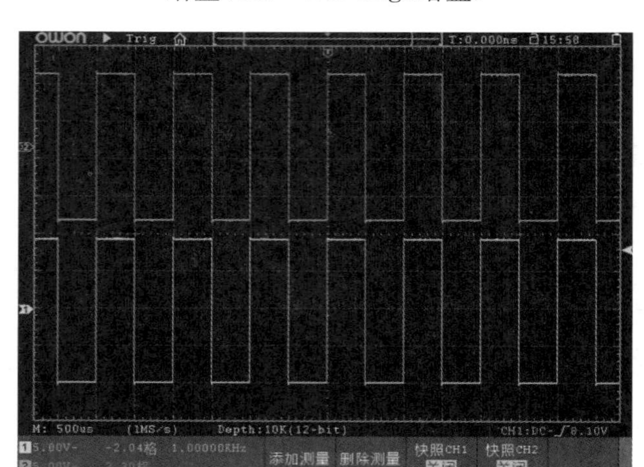

图 7.2.12　增益测量波形

例 7.2.3:捕捉单次信号。

方便地捕捉脉冲、毛刺等非周期性的信号是数字存储示波器的优势和特点。若要捕捉一个单次信号,首先需要对此信号有一定的先验知识,这样才能设置触发电平和触发沿。例如,如果脉冲是一个 TTL 电平的逻辑信号,触发电平应该设置成 2 V,触发沿设置成上升沿触发。如果对于信号的情况不确定,可以通过自动或普通的触发方式先行观察,以确定触发电平和触发沿。

操作步骤如下:

(1) 将探头菜单衰减系数设定为 10×,并将探头上的开关设定为 10×;

(2) 调整垂直挡位和水平挡位旋钮,为观察的信号建立合适的垂直与水平范围;

(3) 按“采样”按键,显示采样菜单;

(4) 在下方菜单中选择“采集模式”,在右侧菜单中选择“峰值检测”;

(5) 按“触发菜单”按键,显示触发菜单;

(6) 在下方菜单中选择 “类型”,在右侧菜单中选择 “单触”;

(7) 在左侧菜单中选择触发模式为“边沿”;

(8) 在下方菜单中选择“信源”,在右侧菜单中选择 CH1;

(9) 在下方菜单中选择 “耦合”,在右侧菜单中选择“直流”;

(10) 在下方菜单中选择“斜率”为(上升);

(11) 旋转“触发电平”旋钮,调整触发电平到被测信号的中值;

(12) 若屏幕上方“触发状态指示”没有显示 Ready,则按下 Run/Stop(运行/停止)键,启动获取,等待符合触发条件的信号出现。

如果有某一信号达到设定的触发电平,即采样一次,显示在屏幕上。利用此功能可以轻易捕捉到偶然发生的事件,例如幅度较大的突发性毛刺:将触发电平设置到刚刚高于正常信号电平,按 Run/Stop(运行/停止)键开始等待,则当毛刺发生时,机器自动触发并把触发前后一段时间的波形记录下来。通过旋转面板上水平控制区域的“水平位移”旋钮,改变触发位置的水平位移,可以得到不同长度的负延迟触发,便于观察毛刺发生之前的波形,如图 7.2.13 所示。

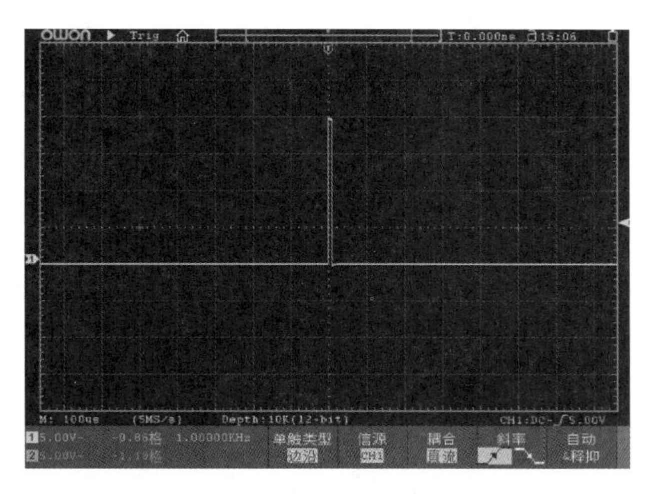

图 7.2.13　捕捉单次信号

例 7.2.4:分析信号的细节。

观察含噪声的信号,信号受到了噪声的干扰,噪声可能会使电路产生故障,欲仔细分析噪声,按如下步骤操作:

(1) 按"采样"按键,显示采样菜单;

(2) 在下方菜单中选择"采集模式";

(3) 在右侧菜单中选择"峰值检测"。

此时,屏幕显示包含随机噪声的波形,尤其是在时基设为慢速的情况下,使用"峰值检测"能够观察到信号中包含的噪声尖峰和毛刺,如图 7.2.14 所示。

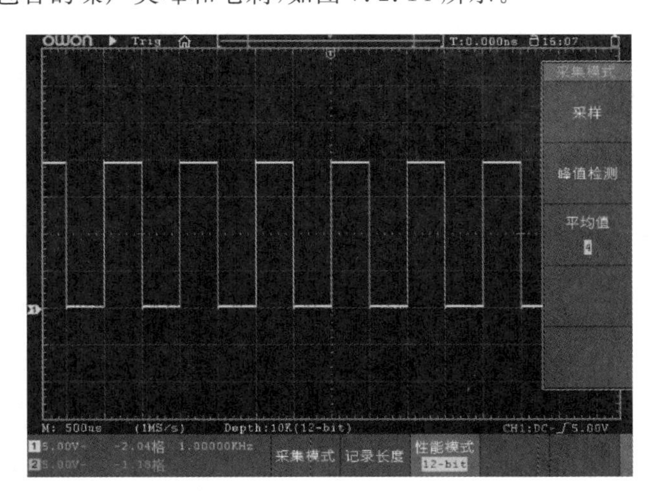

图 7.2.14　含噪声信号的波形

分析信号波形时需要去除噪声,欲减少示波器显示的随机噪声,按如下步骤操作:

(1) 按"采样"按键,显示采样菜单;

(2) 在下方菜单中选择"采集模式";

(3) 在右侧菜单中选择"平均值",在左侧菜单中转动"通用"旋钮,观察选择不同的平均次数时,波形取平均值后的显示效果。

取平均值后随机噪声被减小而信号的细节更容易观察,当噪声被去除后,在信号的上升沿和下降沿上的毛刺显示出来，如图 7.2.15 所示。

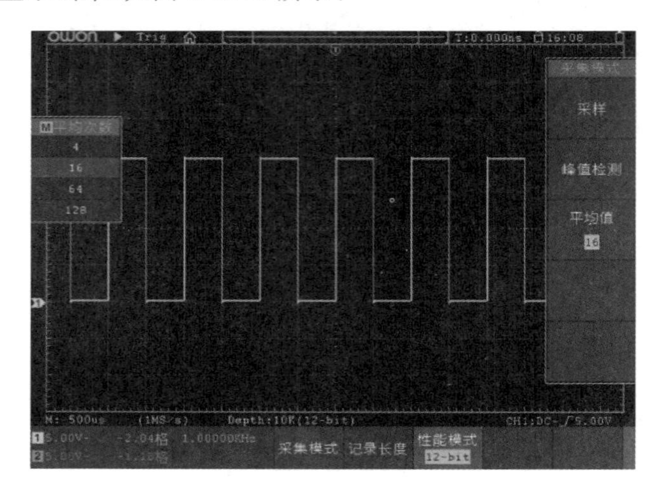

图 7.2.15　去除噪声信号的波形

例 7.2.5：XY 模式的应用，查看两通道信号的相位差。测试信号经过一电路网络产生的相位变化。

将示波器与电路连接，监测电路的输入、输出信号。欲以 X-Y 坐标图的形式查看电路的输入输出，按如下步骤操作：

(1) 将探头菜单衰减系数设定为 10×，并将探头上的开关设定为 10×。

(2) 将通道 1 的探头连接至网络的输入，将通道 2 的探头连接至网络的输出；

(3) 按下“自动设置”按键，示波器把两个通道的信号打开并显示在屏幕中；

(4) 调整垂直挡位旋钮使两路信号显示的幅度大约相等；

(5) 按“显示”面板键，调出显示“设置”菜单；

(6) 在下方菜单中选择 XY 模式，在右侧菜单中选择“使能”为“开启”，示波器将以李沙育(Lissajous)图形模式显示网络的输入输出特征；

(7) 调整垂直挡位、垂直位移旋钮使波形达到最佳效果。

应用椭圆示波图形法观测并计算出相位差，如图 7.2.16 所示。

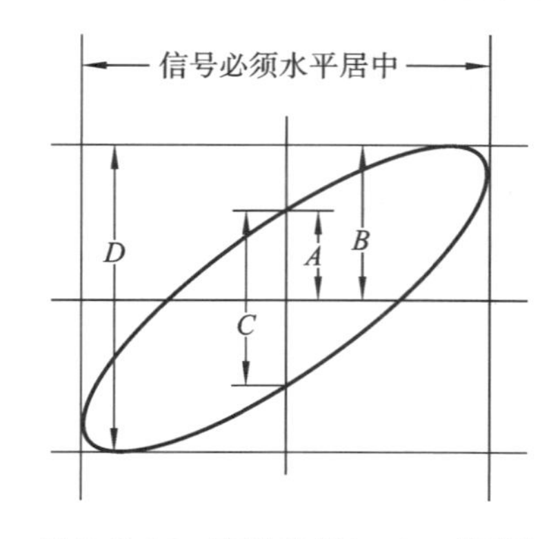

图 7.2.16　李沙育(Lissajous)图形

根据 $\sin q=A/B$ 或 $\sin q=C/D$，其中，q 为通道间的相差角，A、B、C、D 的定义见图 7.2.16，可以得出相差角，即：$q=\pm\arcsin(A/B)$ 或 $q=\pm\arcsin(C/D)$。如果椭圆的主轴在 I、III 象限内，那么所求得的相位差角应在 I、IV 象限内，即在 $0\sim\pi/2$ 或 $3\pi/2\sim2\pi$ 内。如果椭圆的主轴在 II、IV 象限内，那么所求得的相位差角应在 II、III 象限内，即在 $\pi/2\sim\pi$ 或 $\pi\sim3\pi/2$ 内。

7.2.3　LCR 测试仪

1. TL2812D 型 LCR 数字电桥技术指标

TL2812D 型 LCR 数字电桥性能特点：高性价比的数字电桥，基本精度达到 0.25%，输出阻抗为 100 Ω，简便操作与强大功能的合理结合，采用 SMT 表面贴装工艺，测量速度快(12 次/秒)，读数稳定性好，4 挡量程选择。

表 7.2.6 TL2812D 型 LCR 数字电桥技术参数

基本功能		测试信号	
测试参数	L-Q，C-D，R-Q，$\|Z\|$-Q	测试信号频率	100 Hz，120 Hz，1 kHz，10 kHz（±0.01%）
基本准确度	0.25%	输出阻抗	100 Ω
等效电路	串联，并联	测试信号电平	0.3 Vrms，1 Vrms
量程方式	自动，保持	测量显示范围	
触发方式	内部	$\|Z\|$，R	0.1 mΩ～99.99 MΩ
测试速度(1 kHz)（次/秒）	快速：12 中速：5.1 慢速：2.5	C	0.01pF～99999 μF
校准功能	开路/短路，扫频清零	L	0.01 μH～99999 H
测试端配置	5 端	D	0.0001～9.9999
		Q	0.0001～9999.9

2. 仪器面板介绍

TL2812D 型 LCR 数字电桥的面板如图 7.2.17 所示。

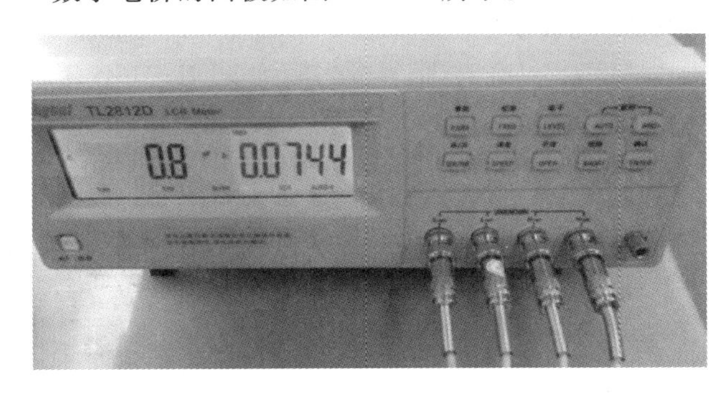

图 7.2.17 TL2812D 型 LCR 数字电桥的面板

1) LCD 液晶显示屏

显示测量结果、测量条件等信息。

2) 电源开关

电源开关(POWER)，当开关处于位置“1”时，接通仪器电源；当开关处于位置“0”时，切断仪器电源。

3) 按键

(1) 参数(PARA)键：测量参数选择键。

(2) 频率(FREQ)键：频率设定键。

(3) 电平(LEVEL)键：电平选择键。

(4) 串/并(SER/PAR)键：串并联等效方式选择键。

(5) 速度(SPEED)键：测量速度选择键。

(6) 开路(OPEN)键：开路清零键。

(7) 量程(RNG+/AUTO)键：量程锁定/自动设定键。

(8) SHORT 键:短路清零键。

(9) ENTER 键:开路/短路清零确认键。

4) 测试端

测试端(UNKNOWN),用于连接四端测试夹具或测试电缆,对被测件进行测量。四测试端分别为电流激励高端 H_{CUR},电压取样高端 H_{POT},电压取样低端 L_{POT},电流激励低端 L_{CUR}。

3. 显示区域定义

TL2812D 的显示屏显示的内容被划分成如下的显示区域,如图 7.2.18 所示。

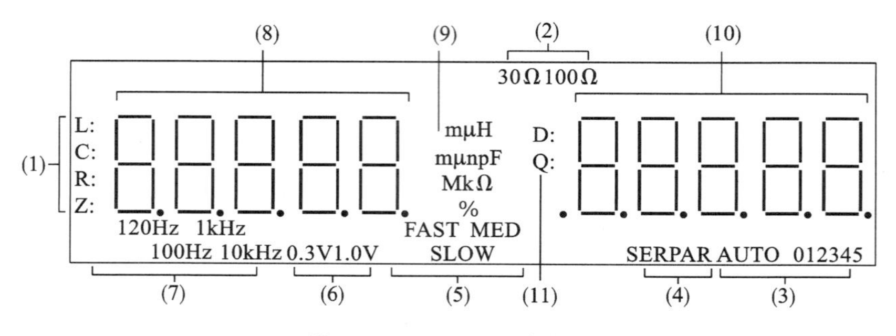

图 7.2.18 显示区域定义

(1) 主参数指示:指示用户选择测量元件的主参数类型。"L"点亮表示电感值测量;"C"点亮表示电容值测量。"R"点亮表示电阻值测量;"Z"点亮表示阻抗值测量。

(2) 信号源内阻显示:"30 Ω"点亮时,信号源内阻为 30 Ω;"100 Ω"点亮时,信号源内阻为 100 Ω。

(3) 量程指示:指示当前量程状态和当前量程号。"AUTO"点亮表示量程自动状态;"AUTO"熄灭表示量程保持状态。

(4) 串并联模式指示:"SER"点亮表示串联等效电路的模式;"PAR"点亮表示并联等效电路的模式。

(5) 测量速度显示:"FAST"点亮表示快速测试;"MED"点亮表示中速测试;"SLOW"点亮表示慢速测试。

(6) 测量信号电平指示:"0.3V"表示当前测试信号电压为 0.3 V;"1.0V"表示当前测试信号电压为 1.0 V。

(7) 测量信号频率指示:"100Hz"点亮时,当前测试信号频率为 100 Hz;"120Hz"点亮时,当前测试信号频率为 120 Hz;"1kHz"点亮时,当前测试信号频率为 1 kHz;"10kHz"点亮时;当前测试信号频率为 10 kHz。

(8) 主参数测试结果显示:显示当前测量主参数值。

(9) 主参数单位显示:显示主参数测量结果的单位。电感单位为 μH,mH,H;电容单位为 pF,nF,μF,mF;电阻/阻抗单位为 Ω,kΩ,MΩ。

(10) 副参数测试结果显示:指示当前测量副参数值。

(11) 副参数指示:指示用户选择测量元件的副参数类型。

4. 开机

(1) 按 POWER 键启动仪器。

(2) LCD 屏首先显示仪器版本号。

(3) 延时后进入测试状态,如图 7.2.19 所示,实际情况可能有所不同。

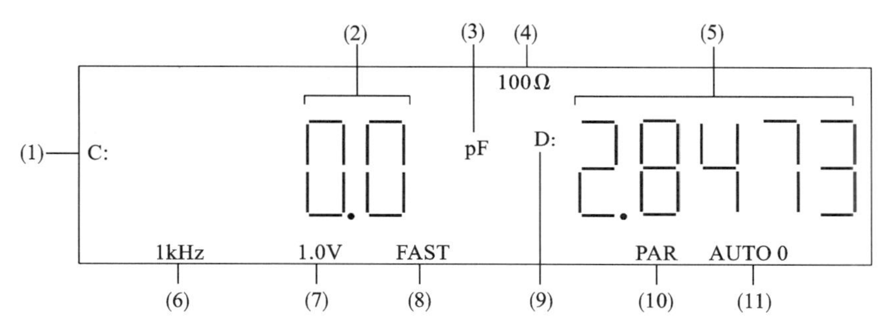

图 7.2.19　测试状态示意图

图 7.2.19 所示的测量显示描述如下。

(1) 主参数:C。(2)主参数值显示。(3)主参数单位:pF。(4)源内阻:100 Ω。(5)副参数值显示。(6)测量频率:1 kHz。(7)信号电平:1.0 V。(8)测量速度:FAST。(9)副参数:D。(10)并联等效:PAR。(11)量程自动:AUTO 0。

5. 参数设定

TL2812D 在一个测试循环内可同时测量被测阻抗的两个不同的参数组合,即主参数和副参数。主参数为 *L*(电感量),*C*(电容量),*R*(电阻值)和|*Z*|(阻抗的模);副参数为 *D*(损耗因数)和 *Q*(品质因数)。*Z* 取绝对值,*L*、*C*、*R* 有正负。

C-*D* 测量时,主参数显示"一",则实际被测器件呈感性;

L-*Q* 测量时,主参数显示"一",则实际被测器件呈容性;

R-*Q* 测量时,出现 *R* 为"一"的情况,是由于过度的清零所致,请正确清零。

仪器最多可显示五位,但不总显示五位,有时显示四位。转换关系如表 7.2.7 所示。

表 7.2.7　显示位数的转换

上次显示位数	本次测量前两位值	本次显示位数
4	＜18	5
5	＞20	4

TL2812D 提供以下 4 种测量参数组合:*L*-*Q*,*C*-*D*,*R*-*Q* 和 *Z*-*Q*。执行以下步骤设定测量参数。

(1) 假设仪器当前的测量参数为 *L*-*Q*。主参数显示"L:",副参数显示"Q:"。

(2) 按 PARA 键,测量参数改变为 *C*-*D*。主参数显示"C:",副参数显示"D:"。

(3) 按 PARA 键,测量参数改变为 *R*-*Q*。主参数显示"R:",副参数显示"Q:"。

(4) 按 PARA 键,测量参数改变为 *Z*-*Q*。主参数显示"Z:",副参数显示"Q:"。

(5) 重复按 PARA 键,直至当前测量参数为所需测量参数。

TL2812D 提供以下 4 个常用测试频率:100 Hz,120 Hz,1 kHz 和 10 kHz。当前测试频率显示在 LCD 左下方的频率指示区域。执行以下步骤设定测试频率。

(1) 假设仪器当前的测试频率为 100 Hz。LCD 下方显示"100 Hz"。

(2) 按 FREQ 键,测试频率变为 120 Hz。LCD 下方显示"120 Hz"。

(3) 按 FREQ 键,测试频率变为 1 kHz。LCD 下方显示"1 kHz"。

(4) 按 FREQ 键,测试频率变为 10 kHz。LCD 下方显示"10 kHz"。

(5) 按 FREQ 键,测试频率重新变为 100 Hz。LCD 下方显示"100 Hz"。

(6) 重复按 FREQ 键,直至当前测试频率为所需测试频率。

TL2812D 提供以下 2 个常用测试信号电压:0.3 V 和 1.0 V。当前测试信号电压显示在 LCD 下方的信号电压指示区域。执行以下步骤设定测试频率:按 LEVEL 键,测试信号电压在 0.3 V 和 1.0 V 之间切换。

TL2812D 可提供 30 Ω 和 100 Ω 两种信号源内阻供用户选择,可方便用户与国内外其他仪器生产厂家进行测试结果对比。在相同的测试电压下,选择不同的信号源内阻,将会得到不同的测试电流。当被测件对测试电流敏感时,测试结果将会不同。执行以下步骤设置信号源内阻:按"30/100"键,可使信号源内阻在 30 Ω 和 100 Ω 之间切换。LCD 上方显示当前信号源的内阻值。

TL2812D 提供 FAST、MED 和 SLOW 3 种测试速度供用户选择。一般情况下测试速度越慢,仪器的测试结果越稳定,越准确。FAST,每秒约 12 次;MED,每秒约 5.1 次;SLOW,每秒约 2.5 次。执行以下步骤设定测试速度。

(1) 假设仪器当前的测试速度为快速 FAST。LCD 下方显示"FAST"。

(2) 按 SPEED 键,测试速度改变为中速 MED。LCD 下方显示"MED"。

(3) 按 SPEED 键,测试速度改变为慢速 SLOW。LCD 下方显示"SLOW"。

(4) 按 SPEED 键,测试速度重新变为 FAST 方式。LCD 下方显示"FAST"。

(5) 重复按 SPEED 键,直至当前测试速度为所需测试速度。

TL2812D 可选择串联(SER)或并联(PAR)两种等效电路来测量 L、C 或 R。执行以下步骤设置等效电路方式:按 SER/PAR 键可以使等效方式在串联(SER)与并联(PAR)之间切换。屏幕下方显示当前等效方式。

电容等效电路的选择。小电容对应高阻抗值,此时并联电阻的影响比串联电阻的影响大,而串联电阻与电容的阻抗相比很小,可以忽略不计。因此,此时应该选择并联等效方式进行测量。相反,大电容对应低阻抗值,并联电阻与电容的阻抗相比很小,可忽略不计,而串联电阻对电容阻抗的影响更大一些。因此,此时应该选择串联等效方式进行测量。

一般来说,电容等效电路可根据以下规则选择:大于 10 kΩ 时,选择并联方式;小于 10 Ω 时,选择串联方式;介于上述阻抗之间时,根据元件制造商的推荐采用合适的等效电路。

电感等效电路的选择。大电感对应高阻抗值,此时并联电阻的影响比串联电阻的影响大。因此,选择并联等效方式进行测量更加合理。相反,小电感对应低阻抗值,串联电阻对电感的影响更重要。因此,串联等效方式进行测量更加合适。

一般来说,电感等效电路可根据以下规则选择:大于 10 kΩ 时,选择并联方式;小于 10 Ω 时,选择串联方式;介于上述阻抗之间时,根据元件制造商的推荐采用合适的等效电路。

TL2812D 在 100 Ω 源内阻时,共使用 5 个量程:30 Ω,100 Ω,1 kΩ,10 kΩ 和 100 kΩ。各量程的有效测量范围如表 7.2.8 所示。

表 7.2.8　100 Ω 源内阻各量程的有效测量范围

序号	量程电阻	有效测量范围
0	100 kΩ	100 kΩ～100 MΩ
1	10 kΩ	10～100 kΩ
2	1 kΩ	1～10 kΩ

续表

序号	量程电阻	有效测量范围
3	100 Ω	50 Ω～1 kΩ
4	30 Ω	0～50 Ω

TH2811D在30 Ω源内阻时，共使用6个量程：10 Ω，30 Ω，100 Ω，1 kΩ，10 kΩ和100 kΩ。各量程的有效测量范围如表7.2.9所示。

表7.2.9　30 Ω源内阻各量程的有效测量范围

序号	量程电阻	有效测量范围
0	100 kΩ	100 kΩ～100 MΩ
1	10 kΩ	10～100 kΩ
2	1 kΩ	1～10 kΩ
3	100 Ω	100 Ω～1 kΩ
4	30 Ω	15～100 Ω
5	10 Ω	0～15 Ω

测试量程根据被测元件的阻抗值大小和各量程的有效测量范围确定，不管被测件是电容器或电感器。

执行以下步骤设定测试量程：

(1) 按RNG+键，量程可在“自动”和“保持”之间切换；

(2) 当量程被保持时，LCD下方不再显示“AUTO”字符，仅显示当前保持的量程号；

(3) 当量程为自动(AUTO)状态时，LCD下方显示“AUTO n”，其中n为当前自动选择的量程号。

注意：

量程保持时，测试元件大小超出量程测量范围，或超出仪器显示范围也将显示过载标志“——————”。

例7.2.6：量程位置的计算。

电容量为C=210 nF，D=0.0010，测量频率f=1 kHz时，有

$$Z_X = R_X + \frac{1}{\mathrm{j}2\pi f C_X}$$

则

$$|Z_X| \approx \frac{1}{2\pi f C_X} = \frac{1}{2 \times 3.1416 \times 1000 \times 210 \times 10^{-9}}\ \Omega \approx 757.9\ \Omega$$

由表7.2.9可知，该电容器正确测量量程为序号3。

TL2812D开路清零功能能够消除与被测元件并联的杂散导纳(G,B)，如杂散电容的影响。执行以下步骤进行开路清零：

(1) 按OPEN键选择开路清零功能，LCD显示信息如图7.2.20所示，“OPEN”闪烁；

(2) 将测试端开路；

(3) 按ENTER键开始开路清零测试；

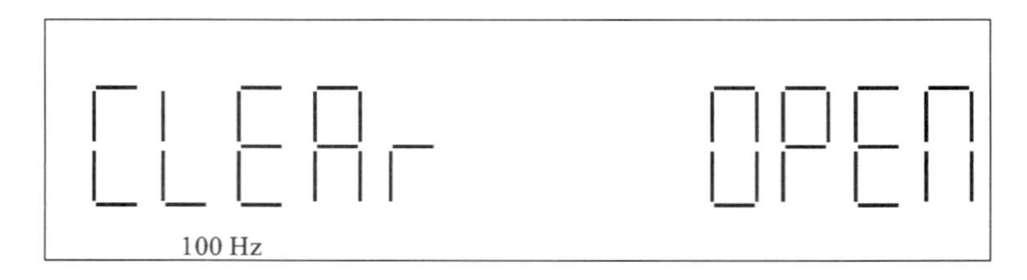

图 7.2.20　开路清零

(4) 按其他键取消清零操作返回测试状态；

TL2812D 对所有频率下各量程自动扫描开路清零测试，LCD 下方显示当前清零的频率和量程号。如果当前清零结果正确，在 LCD 副参数显示区显示“PASS”字符，并接着对下一个频率或量程进行清零；如果当前清零结果不正确，在 LCD 副参数显示区显示“FAIL”字符并退出清零操作返回测试状态。

开路清零结束后仪器返回测试状态。

TL2812D 短路清零功能能够消除与被测元件串联的剩余阻抗，如引线电阻或引线电感的影响。执行以下步骤进行短路清零：

(1) 按下 SHORT 键选择短路清零功能，“SHORT”闪烁；

(2) 用低阻短路片将测试端短路；

(3) 按 ENTER 键开始短路清零测试；

(4) 按其他键取消短路清零操作返回测试状态。

TL2812D 对所有频率下各量程自动扫描开路清零测试，LCD 下方显示当前清零的频率和量程号。如果当前清零结果正确，在 LCD 副参数显示区显示“PASS”字符，并且接着对下一个频率或量程进行清零；如果当前清零结果不正确，在 LCD 副参数显示区显示“FAIL”字符，并退出清零操作返回测试状态。

开路清零结束后仪器返回测试状态。

注意：

(1) 仪器清零过后如改变了测试条件(如更换了夹具，温、湿度环境发生变化)，请重新清零；

(2) 短路清零时，可能偶尔出现“FAIL”字符，此时可能未使用低阻短路线或未可靠接触，请重新可靠短路后再执行；

(3) 清零数据保存在非易失性存储器中，在相同测试条件下测试，不需要重新进行清零。

7.3　电子产品装配

7.3.1　音箱产品制作实训

1. ADS282 音箱原理

ADS282 音箱电路原理如图 7.3.1 所示。该电路核心器件是集成电路 D2822。D2822 是双通道集成音频功率放大电路，电源电压范围宽，集成度高，外围元件少，音质好。

集成电路 D2822 的功能框图及封装形式如图 7.3.2 所示。IC1 的 7、8、1 脚组成左声道功放，6、5、3 脚组成右声道功放。

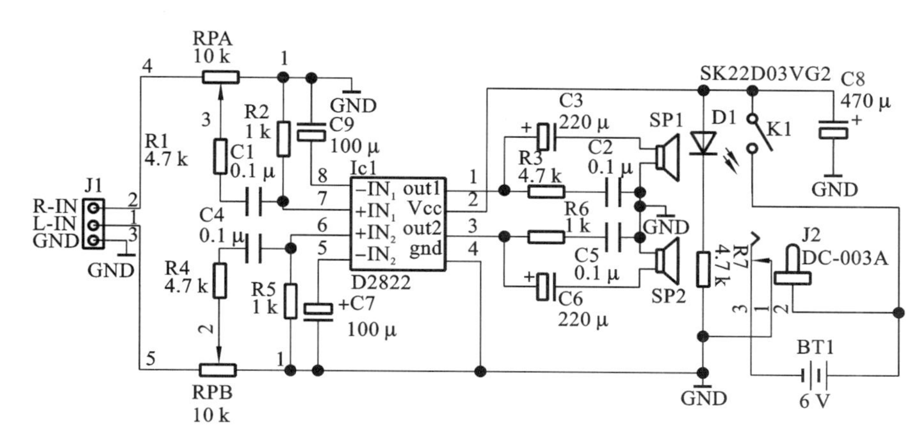

图 7.3.1　ADS282 音箱电路原理图

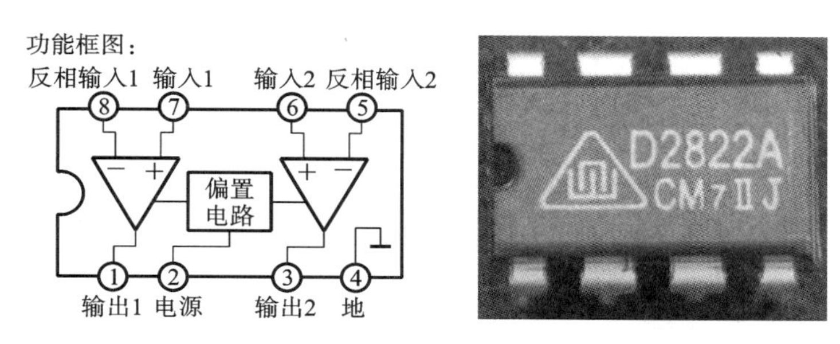

图 7.3.2　集成电路 D2822 的功能框图及封装形式

由图 7.3.1 可知，2 路信号分别经过 IC1 放大后由其 1、3 脚输出以推动两路扬声器工作。C1、C4 是输入耦合电容，对低频噪声信号有抑制作用。C3、C6 是输出耦合电容，驱动 4 W 喇叭。C8 是滤波电容，改善音质。

由于采用的双联可调电位器，通过 R1、R4 实现左、右声道的输入信号同步调节，控制音量大小，处于平衡状态。

采用 R6、C5 和 R3、C2 组成容性负载与喇叭并联，抵消喇叭的电感，防止电路振荡，避免突变信号形成的瞬间电压对喇叭产生冲击。

R7、D1 发光管组成电源显示电路。拨动开关 K1 控制电源的开或关。电位器 VOL 用来控制音量的大小。

2. 元件识别与测试

电阻器、电容器容量误差测量；发光二极管测试；双联电位器测试；拨动开关测试；DC 插座、DC 插头测试；扬声器测试。

1）固定电阻

按照表 7.3.1 所示的要求填写。

表 7.3.1　电阻识别与测量

位号	识别			测量		结论	
	色环	标称阻值	误差	欧姆挡量程	测量值	相对误差	是否适用
R1							
R2							

续表

位号	识别			测量		结论	
	色环	标称阻值	误差	欧姆挡量程	测量值	相对误差	是否适用
R3							
R4							
R5							
R6							
R7							

2）**双联电位器**

按照表 7.3.2 所示的要求填写。

表 7.3.2　双联电位器识别与测量

位号	识别				测量			测试结论
	名称	规格型号	外形	标称值	欧姆挡	测试项目	测量值	
	双联电位器	WH0142-2-B50K	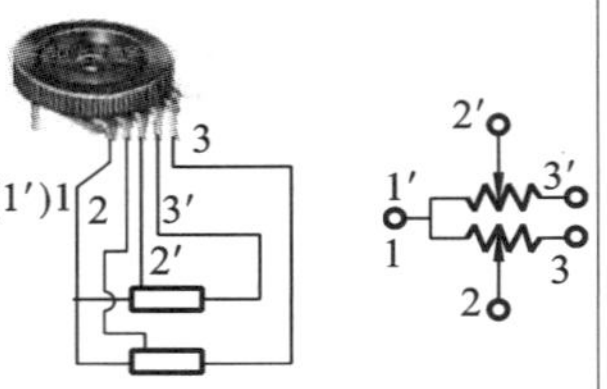	50 kΩ		RP1—3 阻值		
						RP1—3′阻值		
						RP1—2 阻值		
						RP1—2′阻值		

3）**瓷片电容**

按照表 7.3.3 所示的要求填写。

表 7.3.3　瓷片电容识别与测量

位号	识别				测量		结论	
	名称	标称数字	标称容量	类别	万用表量程	测量值	短路/开路否	是否适用
1								
2								

续表

位号	识别				测量		结论	
	名称	标称数字	标称容量	类别	万用表量程	测量值	短路/开路否	是否适用
3								
4								
…								

4）**电解电容**

按照表 7.3.4 所示的要求填写。

表 7.3.4　电解电容识别与测量

位号	识别					测量						结论		
						LCR 测量值						充放电测试		适用否
	名称	数字	标称容量	耐压值	封装/大小	频率	电平	串/并	量程	RNG+（0～3）	测量值	量程	击穿、漏电、失效否	
1														
2														
3														
4														
5														
6														

5）**发光二极管**

按照表 7.3.5 所示的要求填写。

表 7.3.5　发光二极管识别与测量

位号	识别					测量			结论
						正/反向电压			适用否
	名称	标识/型号	发光颜色	最大工作电流	引脚/极性	万用表挡位	正向压降	是否发光	
1									
2									
3									
4									
5									

6）**音频插头**

按照表 7.3.6 所示的要求填写。

表 7.3.6 音频插头识别与测量

位号	识别			测试	
	名称	外形	导线	测试项目	测试结论
B50K	立体声插头			1 端连通线的颜色	
				2 端连通线的颜色	
				3 端连通线的颜色	

7）**喇叭**

按照表 7.3.7 所示的要求填写。

表 7.3.7 喇叭识别与测量

位号	识别			测试				
	名称	外形	型号规格	左喇叭		右喇叭		测试结论
R-L	喇叭		4 Ω/2 W	阻值	声音	阻值	声音	

8）**拨动开关**

按照表 7.3.8 所示的要求填写。

表 7.3.8 拨动开关识别与测量

位号	识别			测试			
	名称	外形	符号	开关拨向左边	测试结论（连通/断开）	开关拨向右边	测试结论（连通/断开）
SW/2H	拨动开关			1—2		1—2	
				2—3		2—3	
				1′—2′		1′—2′	
				2′—3′		2′—3′	

9）**DC 插座**

按照表 7.3.9 所示的要求填写。

表 7.3.9　DC插座识别与测量

位号	识别			测试			
	名称	外形	符号	电源线插头未插上	测试结论（连通/断开）	电源线插头插上	测试结论（连通/断开）
DC—	DC插座		DC-003A 3 1 2	1—2		1—2	
				1—3		1—3	

3. 音箱的装配原则

1）元器件的焊接原则

焊接元器件要快，时间要短，用锡量要适当，焊接时需仔细，小心焊接，防止虚焊、错焊、漏焊，避免脱锡而造成短路。

不要用手摸有助焊剂的焊盘，手汗会导致焊盘氧化，造成虚焊。

焊接元器件时，烙铁停留时间不宜过长。

元件引脚不可反复弯曲，要尽量短，以减小分布参数。

焊接完成后，剪去过长引脚，检查所有焊点有无虚焊及漏焊。

2）元器件的安装原则

先小后大，先低后高，先轻后重，先中间后四周，先贴片后插件，先一般后特殊。

4. 音箱电路元器件的装配流程

ADS282音箱电路元器件的装配图如图7.3.3所示。

图 7.3.3　音箱的装配图

具体装配步骤如下。

(1) 焊接电阻器。

电阻器主要采用立式插放；电阻器的色环标识尽量朝向一致，置于易观察的位置；使用非色环电阻，则应将电阻标称值标志朝上，且标志顺序一致。

(2) 焊接电位器。

电位器紧贴电路板安装，与底板保持水平。

(3) 焊接瓷介电容器。

采用立式插装；电容器标识字符朝向一致；紧贴电路板安装；引脚要尽量短。

(4) 焊接集成电路。

集成电路的方向一定不能搞错，否则可能损坏芯片。

(5) 焊接电解电容器。

电解电容器的极性一定不能搞错,否则会损坏电容器;电解电容器应紧贴线路板,按丝印方向安装,以免影响封盖。

(6) 焊接发光二极管。

注意发光二极管的极性。发光二极管引脚长度约留 1 cm,并弯折 90°,要对准基座显示孔的位置,以便从外壳孔中露出。

(7) 焊接电源开关和电源插座。

电源开关两端的固定脚因安装孔过小而无法插入,可以去掉固定脚或扩大孔径。电源插座应紧贴电路板安装。

(8) 焊接电源线、音频线和扬声器的导线。

焊接印制板上的电源线时,其极性不能搞错;USB 连线芯线为正,外层为负;音频输入线一定要固定牢、焊接好,避免挪动时折断;用热胶枪点胶(或烙铁烫压)扬声器周围的塑料将扬声器固定在壳中;焊接扬声器上的导线,一定要焊牢、焊好,避免挪动时折断。

(9) 动作片安装。

先用小螺丝固定扬声器的 4 个动作片,保证左右 2 个音箱外壳轴转动开合自如,如图 7.3.4所示。

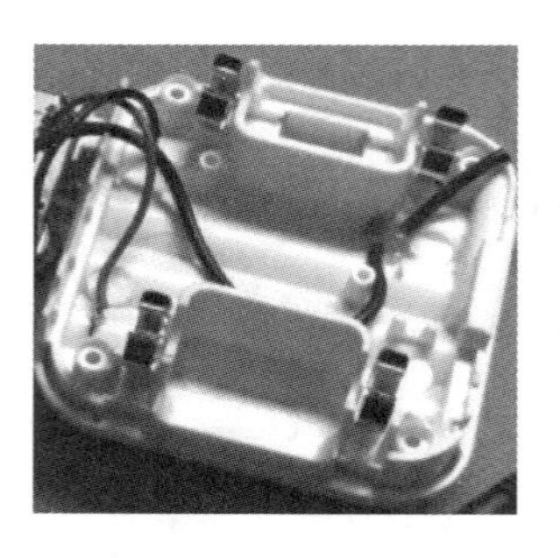

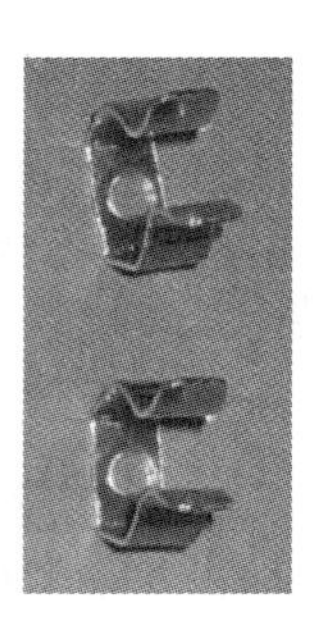

图 7.3.4 动作片安装图

(10) 音频线固定。

音频输入线从基座后部(音量调节旋钮那侧)右上边小孔穿出。注意小孔旁有个小卡槽,将输入线卡入小卡槽内用烙铁固定住,以免音频线拖动时被折断,如图 7.3.5 所示。

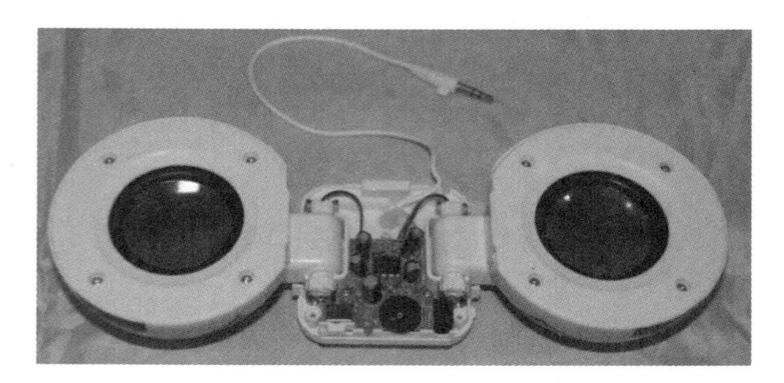

图 7.3.5 所示 固定音频线

(11) 扬声器连线安装。

扬声器连线从音箱框转动的中轴孔穿过;音箱框转动的中轴卡入 4 个动作片内,将 2 个音箱框固定好,如图 7.3.6 所示。

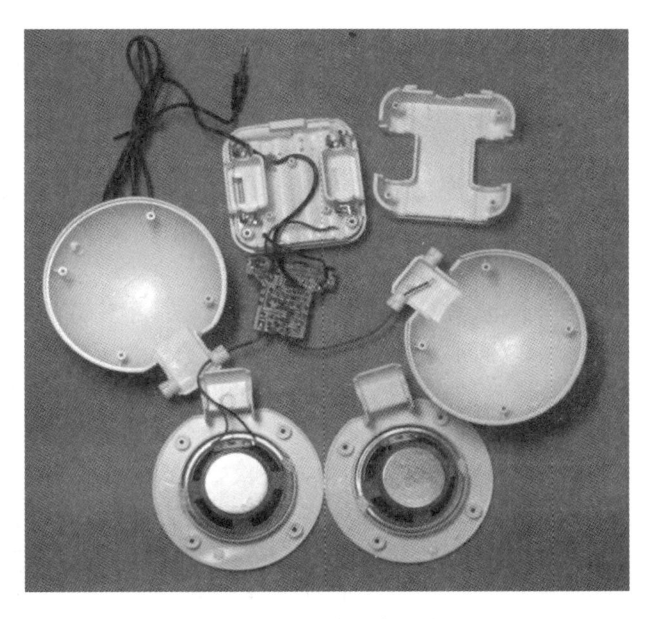

图 7.3.6　安装扬声器连线

(12) 电池片安装。

电池片正负极先烫上锡再插入电池盒,然后焊接上电源引线,以免虚焊或烫坏塑料外壳。

(13) 整机组装和调试。

将基座和音箱框的 4 个固定螺丝上好,卡入电池后盖,插上直角固定卡座。最后组装好整机,接上电源,利用计算机或手机的音频输出试听,如图 7.3.7 所示。

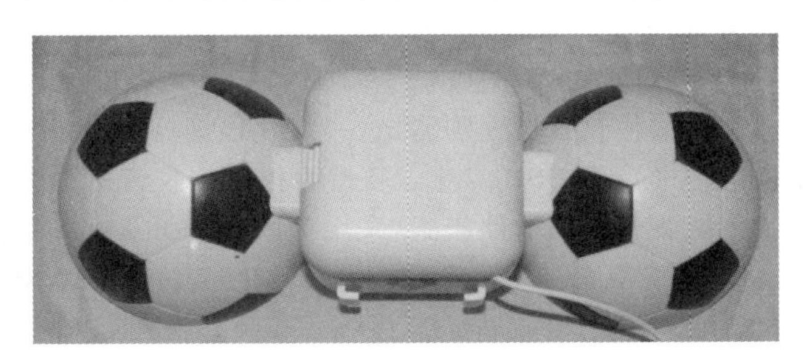

图 7.3.7　安装扬声器连线

5. 音箱的性能测量和调试

1) 检测输入电阻

检测左右声道输入点与地之间的电阻——应在 50 kΩ 左右。

2) 检测直流电源的负载电阻

测量 BAT+与 BAT-之间的电阻。首先合上电源开关,然后再进行测试。将万用表红表笔接 BAT+,黑表笔接 BAT-,测量值应在 150 kΩ 以上(有电容充电过程)。

3) 检测信号的电压放大倍数

利用示波器测量,分别在左右声道输入电压,电压峰峰值为 100 mV、频率为 1 kHz 的正弦,测量左右声道的输出(L+、R+)电压,峰峰值约为 1 V。

4）**检测 ADS282 音箱的功能**

将双声道输入插头接到计算机耳机输出端，连接 USB 线到计算机，使计算机播放音乐，检测 ADS282 音箱的功放输出、电源开关、电源指示灯、音量调节能力。

6. 音箱电路的调试检测

由于电子元器件的离散性和装配工艺的局限性，装配完的整机一般都要进行不同程度的调试，在电子产品的生产过程中，调试是一个非常重要的环节。调试工艺水平在很大程度上决定了整机的质量。

电路安装完毕，不要急于通电，先要认真检查电路接线是否正确，包括错线、少线和多线，调试中往往会给人造成错觉，以为问题是元器件故障造成的。为了避免做出错误诊断，通常采用两种查线方法，一种是按照设计的电路图检查安装的线路。把电路图上的连线按一定顺序在安装好的线路中逐一对应检查，这种方法比较容易找出错线和少线。另一种是按照实际线路来对照电路原理图，把每个元件引脚连线的去向一次查清，检查每个去处在电路图上是否都存在，这种方法不但可以查出错线和少线，还很容易查到是否多线。不论用什么方法查线，一定要在电路图上把查过的线做出标记，并且还要检查每个元件引脚的使用端数是否与图纸相符。查线时，用数字万用表的蜂鸣器来测量，而且要尽可能直接测量元器件引脚，这样可以同时发现接触不良的地方。

通过直观检查，也可以发现电源线、地线、信号线、元器件引脚之间有无短路，连接处有无接触不良，二极管、三极管、电解电容器等的引脚有无错接等明显错误。

7.3.2　DSP 收音机制作

1. 电路工作原理

DSP 是一种独特的微处理器，类似于电脑 CPU 那样的集成电路芯片。DSP 收音机采用数字信号处理技术，在可编程控制的通用硬件平台上，直接用软件编程实现收音机的各种功能，包括接收、中频处理等。这种收音机无须调试，一致性很好；可扩展至 SSB，同步检波；具有二次变频等高级功能。这种选择了 DSP 芯片以软件为核心的收音机称为 DSP 收音机。

此类收音机打破了传统收音机的电路模式，采用美国 Silicon Labs 的数字信号处理（DSP）芯片，对模拟广播信号进行数字化转换，并利用现代软件无线电原理对其进行处理和解调，极大地提高了灵敏度、选择性、信噪比和抗干扰能力。

DSP 收音机电路由主控 MCU、DSP 收音、程序保存电路、程序擦除电路、段式液晶显示、键盘控制电路、2822 功放电路及系统电源电路等八部分构成，系统结构框图如图 7.3.8 所示。

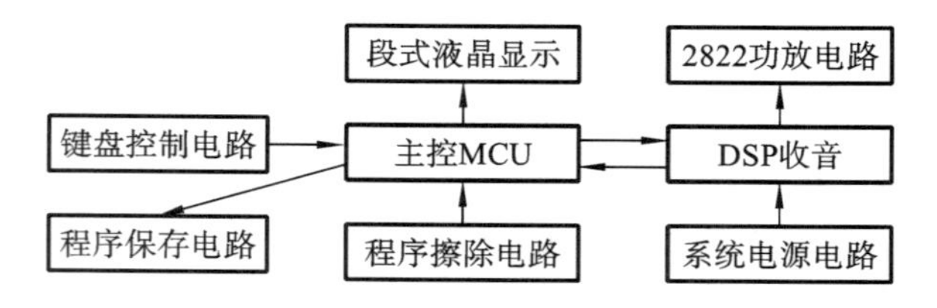

图 7.3.8　DSP 收音机电路系统结构框图

DSP 收音机电路原理图如图 7.3.9 所示。主控 MCU 是系统的控制中心。系统利用 MCU 的 I/O 端口扩展键盘，用户通过键盘把操作命令传送给 MCU，MCU 依照命令对收音机进行控制，同时 MCU 驱动 LCD 将收音机工作频率、音量等信息显示在液晶面板上。

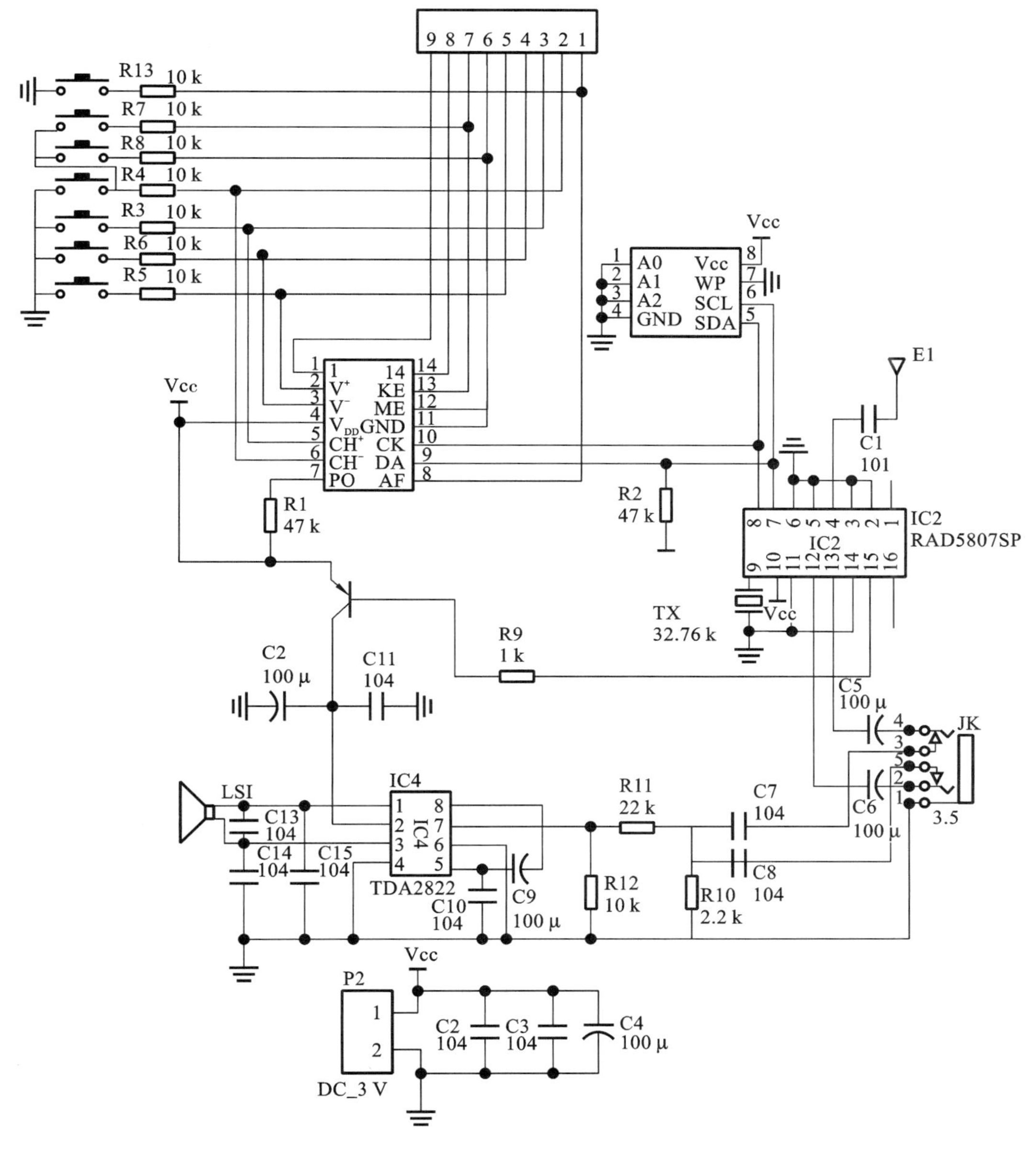

图 7.3.9　DSP 收音机电路原理图

收音机的收音 IC 是采用基于 DSP 技术的 SOC 芯片 RAD5807SP。RAD5807SP 内部可分模拟和数字部分，模拟部分包括支持 FM 频段的低噪声放大器(LNA)、自动增益控制器(AGC)，正交镜像抑制混频器(MIXER)、可调增益放大器(PGA)、自动频率控制器(AFC)、高精度模数转换器(ADC)、高精度数模转换器(DAC)及电源用的 LD0；数字部分包括音频处理 DSP 及数字接口。

天线接收到空中的电台信号，首先由 LNA 将信号放大，并转为差分输出电压，这可以有效抑制芯片内部及 PCB 上的噪声，提高接收灵敏度，混频器将 LNA 输出信号变频到低中频，同时实现对镜像的抑制；PGA 将混频器输出的 I、Q 两路正交中频信号放大送给 ADC，信号的增益由 DSP 动态控制，有效地降低了对 ADC 输入动态范围的要求，ADC 采用的是 Delta-

Sigma ADC 结构，它具有高精度低功耗特点，并对带外噪声有抑制作用，适用中低频信号处理；DSP 对 ADC 输出信号解调后，将音频信号分别送给左右声道高精度 DAC，DAC 具有低通滤波的作用，将语音频带外的噪声进行衰减；最后音频信号通过内置功放将声音输出。

2. 元器件

DSP 收音机装配所需的元器件清单如表 7.3.10 所示。在装配前需要清点元器件、配件和结构件，熟悉它们的外形、作用以及安装方法。

表 7.3.10　元器件清单

序号	名称	规格	封装	标号	数量
1	印制板	ZX2085		ZX2085	1
2	贴片主控 MCU	RDA5808SP	SOP14	IC1	1
3	贴片收音 IC	RDA5807FP	SOP16	IC2	1
4	贴片存储 EEPROM	24C02	SOP8	IC3	1
5	贴片功放 IC	TDA2822	SOP8	IC4	1
6	贴片 PNP 三极管	8550	SOT23	Q1	1
7	贴片电阻	47 kΩ	0805	R1，R2	2
8		22 kΩ	0805	R11	1
9		10 kΩ	0805	R3，R4，R5，R6，R7，R8，R12，R13	8
10		2.2 kΩ	0805	R10	1
11		1 kΩ	0805	R9	1
12	贴片电容	101	0805	C1	1
13		104	0805	C2，C3，C7，C8，C10，C11，C13，C14，C15	9
14	液晶显示器	UTBOO570		LCD9	1
15	3.5 音频插座	3.5 mm，5 脚		JK	
16	电解电容	100 μF/10 V	5×5	C4，C5，C6，C9，C12	4
17	石英晶振	32.768 kHz	DIP	TX3×8	1
18	锅仔片		KK		8
19	喇叭	8 Ω，0.5 W	ϕ40 mm		1
20	电池片				3 片
21	拉杆天线		5264.5		1
22	电源导线	多股红、黑软线			2
23	喇叭线	多股软线			1
24	天线	多股黄色软线			1
25	平机螺丝	Pa2.5 mm×5 mm			1

续表

序号	名称	规格	封装	标号	数量
26	自攻螺丝	Pa2 mm×5 mm			5
27		PM2 mm×8 mm			1

3. DSP 收音机产品制作工艺流程

DSP 收音机产品制作包括以下内容：

(1) DSP 收音机贴片元器件的清理及手工贴片工艺；

(2) DSP 收音机电路板的锡膏印刷；

(3) DSP 收音机电路板贴片元器件的回流焊；

(4) DSP 收音机 THT 元件的装配与焊接；

(5) DSP 收音机的调试与维修。

DSP 收音机产品制作工艺流程如图 7.3.10 所示。

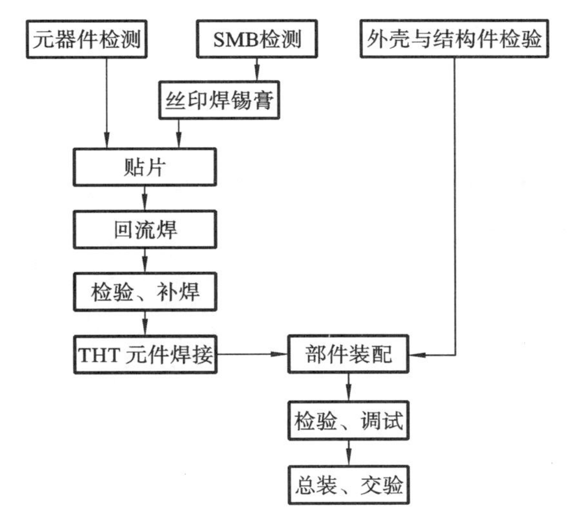

图 7.3.10　SMT 焊接工艺

4. DSP 收音机产品制作

1) 锡膏印刷

锡膏的涂敷方法有两种：丝印法、点滴法。这里采用的是丝印法。丝印法就是用锡膏印刷机(丝印机)把锡膏印刷到电路板上。

为了得到比较理想的印刷效果，需要正确地把锡膏、工具和工艺妥善地结合起来。丝印法的几个关键环节是：模板的检查、锡膏和锡膏印刷机的准备、PCB 印刷电路板的定位(必须准确)、钢模与 PCB 对位、锡膏印刷和检查。

(1) 锡膏印刷机准备。

在锡膏印刷工艺中，需要使用锡膏印刷机，锡膏印刷机的作用就是将锡膏均匀地分配到 PCB 上。

锡膏印刷机有手动和半自动印刷机，这里使用的是半自动印刷机，如图 7.3.11 所示。

(2) 锡膏准备。

DSP 收音机电路板的印刷需要在印刷机上安装专门的模板，如图 7.3.12 所示。印刷前，

图 7.3.11　半自动印刷机

从冰箱中取出锡膏盒，并将锡膏盒放入搅拌机中，搅拌 8 min。然后再从锡膏盒中取出适量的锡膏，加入少许稀释剂，用小勺调匀。最后将调好的锡膏倒在模板上，左手扶住模板，右手拿刮刀，用刮刀把锡膏刮到模板丝网的一端。

图 7.3.12　印刷机模板

使用锡膏需要注意：锡膏应保存在 5～10 ℃的冰箱中；在使用前应该放在 22～28 ℃温度下 2～4 h；使用前应搅拌均匀；应通过试印刷一块 PCB 观察锡膏的黏稠度；锡膏的黏稠度和干湿度要合适，上下温差不可超过±2 ℃。

(3) PCB 定位。

为了将锡膏准确地印刷到 PCB 电路板上，需要先对 PCB 进行定位。

PCB 的中心尽量和工作台中心重合，操作台的中心通过目测可以知道板子的中心大致和操作台的中心对齐。4 个定位销呈对角线布局以便确定中心，如图 7.3.13 所示。

(4) 锡膏印刷。

锡膏印刷的步骤如下：

第一步是给锡膏印刷机上电；

第二步是设置印刷机的启动菜单，设置为半自动模式；

第三步是将需要印刷的 PCB 放到锡膏印刷机的工作台面上，并找到 PCB 印刷电路板的定位孔，完成电路基板在锡膏印刷机上的定位；

第四步是双手同时按住锡膏印刷机操作面板上左右两边的启动按钮，印刷机会自动地涂

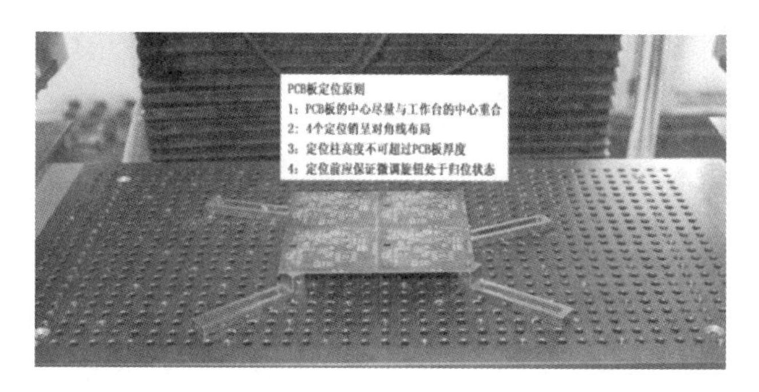

图 7.3.13　PCB 定位

敷锡膏，将锡膏通过模板上的小孔均匀的涂到 PCB 上；

第五步，待模板抬起后，拿出印刷完成的 PCB。

注意印完锡膏后，必须用手持取板子边缘，否则容易损坏印刷在 PCB 上的锡膏图形，并自检锡膏是否印刷完整。

印完锡膏的 PCB，不宜长时间露在空气中，以免锡膏水分蒸发，影响焊接质量。理想情况是，印完锡膏的 PCB 马上进入回流焊程序。

印刷机的操作面板如图 7.3.14 所示。

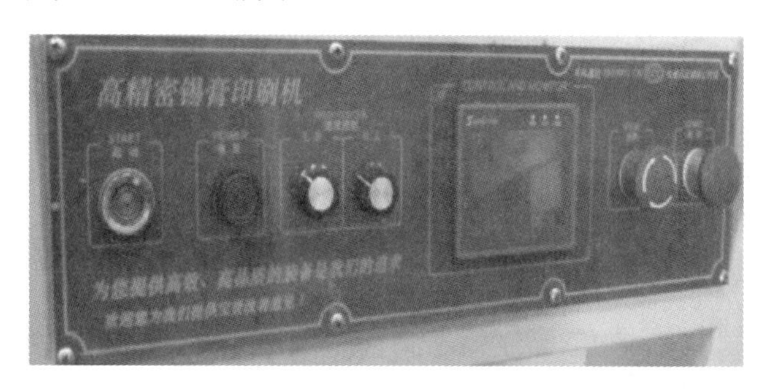

图 7.3.14　印刷机的操作面板

2）贴片元器件的放置

贴片元器件放置是指将表面元件贴装到 PCB 的合适位置上。组件贴装分为手工贴装、半自动贴装和全自动贴装。这里可以采用全自动贴装或手工贴装的方法。

手工贴装适合返修时使用，但是它的精确度差，速度慢，不适合生产线的要求。半自动贴装是用真空吸笔来拾取元器件，然后放到电路板上。这个方法比手工贴装快，但还是有可能出错。全自动贴装则是采用自动贴片机进行元器件的贴装，贴片速度从每小时三千到八万个组件不等，在大批量组装中的应用非常普遍。下面简要介绍手工贴装方法。

（1）元器件手工贴装的顺序。

贴装顺序的基本原则是先小后大，遵循这样的顺序：电容（101、104）→电阻（103、102、222、223、473）→三极管（8550）→MCU→RDA5807→24C02→2822。

（2）注意事项。

放置时，应注意器件装配的位置和参数；IC 元件和贴片三极管放置时要注意极性和位置，找准集成电路缺口的方向；元器件不能偏位、少件。

用镊子拾取元器件时需要注意：准确度是关键，如果放得不准确，会引起桥接；贴装时，镊子拾取器件时应夹持外壳，而不要夹住它们的引脚或端接头；镊子不要沾上锡膏。

元器件的贴装如图 7.3.15 所示。

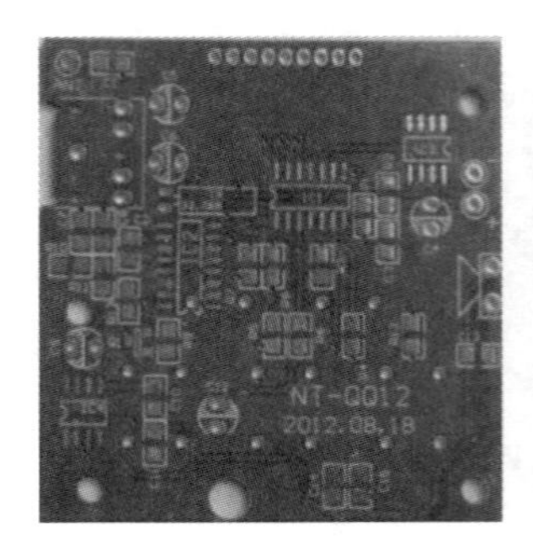

图 7.3.15　元器件的贴装

3) **回流焊**

将贴装好电子元器件的 PCB 放在回流炉的传送带上，让传送带自动将 PCB 送入回流炉进行回流焊。

在回流焊之前，需要进行回流炉焊接参数设置。相关参数设置如下。

焊接温度：预热，180 ℃；活性，210 ℃；焊接，240 ℃。

整个焊接时间：5 min。

传送带速度：60 cm/min。

参数设置完成后，回流炉需要预热 25 min 左右，使各个温区的温度达到设定的温度。然后将贴装好的 PCB 放在不锈钢托盘上相应的位号上，放在传送带上，让传送带将 PCB 送入回流炉中，传送带将 PCB 传送经过预热→加热焊接→冷却等过程后，约 5 min 即可完成焊接。不锈钢托盘和传送带实物图片如图 7.3.16 所示。

图 7.3.16　不锈钢托盘和传送带实物图片

4) THT **元件的装配与焊接**

THT 元件的装配次序为：电源导线→喇叭导线→天线导线→晶振→电解电容→音频插座→液晶→喇叭、天线、正负极片→锅仔片→整机。

THT 元件的装配与焊接需要注意如下内容：

(1) 焊接晶振、音频插座、电解电容时，阴影区对应焊盘的负极；

(2) 焊接液晶显示屏时，加热时间不可过久；

(3) 焊接电源导线、喇叭导线、天线导线，连接电池片正负极片等时，使用搭接焊；

(4) 固定锅仔片时，直接用透明胶带纸粘连，不用焊接；

(5) 整机装配(上螺钉，盖壳，装保护屏)。

整机装配如图 7.3.17 所示。

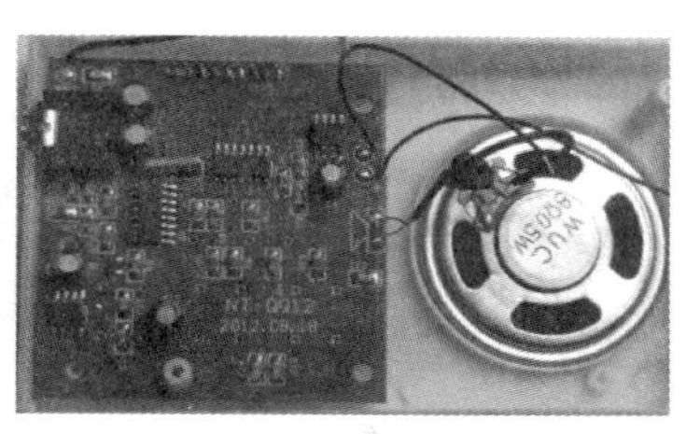

图 7.3.17　THT 元件的装配图

完成后的收音机产品如图 7.3.18 所示。

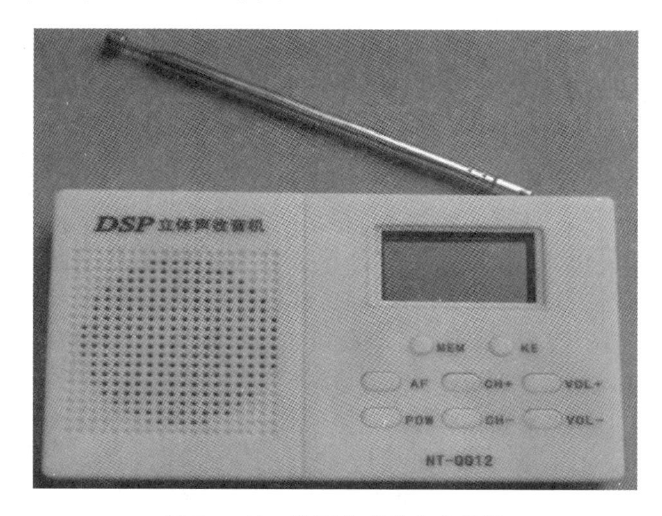

图 7.3.18　装配完成的收音机图

5. 收音机产品故障检测

收音机产品故障检测的步骤如下。

(1) 在电路板不通电的情况下，用目视的方法借助放大镜检查电路板上的线路有无缺陷，对元件的焊点进行检查，查看是否存在缺陷；同时还要检查元器件是否漏焊，元件焊盘是否短接，元件是否缺失，元件是否存在竖起等现象。如果发现存在这些现象，则要进行补焊。

(2) 在电路板通电的情况下，可以逐个对主要元件、集成电路等关键测试点进行检测来发现问题。

(3) 功能测试，检验电路板的功能是否符合要求。

6. 故障排除方法

在保证电子元器件装配正确，所有焊点均连接正常，并且无短路、断路的情况下，进行下面故障排除工作。

(1) 装上电池后，无法开机。

先查看连接电池的正负极片与板上的“+”“－”是否符合；然后，观察电池极片正极的连接处是否正常。

(2) 屏幕无法完整显示。

查看屏上是否有裂纹，有则需要进行更换。

(3) 喇叭不响。

用信号发生器测试喇叭是否正常，不正常则更换；正常则将耳机接入音频插座，测试耳机是否出声。有声音且按键伴有操作不灵活现象，则更换 14 脚贴片主控 MCU 芯片；无声音则查看三极管的 e 极和 c 极之间是否有虚焊（用烙铁加热两端焊接后，听有无声音），若无虚焊则更换 8 脚贴片 2822 功放芯片。

（4）无法搜台。

所有按键功能正常情况下，更换晶振；按键功能操作不灵活的情况下，更换 14 脚贴片主控 MCU 芯片。

7. DSP 收音机的整机检测及调试验收

1）整机检测及调试验收标准

装上电池，电源开关可控制；打开电源开关，显示屏可完整显示数字；音量大小可调节，频道可以调节；长按频道调节按钮可以自动搜索台，可以存台、取台。

2）详细操作步骤

（1）按 Power（“电源”）键，按一下即可开机。

（2）CH＋（“选台＋”）键按住 3 s 自动向前搜索频道，CH－（“选台－”）键按住 3 s 自动向后搜索频道。

（3）搜索到频道按一下 MEM（“存台”）键，待显示屏 90.9 闪烁后再按一下即可存住频道。

（4）KF（“取台”）键按一下是 1 个台，找到自己想听的频道，松手后即可进入频道。

（5）按 VOL－（“音量－”）键减小声音，按 VOL＋（“音量＋”）键增大声音。按“校园”键收听校园广播。

7.3.3　项目考评

考评的目的在于对学生在工程训练过程中所表现出来的态度、技术熟练程度和对训练的内容的了解、掌握程度等作出合理的评价。考评表如表 7.3.11 所示。

表 7.3.11　考评表

院系/班级：　　训练项目：　　指导老师：　　日期：

学号	姓名	态度（10%）	技术熟练程度（20%）	作品完成度（45%）	制作工艺（20%）	外观（5%）	总分	备注

思考与练习题

1. 完成收音机制作的步骤有哪些？
2. 收音机的套件中元器件的分类有哪些？
3. 收音机板上元器件怎么构成电气连接？
4. 收音机板上标识符号代表的意义是什么？
5. 装配过程中的注意事项有哪些？
6. 课程小结（200 字）。

第8章　电工工艺与电气控制

8.1　安全用电

8.1.1　三相五线制

1. 三相五线制定义

一般用途最广的低压输电方式是三相四线制，它采用三根相线加零线供电，零线由变压器中性点引出并接地，取任意一根相线加零线构成220 V供电线路，供一般家庭用电；三根相线间电压为380 V，一般供三相交流电动机使用。

三相五线是指三根相线、一根地线和一根零线。三相五线制比三相四线制多一根地线，用于安全要求较高、设备要求统一接地的场所。在三相五线制供电系统中，把零线的两个作用分开，即一根线为工作零线(N)，另一根线为专用保护零线(PE)，这样的供电接线方式称为三相五线制供电方式，如图8.1.1所示。我国目前的供电系统一般都采用三相五线制。现在绝大多数家庭都采用三相五线制供电。

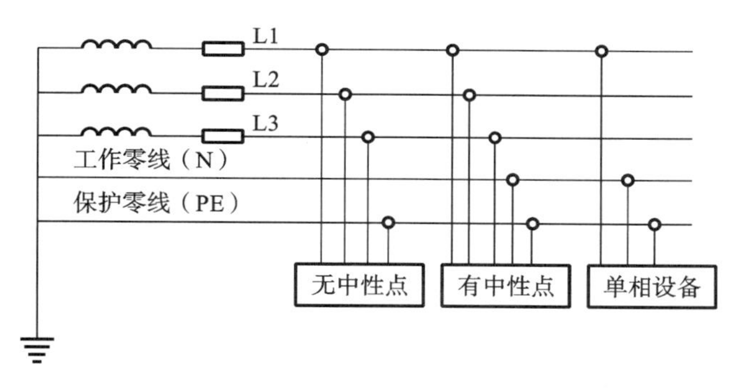

图8.1.1　三相五线制

2. 三相五线制特点

三相五线制特点：工作零线(N)与保护零线(PE)除在变压器中性点共同接地外，两线不再有任何的电气连接。

三相五线制由于能用于单相负载、没有中性点引出的三相负载和有中性点引出的三相负载，因而得到了广泛的应用。

在三相负载不完全平衡的运行情况下，工作零线(N)是有电流通过且是带电的，而保护零线(PE)不带电，因而该供电方式的接地系统完全具备安全与可靠的基准电位。

3. 三相五线制的使用

在使用时，L1、L2、L3为相线(有时称为火线)，任一根相线与工作零线(N)配对输出220 V单相交流电。虽然用万用表测量时，工作零线(N)与保护零线(PE)之间的电阻值为0(这是因为N与PE零线在变压器中性点共同接地)，但是，PE零线只能与设备的外壳相连，绝对不允许与 N 零线相连接。因为，电路工作时，零线 N 有电流流过，而 PE 零线上无电流流过，通常将 PE 零线称为生命线。在使用时，N 与 PE 零线不能混用，如果将 PE 零线用作 N 零线，尽管能使设备正常工作，但是，这种用法是非常不安全的。

例 8.1.1：图 8.1.2 所示是不安全的接法。在设备端，将 N 与 PE 零线连在一起，如果在 A 点处断开，此时，若有人用手去触摸设备外壳，就容易触电。

例 8.1.2：图 8.1.3 所示是安全的接法。在设备端，因为 N 与 PE 零线没有连在一起，所以即使 N 零线断开，设备外壳也不带电，此时，若有人用手去触摸设备外壳，也不容易触电。

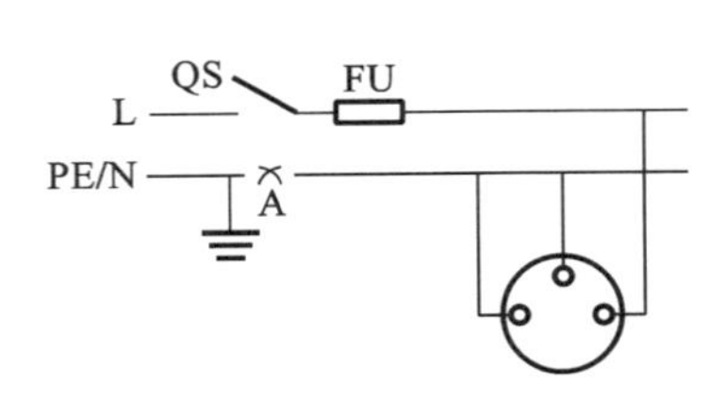

图 8.1.2　不安全的接法

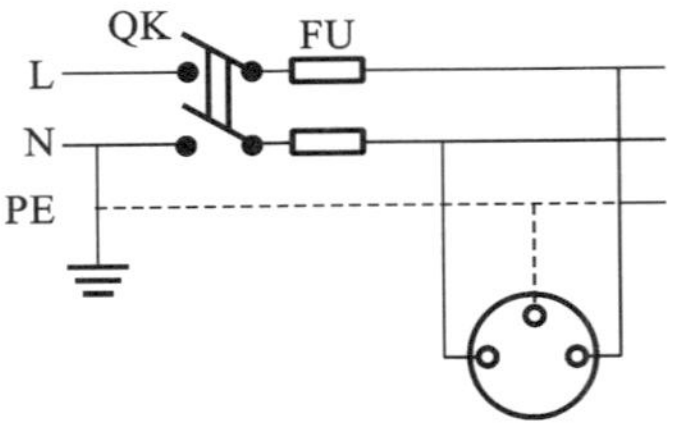

图 8.1.3　安全的接法

在实际的工程应用中，安全用电必须依据规范，按如下要求选择导线与插座。

(1) 导线。相线 L1 为黄色，相线 L2 为绿色，相线 L3 为红色；中心线 N 为淡蓝色或黑色；保护线 PE 为黄绿双色。

(2) 插座。牢记口诀“左零(N)右相上接地(PE)”，如图 8.1.4 所示。

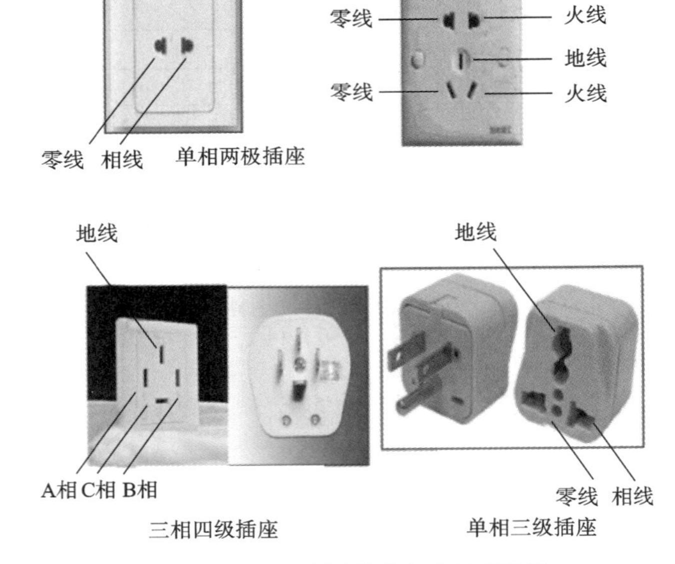

图 8.1.4　电源插座接线规范示意说明

8.1.2　电对人体的危害

触电分为电击和电伤两种类型。

1. 电击

电击是指电流通过人体内部,影响呼吸、心脏和神经系统,造成人体内部组织的损坏乃至死亡,它对人体的伤害是体内的、致命的。电击对人体的伤害程度与通过人体的电流大小、通电时间、电流途径及电流性质有关。

不同种类的电流对人体伤害是不一样的。相对而言,40～300 Hz 的交流电,对人体伤害的危险程度要比高频电流、直流电以及静电大。

高频电流(20 kHz 以上)的集肤效应,使得体内电流相对减弱,因而对人伤害较小。直流电则不容易使心脏颤动,因此,人体忍受直流电击的电流强度较高一些。静电对人体的作用,随时间很快地减弱,没有足够量的电荷,不会导致严重的后果。

通过人体的电流(I)与通电时间(t)的乘积($I \cdot t$)叫电击强度。一般来讲,1 mA 的电流,可引起肌肉收缩,神经麻木;当人体承受到 30 mA 以上的电击强度时,就会产生永久性的伤害。十几毫安的电流可使肌肉剧烈收缩,失去自控能力,无力使自己与带电体脱离;几百毫安的电流可使人体严重烧伤,且使人立即停止呼吸。

电流伤害人体的程度一般与下面几个因素有关:①通过人体电流的大小;②电流通过人体时间的长短;③电流通过人体的部位;④通过人体电流的频率;⑤人体的身体状况。

电流流过人体路径不一样,造成的伤害程度也不一样。若电流不经过人体的脑、心、肺等重要部位,除了电击强度较大时会造成内部烧伤外,一般不会危及生命。若电流流经人体的心脏,则会引起心室颤动,较大的电流还会造成心脏停跳。若电流流经人体的脑部,则会使人昏迷,甚至造成死亡。若电流流经人体的肺部,则会影响呼吸,使呼吸停止。触电死亡的绝大部分人是由电击造成的。

2. 电伤

电伤就是由电流的热效应、化学效应、机械效应以及电流本身作用所造成的人体外伤,包括烧伤、电烙伤和皮肤金属化等。电伤对人体的危害一般是体表的、非致命的。

烧伤是指由于电流的热效应而灼伤人体皮肤、皮下组织、肌肉、甚至神经等。其表现形式是发红、起泡、烧焦和坏死等。

电烙伤是指由于电流的机械效应或化学效应,而造成人体触电部位的外部伤痕,如皮肤表面的肿块等。

皮肤金属化是指由于电流的化学效应,触电点的皮肤变为带点金属体的颜色。

8.1.3 安全电压

高压与低压的分界线按 IEC(国际电工委员会,International Electrotechnical Commission)标准规定为 1000 V,但在工业上,电压为 380 V 或以上的称之为高压电。

不佩戴任何防护设备,对人体各部分组织均不造成伤害的电压值,称为安全电压。

通过人体电流的大小,主要取决于施加于人体的电压及人体本身的电阻。干燥皮肤的电阻值大约为 100 kΩ,但随着皮肤越潮湿,电阻值逐渐减小,可小到 1 kΩ 以下。

世界各国对于安全电压的规定,有 50 V、40 V、36 V、25 V、24 V 等,其中以 50 V、25 V 居多。IEC 规定安全电压限定值为 50 V。我国规定 12 V、24 V、36 V 三个电压等级为安全电压级别。在湿度大、狭窄、行动不便、周围有大面积接地导体的场所(如金属容器内、矿井内、隧道内等)使用的手提照明,应采用 12 V 安全电压。

凡手提照明器具,在危险环境、特别危险环境的局部照明灯,高度不足 2.5 m 的一般照明灯，携带式电动工具等，若无特殊的安全防护装置或安全措施，均应采用 24 V 或 36 V 安全电压。

8.1.4 触电的方式

1. 触电原因

直接触电是指人体直接接触或过分接近带电体而触电。间接触电是指：当电气设备绝缘损坏而发生接地短路故障（俗称“碰壳”或“漏电”）时，其金属外壳便带有电压，人体触及意外带电体便会发生触电。

常见的触电原因是线路架设不合规格，电气操作制度不严格，用电设备不合要求，用电不规范。下列情况都会导致直接触及电源，引起触电：

（1）电源线破损，手直接碰到裸露金属导线，如电烙铁烫伤电源线的塑料绝缘层；

（2）拆装螺口灯头时，手指触及灯泡螺纹引起触电；

（3）调试仪器时，电源开关断开，但未拔下插头，开关上部分接点带电。

下列情况使金属外壳带电，操作者也很容易触电：

（1）电源线虚焊，造成在运输、使用过程中电源线掉落，搭接在金属件上与外壳连通；

（2）工艺不良，产品本身带隐患；

（3）接线螺钉松动，造成电源线脱落；

（4）设备长期使用不检修，导线绝缘老化开裂，碰到外壳尖角处，形成通路；

（5）错误接线，在更换外壳保护零线设备的插头、插座时错误连接，结果造成外壳直接接到电源火线上。

2. 单相触电

在低压电力系统中，若人站在地上接触到一根火线，即为单相触电或称单线触电，如图 8.1.5所示。

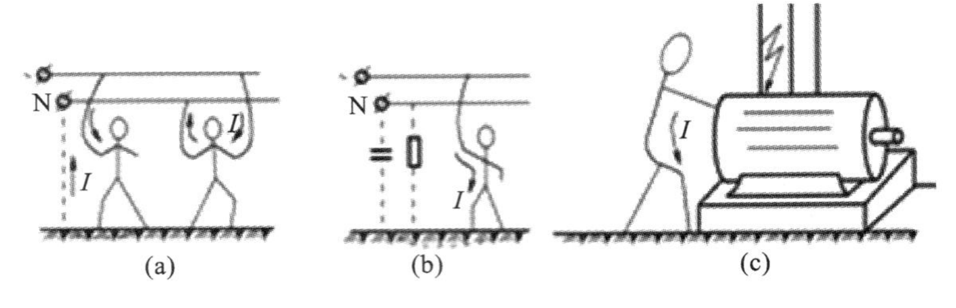

图 8.1.5 单相触电

人体接触漏电的设备外壳，也属于单相触电。

3. 两相触电

人体不同部位同时接触两相电源带电体而引起的触电叫两相触电，如图 8.1.6 所示。

4. 接触电压、跨步电压触电

当外壳接地的电气设备绝缘损坏而使外壳带电，或导线断落发生单相接地故障时，电流由设备外壳经接地线、接地体（或由断落导线经接地点）流入大地，向四周扩散，在导线接地点及周围形成强电场。

接触电压：人站在地上触及设备外壳，所承受的电压。

跨步电压：电气设备发生接地故障时，在接地电流入地点周围电位分布区行走的人，其两

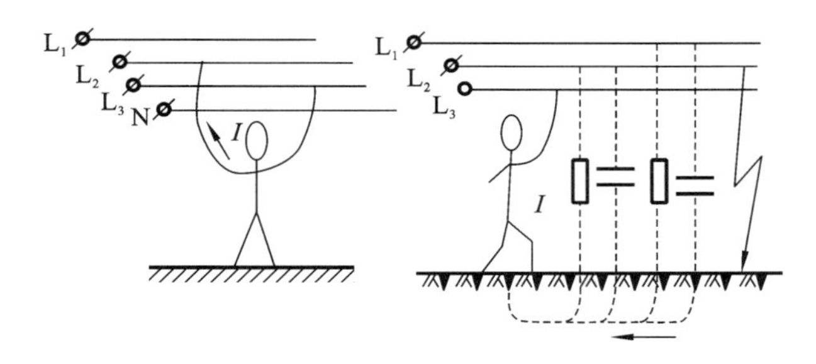

图 8.1.6　两相触电

脚之间的电压，如图 8.1.7 所示。一旦误入跨步电压区，应迈小步，双脚不要同时落地，最好一只脚跳走，朝接地点相反的地区走，逐步离开跨步电压区。

图 8.1.7　跨步电压触电

8.1.5　安全防护

1. 安全用具

常用安全用具有绝缘手套、绝缘靴、绝缘棒三种。

1）绝缘手套

绝缘手套由绝缘性能良好的特种橡胶制成，有高压、低压两种。

操作高压隔离开关和断路器等设备，或在带电运行的高压电器和低压电气设备上工作时，绝缘手套可预防接触电压。

2）绝缘靴

绝缘靴也是由绝缘性能良好的特种橡胶制成，带电操作高压或低压电气设备时，它可防止跨步电压对人体的伤害。

3）绝缘棒

绝缘棒又称绝缘杆、操作杆或拉闸杆，用电木、胶木、塑料、环氧玻璃布板等材料制成，结构如图 8.1.8 所示，主要包括：①工作部分；②绝缘部分；③握手部分；④保护环。

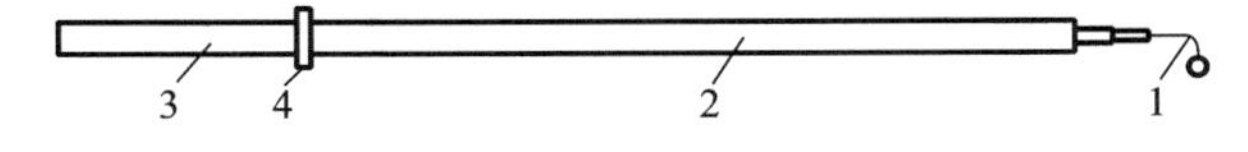

图 8.1.8　绝缘棒的结构

1—工作部分；2—绝缘部分；3—握手部分；4—保护环

绝缘棒主要用来操作高压隔离开关、跌落式熔断器，安装和拆除临时接地线，以及测量和试验等。其常用规格有 500 V、10 kV、35 kV 等。

2. 触电的预防

1) 直接触电的预防

(1) 绝缘措施:良好的绝缘是保证电气设备和线路正常运行的必要条件。例如:新装或大修后的低压设备和线路,绝缘电阻不应低于 0.5 MΩ;高压线路和设备的绝缘电阻不低于每伏 1000 MΩ。

(2) 屏护措施:凡是金属材料制作的屏护装置,应妥善接地或接零。

(3) 间距措施:带电体与地面间、带电体与其他设备间应保持一定的安全间距。间距大小取决于电压的高低、设备类型、安装方式等因素。

2) 间接触电的预防

(1) 加强绝缘:对电气设备或线路采取双重绝缘、使设备或线路绝缘牢固等措施。

(2) 电气隔离:采用隔离变压器或具有同等隔离作用的发电机。

(3) 自动断电保护:漏电保护、过流保护、过压或欠压保护、短路保护、接零保护等。

3. 触电急救

万一有人触电,不能直接用手拉触电者,要首先切断电源;用绝缘物使触电者离开电源;对心跳减慢者要进行人工呼吸,就地抢救后应立即送医院处理。触电急救注意事项如下。

(1) 立即切断电源。如:拉断相关电闸;或用干燥木棒,或戴绝缘手套,使触电者脱离带电物体;也可站在干燥木板或木凳上,用一只手拉脱电线。

(2) 救助者应单腿跳、双腿并拢跳,或以小碎步移动接近漏电点,避免跨步电压对救助者的伤害。迅速将触电者拖离漏电环境至距漏电点 20 m 之外。注意:避免双手拖拉触电者,应单手拉触电者的衣服,且不要接触触电者的肉体,避免自己触电。

(3) 若是高压导线触电,应立即打电话向供电局报告,救护作业应在距高压线 15 m 以外进行。

(4) 对触电者进行应急救治。对脱离带电体的受伤人员,如有呼吸、但神志不清的,应将其放在空气流通处,使其平躺、解开衣领、头偏向一侧,注意保暖,观察其状态;如遇呼吸、心跳停止者,要施行人工呼吸和体外心脏按压,边抢救边呼救,等待人防医疗救护专业队或急救站进一步救治。

8.1.6 安全用电标志

明确统一的标志是保证用电安全的一项重要措施。统计表明,不少电气事故完全是由于标志不统一而造成的。例如,由于导线的颜色不统一,误将相线接到设备的机壳,而导致机壳带电,酿成触电伤亡事故。

标志分为颜色标志和图形标志。颜色标志常用来区分各种不同性质、不同用途的导线,或用来表示某处安全程度。图形标志一般用来告诫人们不要去接近有危险的场所。为保证安全用电,必须严格按有关标准使用颜色标志和图形标志。我国安全色标采用的标准,基本上与国际标准化组织(International Organization for Standardization,ISO)相同。一般采用的安全色有以下几种:

(1) 红色,用来标志禁止、停止和消防,如信号灯、信号旗、机器上的紧急停机按钮等都是用红色来表示“禁止”的信息,

(2) 黄色,用来标志注意危险,如“当心触电”“注意安全”等;

(3) 绿色,用来标志安全无事,如"在此工作""已接地"等;

(4) 蓝色,用来标志强制执行,如"必须戴安全帽"等;

(5) 黑色,用来标志图像、文字符号和警告标志的几何图形。

按照规定,为便于识别,防止误操作,确保运行和检修人员的安全,采用不同颜色来区别设备特征。例如,电气母线,A相为黄色,B相为绿色,C相为红色,明敷的接地线涂为黑色;在二次系统中,交流电压回路用黄色,交流电流回路用绿色,信号和警告回路用白色。

8.2 电工工艺与电气控制概述

电工工艺主要指工厂用电技术,照明电路组线,机械和电力装备电气控制技术。工厂用电技术包括工厂电力线网布置,电力开关、闸刀、熔断器、空气开关、接触器等的接线与安装;照明电路组线主要包括电路的接线与安装;机械和电力装备电气控制技术包括电机的控制,机械装备的电力控制中的接触器、继电器、电磁铁、自动空气开关、按钮、行程开关等的接线与安装,PLC等逻辑控制器的应用。

低压电器是一种用于交流1200 V、直流1500 V及以下的电路中,承担通断、保护、控制或调节作用的电器。

低压电器包括接触器、继电器、电磁铁、自动空气开关、按钮、行程开关等。

电气控制系统一般称为电气设备二次控制回路,不同的设备有不同的控制回路,而且高压电气设备与低压电气设备的控制方式也不相同。具体地来说,电气控制系统是指由若干电气元件组合,用于实现对某个或某些对象的控制,从而保证被控设备安全、可靠地运行,其主要功能有:自动控制、保护、监视和测量。

下面主要介绍常用电工工具的使用、安装工艺,安装调试的基本技能。

8.3 电工常用工具

常用电工工具有:钢丝钳、尖嘴钳、扁嘴钳、剥线钳、压线钳、电工刀、螺丝刀、活络扳手、手锤、电烙铁、手电钻、电动螺丝刀、手持磨光机、低压验电笔等。在电工工具中,除了上面的工具外,还有喷灯、拉具、管子钳、铁皮剪、橡皮锤、锉刀、錾子、撬杠、梅花扳手、千分尺、卷尺、梯子,等等。有的工具在第5章5.3节中已经介绍。下面介绍几种常用的主要工具。

1. 钢丝钳

钢丝钳常称钳子,如图8.3.1所示。它常用于夹持或折断金属薄板以及切断金属丝(导线)。

2. 压线钳

压线钳是电工用于接线的一种工具,如图8.3.2所示。它可以用于压接较小的接线鼻子,操作十分方便。另外,有一种手动的压线钳有4种腔体,不同的腔体适用于不同规格的导线和接线端子。

3. 电工刀

电工刀是电工在装配维修时用于割削电线绝缘外皮,割削绳索、木板等物品的工具,如图8.3.3所示。注意,一般电工刀的手柄不是绝缘的,严禁用电工刀带电操作。

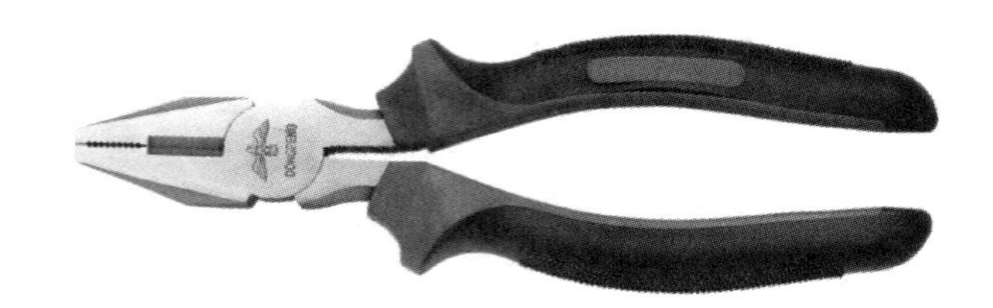

图 8.3.1　钢丝钳

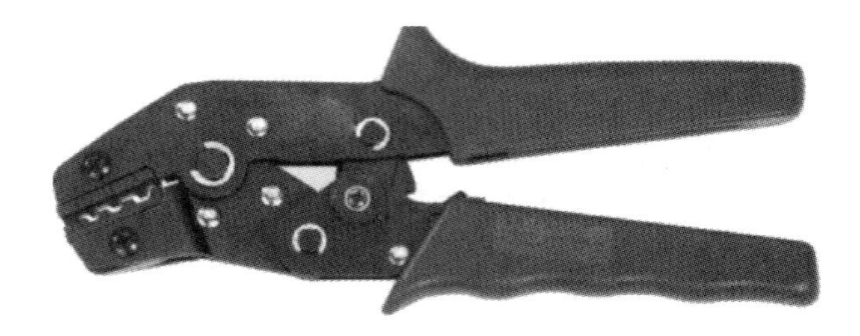

图 8.3.2　压线钳

图 8.3.3　电工刀

4. 活络扳手、手锤

活络扳手用于旋动螺母，如图 8.3.4 所示。手锤是在安装或拆卸电器设备时捶击用，如图 8.3.5 所示。

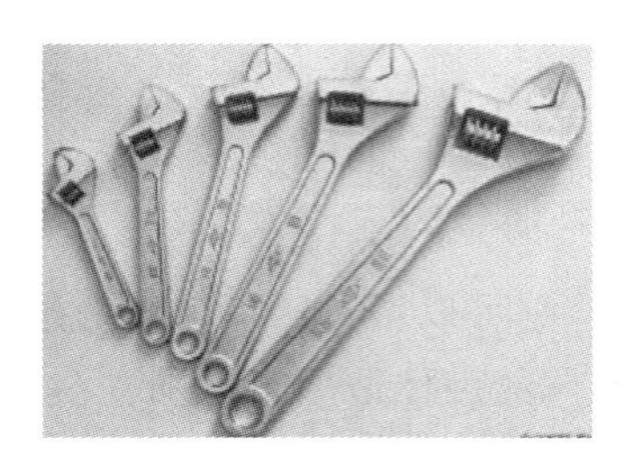

图 8.3.4　活络扳手

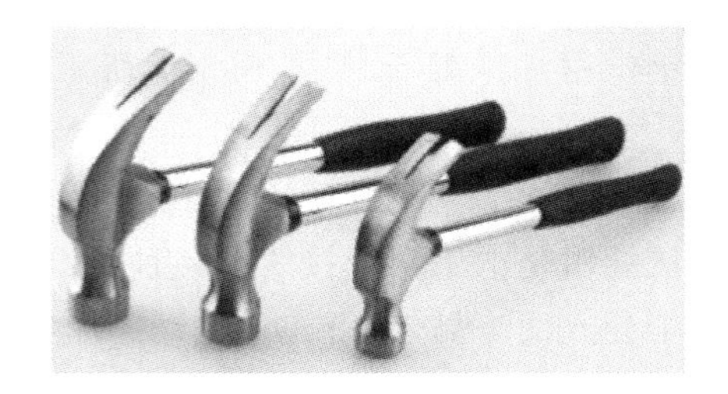

图 8.3.5　手锤

5. 手电钻、电动螺丝刀、手持磨光机

手电钻是在设备安装时钻孔用。电动螺丝刀是一种可以拧紧也可以拧松螺钉的电动工具。手持磨光机用于打磨。实物图片如图 8.3.6 所示。

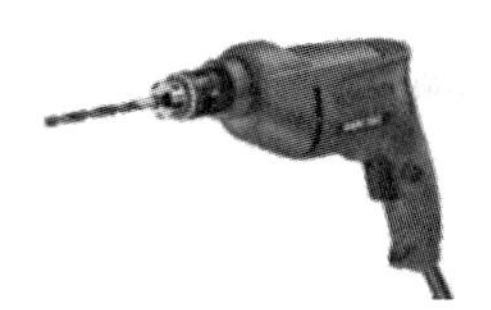

手电钻　　电动螺丝刀　　手持磨光机

图 8.3.6 手电钻、电动螺丝刀、手持磨光机

6. 低压验电笔

验电笔又称试电笔，简称电笔，如图 8.3.7 所示。它是用来检查低压导体和电气设备的金属外壳是否带电的一种常用工具。

使用验电笔要注意以下问题：

(1) 使用验电笔之前，首先要检查验电笔内有无安全电阻、能否正常发光以及有无受潮或进水现象，检查合格后方可使用；

(2) 使用时，应当注意避光，防止因光线太强看不清氖管是否发光而造成误判；

(3) 螺丝刀状的电笔，在用它拧螺钉时，用力要轻，以防损坏。

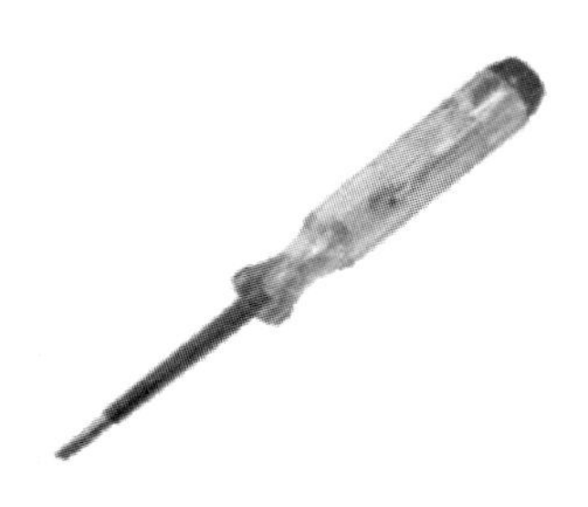

图 8.3.7 验电笔

8.4 常用电气控制设备

电器是所有电工器械的简称。

8.4.1 低压电器的分类

低压电器定义：根据外界特定的信号和要求，自动或手动接通和断开电路，断续或连续改变电路参数，实现对电路或非电现象的切换、控制、保护、检测和调节的电气设备。

低压电器的分类：

按电器的动作性质分为手动电器和自动电器；

按电器的性能和用途分为控制电器和保护电器；

按有无触点分为有触点电器和无触点电器；

按工作原理分为电磁式电器和非电量控制电器。

8.4.2 常用低压配电电器

1. 刀开关

刀开关的作用是隔离电源，不频繁通断电路。

下面介绍几种常用刀开关。

(1) 开关板用刀开关(不带熔断器式刀开关)，用于不频繁地手动接通、断开电路和隔离电源。其接触处一般为紫铜和青铜合金材料，以保证良好的导电性和耐磨性。实物图和符号如图 8.4.1 所示。

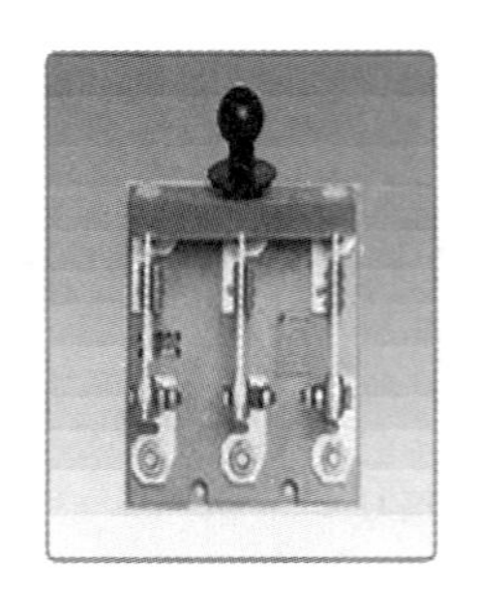

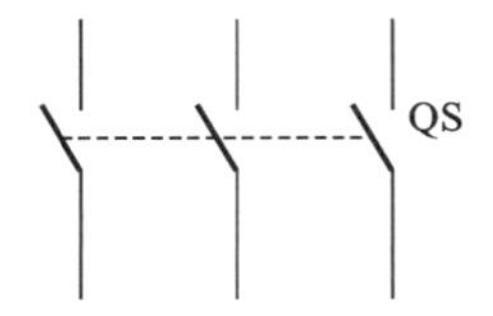

图 8.4.1　开关板用刀开关

(2) 带熔断器式刀开关,用作电源开关、隔离开关和应急开关,并作电路保护用。其刀口对应电极线路中安装有低熔点导电丝(检查保险丝),当电路过载时保险丝发热熔断,断开电路,保护其他电器不受损坏。实物图如图 8.4.2 所示。

(3) 封闭式负荷开关(铁壳开关),用于手动通断电路及短路保护。其原理与带熔断器式刀开关相同。实物图如图 8.4.3 所示。

图 8.4.2　带熔断器式刀开关

图 8.4.3　封闭式负荷开关

2. 低压断路器

低压断路器的作用是不频繁通断电路,并能在电路过载、短路及失压时自动分断电路。实物图如图 8.4.4 所示。

特点:操作安全,分断能力较强。

分类:框架式(万能式)和塑壳式(装置式)。

结构:如图 8.4.4 所示,主要包括触头系统、灭弧装置、脱扣机构、传动机构。

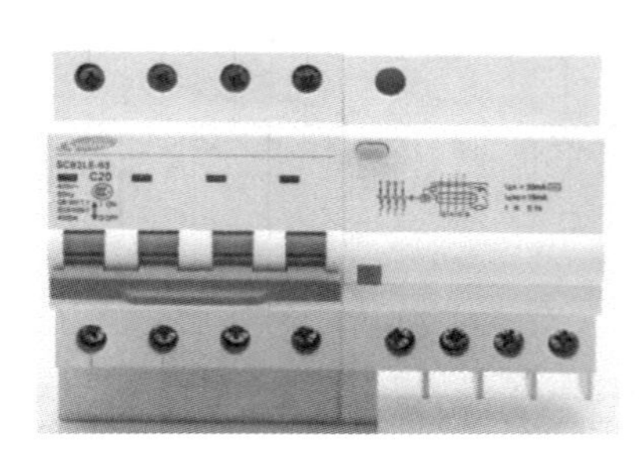

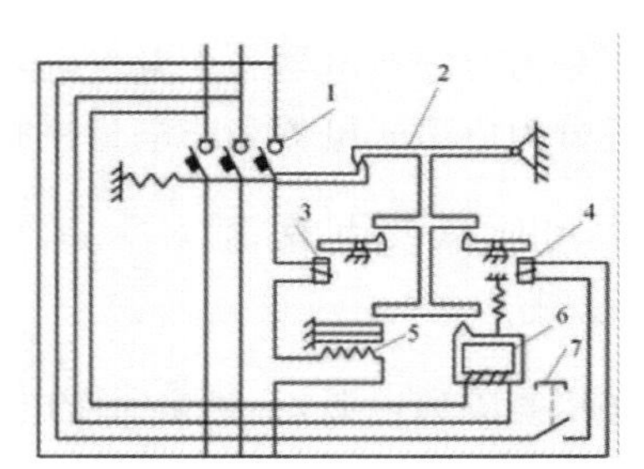

图 8.4.4　低压断路器

1—主触头;2—自由脱扣机构;3—过电流脱扣器;

4—分励脱扣器;5—热脱扣器;6—欠电压脱扣器;7—停止按钮

8.4.3　常用低压控制电器

1. 主令电器

在控制线路中，主令电器主要用来发出指令，以控制电磁开关的线圈与电源的接通与断开或实现某种控制功能。

主令电器主要有按钮、转换开关(组合开关)和行程开关(限位开关)。

1) 按钮

按钮是一种常用的控制主令电器元件。按钮常用来接通或断开控制电路(其中电流很小)，从而达到控制电动机或其他电气设备运行目的的一种开关。

按钮由按钮帽、复位弹簧、触点和外壳等组成。触点采用桥式触点，触点额定电流在5 A以下。按钮的触点分常闭触点(动断触点)和常开触点(动合触点)两种。常闭触点是按钮未按下时闭合、按下后断开的触点。常开触点是按钮未按下时断开、按下后闭合的触点。按钮按下时，常闭触点先断开，然后，常开触点闭合；松开后，依靠复位弹簧，触点恢复到原来的位置。按钮的实物图、内部结构与表示符号如图8.4.5所示。

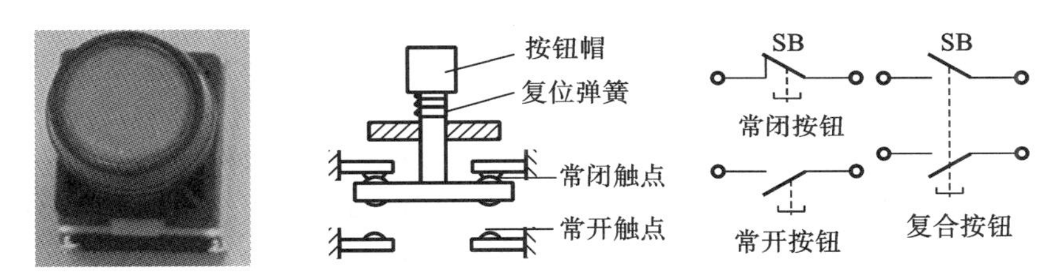

图8.4.5　按钮的实物图、内部结构与表示符号

2) 组合开关

组合开关又叫转换开关，它是一种转动式的闸刀开关，主要用于接通或切断电路、换接电源、控制小型鼠笼式三相异步电动机的启动、停止、正反转或局部照明。

组合开关有若干个动触片和静触片，分别装于数层绝缘件内，静触片固定在绝缘垫板上，动触片装在转轴上，随转轴旋转而变更通、断位置。组合开关实物图与应用如图8.4.6所示。

组合开尖的特点是结构紧凑，安装面积小，操作方便。

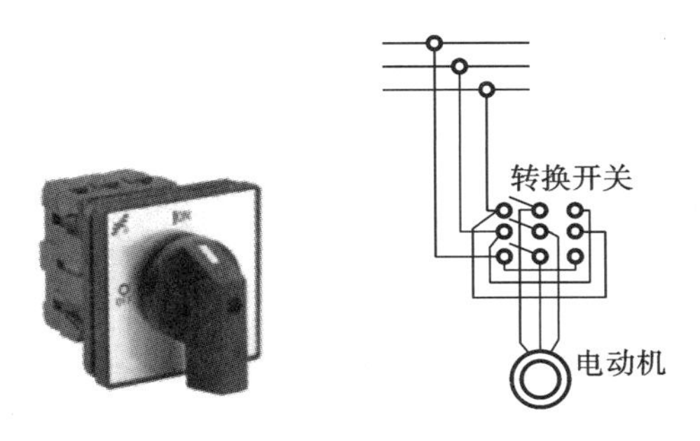

图8.4.6　组合开关实物图与应用

3) 行程开关

行程开关也称为位置开关，行程开关是一种利用生产机械的某些运动部件的碰撞来发出控制指令的主令电器，用于控制生产机械的运动方向、行程大小和位置保护等。当行程开关用于位置保护时，又称限位开关。

行程开关主要用于将机械位移变为电信号，以实现对机械运动的电气控制。当机械的运动部件撞击触杆时，触杆下移使常闭触点断开、常开触点闭合；当运动部件离开后，在复位弹簧的作用下，触杆回复到原来位置，各触点恢复常态。行程开关实物图与符号如图 8.4.7 所示。

行程开关的种类很多，常用的行程开关有按钮式、单轮旋转式、双轮旋转式。

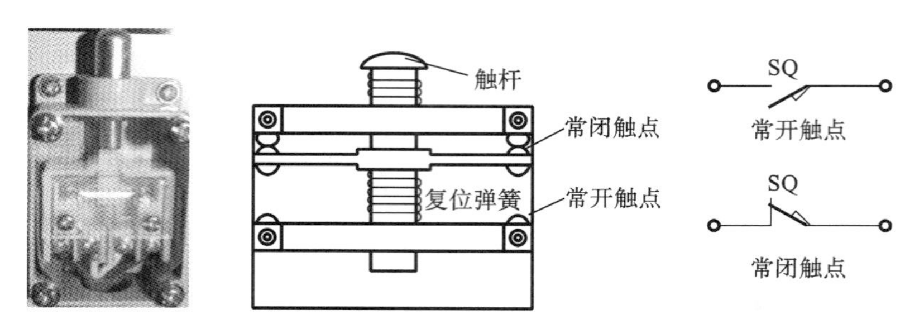

图 8.4.7　行程开关实物图与符号

2. 接触器

接触器是用来频繁地接通和切断交直流主电路及大容量控制电路的一种自动控制电器。其主要控制对象是电动机。接触器分为交流接触器和直流接触器。

1）接触器类型

交流接触器用于远距离控制电压至 380 V、电流至 600 A 的交流电路。

直流接触器主要用在精密机床上的直流电动机控制中，或远距离通断直流电路，或控制直流电动机的频繁启停。直流接触器的主回路电流是直流。

根据电路中负载（如电动机）的性质选择交流或直流接触器。

2）交流接触器的工作原理

如图 8.4.8 所示，当线圈得电（加在线圈上的交流电压大于线圈额定电压值的 85%）后，铁芯中产生的磁通对衔铁产生的电磁吸力克服复位弹簧拉力，衔铁被吸合，带动三对主触点闭合。同时，辅助常闭触点断开，辅助常开触点闭合。当线圈失电（线圈中的电压值降到某一数值）时，铁芯中的磁通下降，吸力减小到不足以克服复位弹簧的拉力时，衔铁复位，使主触点和辅助触点恢复常态。

3）交流接触器的型号

常用的交流接触器产品型号，国内有 NC3（CJ46）、CJ12、CJ10X、CJ20、CJX1、CJX2 等系列；国外产品有 B、3TB、3TD、LC-D 等系列。交流接触器实物图如图 8.4.8 所示。

4）接触器的电气符号

接触器的图形符号及文字符号如图 8.4.9 所示。

5）接触器的使用选择原则

（1）根据电路中负载电流的种类选择接触器的类型；

（2）接触器的额定电压应大于或等于负载回路的额定电压；

（3）吸引线圈的额定电压应与所接控制电路的额定电压等级一致；

（4）额定电流应大于或等于被控主回路的额定电流。

3. 继电器

继电器是一种利用电流、电压、时间、温度等信号的变化来接通或断开所控制的电路，以实现自动控制或完成保护任务的自动电器。

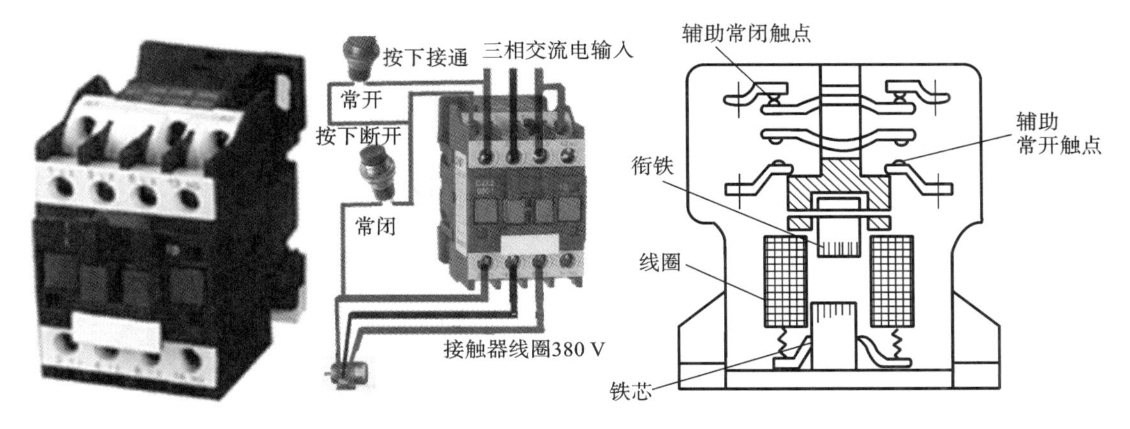

图 8.4.8　交流接触器实物图、结构图

图 8.4.9　接触器图形、文字符号

1）**中间继电器**

中间继电器的作用是将一个输入信号变成多个输出信号；另外，当其他继电器的触头对数或容量不够时，可借助中间继电器进行扩充，起到中间转换作用。

（1）中间继电器工作原理。

中间继电器由电磁机构和触点系统组成。

在低压控制系统中采用的继电器大部分是中间继电器，中间继电器的结构及工作原理与接触器基本相同。主要区别在于：接触器的主触头可以通过大电流，而继电器的触头只能通过小电流；继电器的输入信号可以是各种物理量，如电压、电流、时间、压力、速度等，而接触器的输入量只有电压；继电器没有灭弧装置，也无主触点和辅助触点之分等。

（2）中间继电器的电气符号。

中间继电器的图形符号及文字符号如图 8.4.10 所示，电流继电器、电压继电器和中间继电器的文字符号分别可以用 KI、KV、KA 表示。

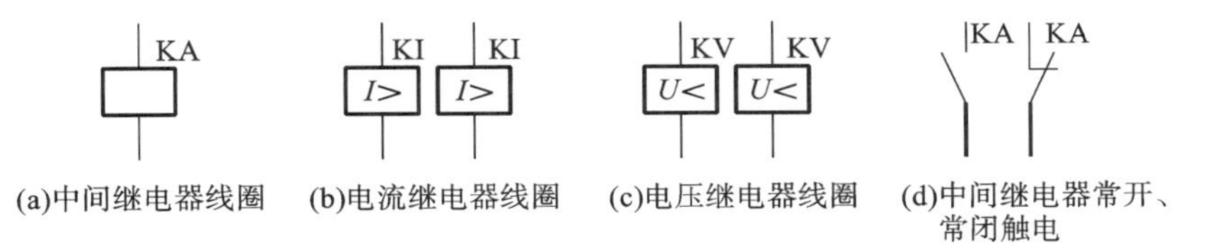

图 8.4.10　中间继电器图形、文字符号

常用中间继电器有 JL14、JL18、JZ15 及 JZC2 等系列。其中，JL14 系列为交直流电流继电器，JL18 系列为交直流过电流继电器，JZ15 为中间继电器。

2）**时间继电器**

时间继电器是一种按时间原则进行控制的继电器，适用于定时控制。继电器的线圈通电或断电后，经过一段时间延时后触头才动作。常用的有电磁阻尼式、空气阻尼式、电动式和电子式等。

时间继电器的延时方式有以下两种。

(1) 通电延时。接受输入信号后延迟一定的时间,输出信号才发生变化。当输入信号消失后,输出瞬时复原。

(2) 断电延时。接受输入信号时,瞬时产生相应的输出信号。当输入信号消失后,延迟一定的时间,输出才复原。

时间继电器的图形符号及文字符号如图 8.4.11 所示。

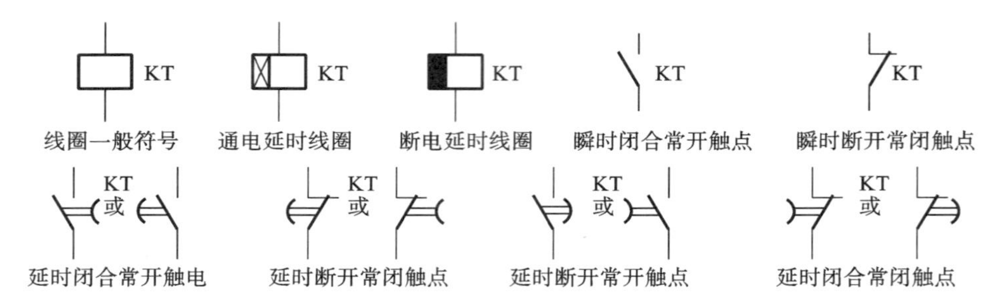

图 8.4.11 时间继电器图形、文字符号

3) **热继电器**

电动机在运行过程中若过载时间长、过载电流大,电动机绕组的温升就会超过允许值,使电动机绕组绝缘老化,缩短电动机的使用寿命,严重时甚至会使电动机绕组烧毁。因此,电动机在长期运行中,需要对其过载提供保护装置。热继电器利用电流的热效应原理实现电动机的过载保护。

热继电器的图形符号及文字符号如图 8.4.12 所示。

(a)热继电器的驱动器件　(b)常闭触点

图 8.4.12 热继电器图形、文字符号

4. 自动空气开关

自动空气开关又称低压断路器或自动空气断路器。它的功能相当于刀开关、过电流继电器、欠电压继电器、热继电器及漏电保护器等电器部分或全部的功能总和,是低压配电网中一种重要的保护电器。

图 8.4.13 所示为空气开关原理图,由图可见,主要包括欠压脱扣器、过流脱扣器、锁钩、连杆装置、主触点和释放弹簧。当电压偏低或电流过高时,弹簧铰链装置都会绕铰链点顺时针旋转,导致锁钩上抬,使连杆装置解锁,释放弹簧收紧,导致主触点断开,电路断路。

5. 熔断器

熔断器其实就是一种短路保护器,是指当电流超过规定值时,以本身产生的热量使熔体熔断,得以断开电路的一种电器。

熔断器广泛用于配电系统和控制系统,主要进行短路保护或严重过载保护。它是一种简单而有效的保护电器。

熔断器主要由熔体和安装熔体的绝缘管(绝缘座)组成。使用时,熔体串接于被保护的电路中,当电路发生短路故障时,熔体被瞬时熔断而分断电路,起到保护作用。

它的优点是结构简单,过载保护。熔断器可分为瓷插式熔断器 RC、螺旋式熔断器 RL、有填料封闭管式熔断器 RT、无填料封闭管式熔断器 RM、快速熔断器 RS、自恢复熔断器等不同类型。

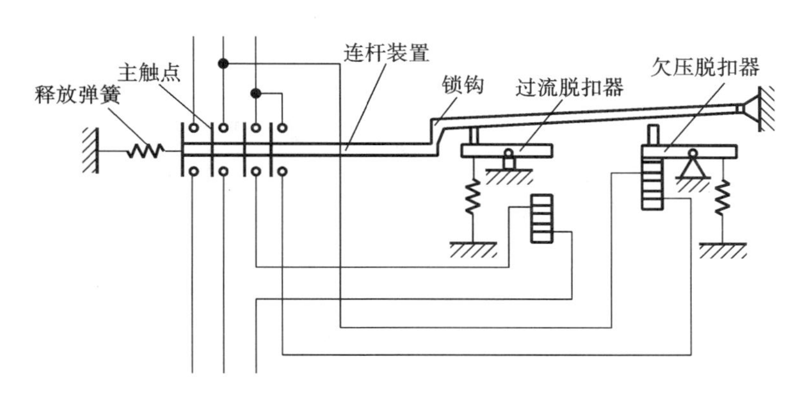

图 8.4.13　空气开关原理图

常用熔断器实物如图 8.4.14 所示。

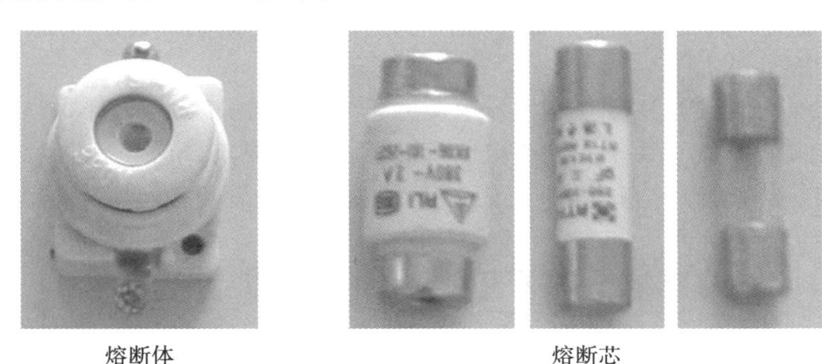

图 8.4.14　常用熔断器实物

8.4.4　三相异步交流电动机

三相异步交流电动机是一种将电能转化为机械能的电力拖动装置。它主要由定子、转子和它们之间的气隙构成。对定子绕组通往三相交流电源后，产生旋转磁场并切割转子，获得转矩。三相异步交流电动机具有结构简单，运行可靠，价格便宜，过载能力强，及使用、安装、维护方便等优点，被广泛应用于各个领域。

1. 三相异步交流电动机的构造

三相异步交流电动机主要由定子和转子构成，定子是静止不动的部分，转子是旋转部分，在定子与转子之间有一定的气隙。

定子由铁芯、绕组与机座三部分组成。转子由铁芯与绕组组成，转子绕组有鼠笼式和线绕式。鼠笼式转子是在转子铁芯槽里插入铜条，再将全部铜条两端焊在两个铜端环上，如图 8.4.15所示。线绕式转子绕组与定子绕组一样，由线圈组成绕组放入转子铁心槽里。鼠笼式与线绕式两种电动机虽然结构不一样，但工作原理是一样的。

2. 三相异步交流电动机的正反转控制的原理

当定子的三相绕组接通三相交流电源后，三相绕组的每一相均产生一个正弦交流磁场。由于三相绕组产生的正弦交流磁场彼此间相差 120°，因此其产生的合成磁场是一个旋转磁场，磁场沿定子内圆周方向旋转。当磁场旋转时，转子绕组的导体切割磁力线产生感应电动势，从而在转子绕组中产生转子感应电流。根据安培定律，转子电流与旋转磁场相互作用将产生电

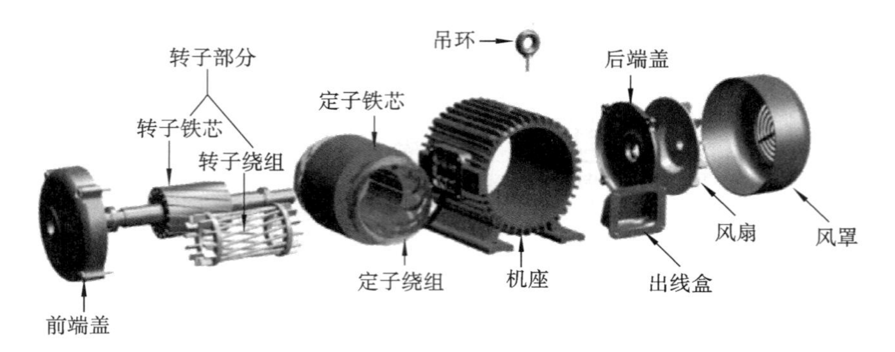

图 8.4.15　交流电动机主要结构示意图

磁力，电磁力在转子的转轴上形成电磁转矩，转矩的作用方向与旋转磁场的旋转方向相同，转子受此转矩作用，便按旋转磁场的旋转方向旋转起来。

但是，转子的旋转速度始终小于旋转磁场的旋转速度（所谓同步转速），这就是三相异步交流电动机“异步”的由来。

旋转磁场的旋转速度取决于三相交流电源的频率（f）和磁极对数（P）。

旋转磁场的旋转方向取决于三相交流电源的相序。如果旋转磁场反转，则转子的转向也随之改变。改变三相电源的相序（即把任意两相线对调），就可改变旋转磁场的方向，如图8.4.16所示。

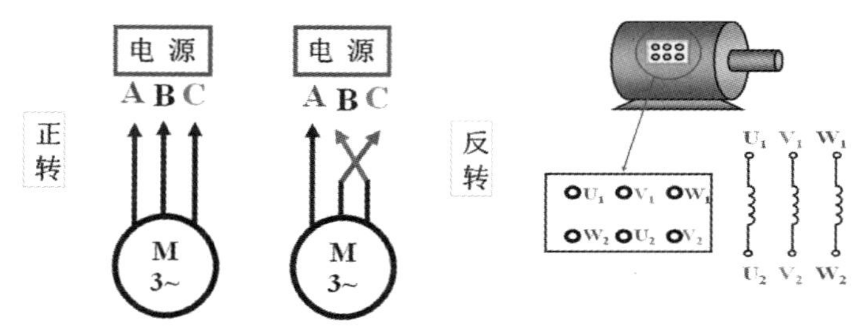

图 8.4.16　三相异步交流电动机的正反转控制的原理

8.5　低压控制电路

8.5.1　电气控制系统图的种类

电气控制系统图包括电气原理图和电气安装图。

1. 电气原理图

电气原理图（方框图）又分为集中式、展开式两种。集中式电气原理图中各元器件等均以整体形式集中画出，说明元件的结构原理和工作原理。识读时需清楚了解图中继电器相关线圈、触点属于什么回路，在什么情况下动作，动作后各相关部分触点发生什么样变化。

展开式电气原理图在表明各元件、继电器动作原理、动作顺序方面，较集中式电气原理图有其独特的优点。展开式电气原理图按元件的线圈、触点划分为各自独立的交流电流、交流电压、直流信号等回路，凡属于同一元件或继电器的电流、电压线圈及触点采用相同的文字。展开式电气原理图中对每个独立回路，交流按 U、V、W 相序，直流按继电器动作顺序依次排列。识读展开式电气原理图时，对照每一回路右侧的文字说明，先交流后直流，由上而下，由左至右逐行识读。

集中式、展开式电气原理图互相补充、互相对照来识读更易理解。

2. 电气安装图

电气安装图是以电路原理为依据绘制而成，是现场维修中不可缺少的重要资料。电气安装图中各元件图形、位置及相互间连接关系与元件的实际形状、实际安装位置及实际连接关系相一致。图中连接关系采用相对标号法来表示。

8.5.2　画电气原理图应遵守的原则

画电气原理图时应遵守以下几条原则。

(1) 所有电器在图中均用其标准的图形符号和文字符号表示，所有电器的触点均按常态画出。

(2) 为了在原理图上充分体现各电器之间的联系和工作原理，同一电器的各部件可以画在不同的地方。在同一电器上的所有部件应使用同一文字符号。

(3) 将整个线路分成两部分来画，负载所在的大电流回路称主回路，常用粗实线表示，画在左边。接触线圈、辅助触点、继电器的线圈和触点、主令电器等小电流回路称控制回路，常用细实线表示，画在右边。

(4) 对于复杂的控制线路，为了便于安装和维修，对各电器的各个部件的两个端点要加以编号，主回路中的同种电器用同一字母加角标表示。控制回路中的电器则用数字表示，同一节点的各条支路应标注同一个数字。

8.5.3　三相异步电动机的控制

1. 点动控制

三相异步电动机的点动控制顾名思义就是当按下启动按钮时电动机运动，而松开按钮时电动机停止。

图 8.5.1 所示是三相异步电动机的点动控制电路。点动控制的主电路从 380 V 三相交流电源的输出端 L11、L21、L31 开始，经过熔断器 FU1 后，再接触器 KM 的主触头、热继电器 FR 的热元件，再接到电动机 M 的三个接线端 A、B、C。而点动控制的控制电路从 380 V 三相交流电源的 L21 相线开始，经过 FU2 后，再经过热继电器 FR 的常闭触头、常开按钮 SB1、接触器 KM 的线圈到三相交流电源另一根相线 L11。

按图 8.5.1 所示点动控制电路连接完线路后，检查主电路接线无误后，接好电动机，接通电源开关 QS。按下启动按钮 SB1，电动机应能启动并正常转动；松开 SB1 则电动机减速，直至停转。

2. 连续运动控制

三相异步电动机的连续运动控制是指在启动按钮按下时电动机开始运动，松开按钮时电动机不会停止，而是继续运动。

图 8.5.2 所示是三相异步电动机的连续运动控制电路(自锁控制电路)。要实现连续运动控制，就必须在图 8.5.1 所示的点动控制电路中加入自锁环节。自锁控制电路与点动控制电路的不同点在于控制电路中多串联一只常闭按钮 SB2，同时在 SB1 两端并联一对接触器 KM 的常开触头，起自锁作用。

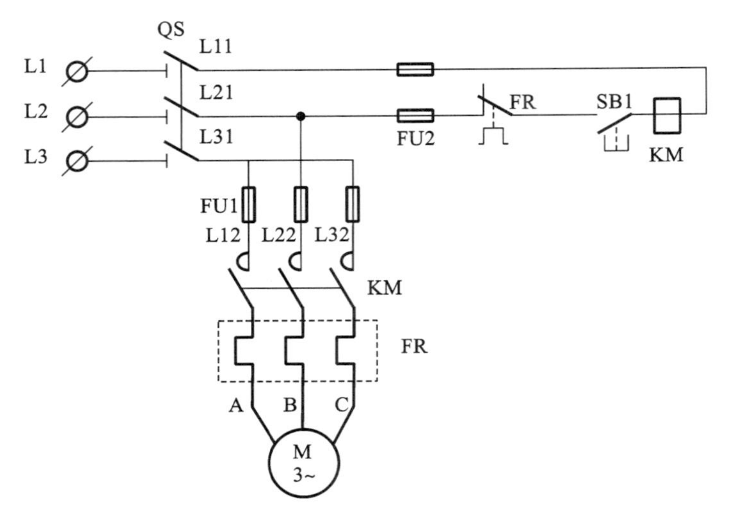

图 8.5.1 点动控制电路

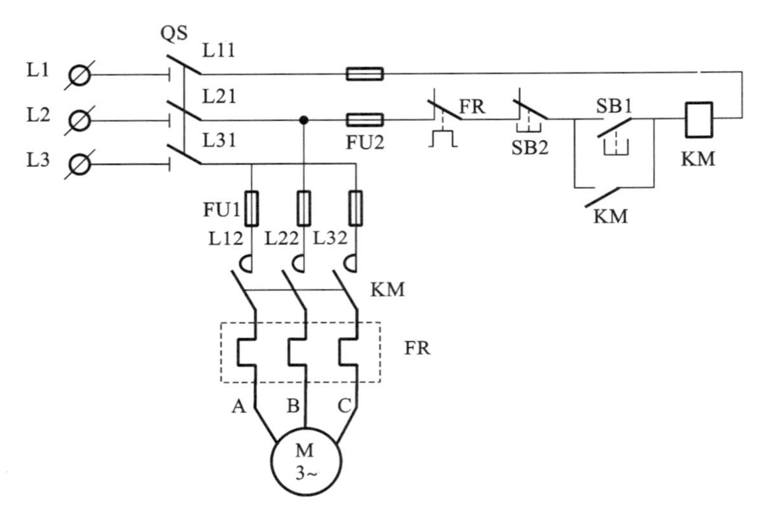

图 8.5.2 连续运动控制电路

3. 三相异步交流电动机的正反转控制

根据三相异步交流电动机的工作原理，当三相异步交流电动机的三相绕组连接的电源相序改变时，电动机的旋转方向也会随之改变。

1) 电气互锁的正反转控制电路

在如图 8.5.3 所示的电气原理图中，电路左侧的主电路的两组主触点分别控制电动机的正、反转。KM1(正转接触器)吸合、KM2(反转接触器)断开时，三相绕组连接的电源相序如果定义为 UVW，电动机正转的话，则当 KM2 吸合、KM1 断开时，三相绕组连接的电源相序就是 UWV，电动机反转。

显然，当电路左侧的 KM1、KM2 同时吸合时，V 相和 W 相电源短路。为了避免接触器 KM1、KM2 的线圈同时得电导致它们的主触点同时吸合，从而造成三相电源短路，需要在 KM1 的线圈支路中串接 KM2 的动断触头，在 KM2 的线圈支路中串接 KM1 的动断触头，这样就保证了线路工作时 KM1、KM2 不会同时得电，以达到电气互锁目的。

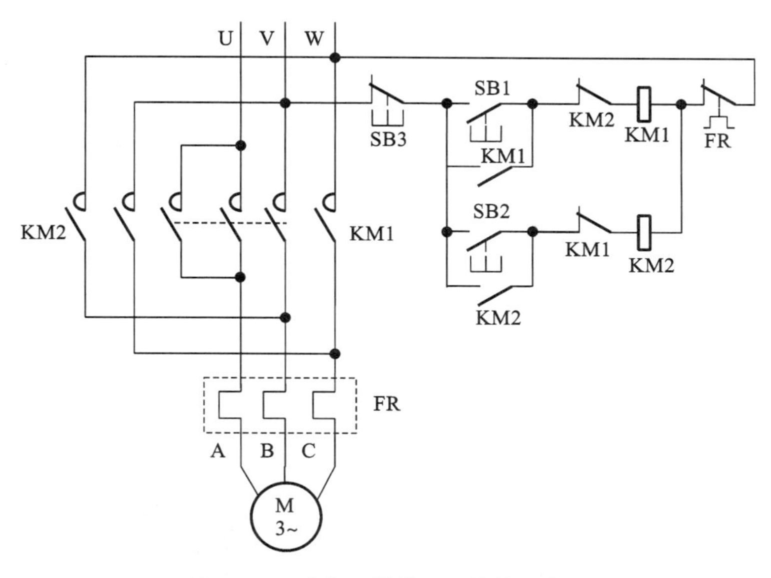

图 8.5.3　电气互锁的正反转控制电路

2）电气和机械双重互锁的正反转控制电路

除电气互锁外，可再采用复合按钮 SB1 与 SB2 组成的机械互锁，实现不停机直接切换正反转控制。

8.6　电工训练

8.6.1　训练目标与内容

（1）掌握电工常用工具及仪表的使用与维护知识。

（2）熟悉常用低压电器的图形符号、作用，了解常用低压电器的原理、型号等基本知识，掌握电气控制线路的基本知识。

（3）熟悉电器控制线路的安装工艺。

（4）认识常用低压电器并能测试使用。

（5）能够按照图样要求进行典型控制线路配电板的配线（包括选择电器元件、导线等）及安装调试工作。

（6）掌握交流电动机几种控制电路的原理与安装调试方法。

8.6.2　训练环境

主要仪器设备：电气控制实训台 32 套、万用表、常用电工工具及仪器仪表。

8.6.3　训练步骤与要求

1．双开双控照明电路的安装及检测

1）读图并选择

读懂下列双开双控照明电路，如图 8.6.1 所示。从安全性考虑，判断下列哪个电路设计比较合理。

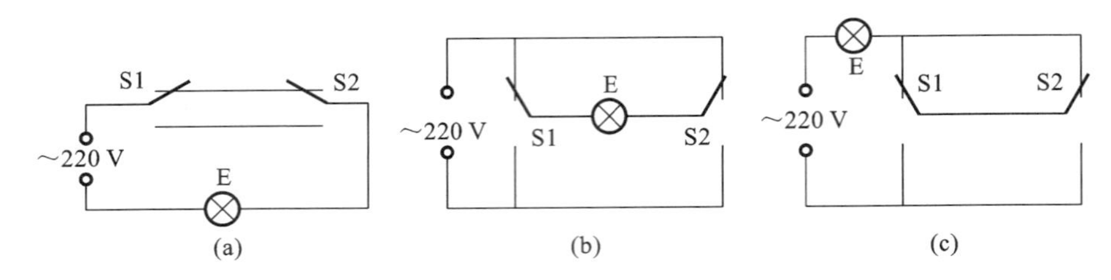

图 8.6.1　双开双控照明电路

2）确定双联开关动触点

双联开关三个接点，其中一个动触点，两个定触点，组成一常开、一常闭触点。检测三个触点，确定哪一个是动触点。双联开关实物图如图 8.6.2 所示。

图 8.6.2　双联开关实物图

3）组装电路

（1）布线与组装工艺要求。

①器件分布合理，布线美观。

②导线颜色便于区分，线号朝外便于查看。

③多点连接处应使用接线端子排。

④线鼻子与接线端子排连接处牢固可靠。

⑤尽量缩短导线的数量和长度。

（2）接线。

图 8.6.3　接线端子排实物图

利用接线端子排（见图 8.6.3）接线。接线端子排的作用就是将屏内设备和屏外设备的线路相连接，起到信号传输的作用。接线端子排使得接线美观、维护方便，将其用在远距离线之间的连接时主要有牢靠、施工和维护方便的优点。

（3）调试与功能测试。

接线完成后，不通电的情况下，用万用表进行认真的检查，防止出现短路现象。在没有短路的情况下，再通电进行功能检测。

2. 交流电动机控制电路安装及检测

实训平台包括自动空气开关、保险丝、两个行程开关、两个接触器、一个热继电器、三相异步电动机等，主要实物图如图 8.6.4 所示。

按工作台自动往返控制的电气原理图将实训平台上的各种电器设备进行连接，要求接线规范。

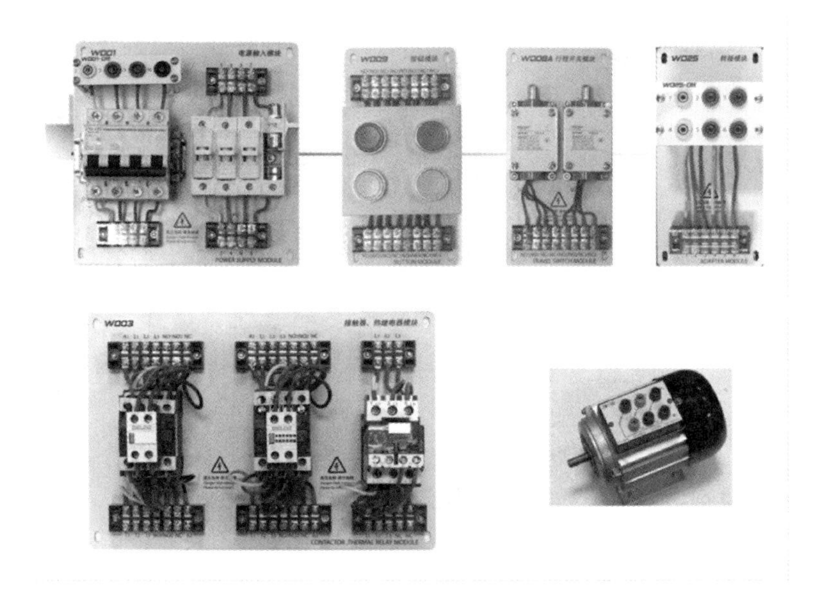

图 8.6.4　实训平台主要实训模块

1) 常用低压电器的拆装与维修

(1) 用万用表电阻挡测量各对触点动作前后的电阻值;

(2) 从壳体中拆下交流接触器、热继电器等,观察其内部结构,检测线圈绝缘电阻,然后组装还原。

2) 控制电路的接线与维修

(1) 交流电动机点动控制电路的安装与检测:按照交流电动机点动控制电路(见图 8.5.1)的电路图清理并检测所需元件,在配电板上布置元件,并完成线路连接,检测无短路的情况下,通电测试电路的功能。

(2) 交流电动机连续运行(自锁控制)电路的安装与检测:按照交流电动机自锁控制电路(见图 8.5.2)的电路图清理并检测所需元件,在配电板上布置元件,并完成线路连接,检测无短路的情况下,通电测试电路的功能。

(3) 交流电动机正反转控制(电气联锁/双重联锁)电路的安装与检测:按照交流电动机电气互锁控制电路(见图 8.5.3)的电路图清理并检测所需元件,在配电板上布置元件,并完成线路连接,检测无短路的情况下,通电测试电路的功能。

3. 电路调试与故障排除

(1) 不通电测试:用万用表的电阻挡对电路各节点间的电阻进行测试,若与理论值不符,则不能接通电源,应对电路进行检测,找到错误或器件故障所在处并进行修改,重复进行直至各点间电阻与理论值相符。

(2) 通电测试:接通电源,若能达到控制目的则实验成功;若不能达到控制目的,此时应利用万用表的电压挡进行测试,找出错误或故障所在处并进行排除,直至达到控制目的。

(3) 实验前应检测所用仪器、工具、电器元件,防止在实验中因电器元件故障引起电路故障,增加实验的复杂性。

(4) 完成实验接线后，必须进行自查：串联回路从电源的某一端出发，按回路逐项检查各设备、负载的位置、极性等是否正确与合理；并联支路则检查其两端的连接点是否在指定的位置。距离较近的两连接端尽可能用短导线；尽可能不用多根导线做过渡连接。自查完成后，须经指导教师复查后方可通电实验。

(5) 实验时，应按实验指导书所提出的要求及步骤，逐项进行实验和操作。改接线路时，必须断开电源。实验中应观察实验现象是否正常，所得数据是否合理，实验结果是否与理论相一致。

(6) 完成本次实验全部内容后，应请指导教师检查实验结果。经指导教师认可后方可拆除接线，整理好连接线、仪器、工具。

(7) 在接通电源之前应先用万用表进行电阻的测试，特别是测量三相电源之间是否有因接线引起的短路，一旦有短路情况发生，应进行故障排除，而不可直接接通电源，否则容易烧毁电源。

(8) 若接通电源后不能实现预期控制目的，则应先进行电压测试、分析，而不能盲目更换器件。若经过分析判断后，确认器件存在问题，可断开电源更换器件。

(9) 若接通电源后电动机的控制能正常进行，只是电动机不转、转动很慢或需借助外力来启动，此时很可能是因为电源的某相断路，造成电动机的缺相运转，此时应对熔断器进行测试。若熔断器烧毁则应及时更换熔断器。

(10) 继电器、接触器的线圈只能并联，不能串联。

(11) 注意安全，严禁带电操作。不许用手触及各电器元件的导电部分及电动机的转动部分，以免触电及发生意外损伤。

(12) 实验结束后，切记要先断开电源再拆电路，否则容易造成触电危险。

8.6.4 项目考评

考评的目的在于对学生在工程训练过程中所表现出来的态度、技术熟练程度和对训练的内容的了解、掌握程度等作出合理的评价。考评表如表 8.6.1 所示。

表 8.6.1 考评表

院系/班级：　　训练项目：　　指导老师：　　日期：

学号	姓名	态度(10%)	技术熟练程度(30%)	照明电路(10%)	电动机控制(45%)	规范(5%)	总分	备注

思考与练习题

1. 什么是三相五线制？简要说明每根线的作用。
2. 安全电压是多少？
3. 什么情况下会发生触电？怎样防止触电？

4. 你知道哪些安全用电标志？请简要说明。

5. 插座有哪几种？双孔插座与三孔插座有何区别？

6. 简述“地线”的概念与作用。说明金属外壳必须接地的原因。

7. 试比较点动控制线路与自锁控制线路，从结构上看两者主要区别是什么？从功能上看两者主要区别是什么？

8. 在主回路中，熔断器和热继电器热元件可否少用一只或两只？熔断器和热继电器两者可否只采用其中一种就可起到短路和过载保护作用？为什么？

9. 自锁控制线路在长期工作后可能失去自锁作用。试分析产生的原因是什么。

10. 在电动机正、反转控制线路中，为什么必须保证两个接触器不能同时工作？采用哪些措施可解决此问题？这些方法有何利弊？最佳方案是什么？

11. 控制回路中的一对互锁触头有何作用？若取消这对触头，对Y-△降压换接启动有何影响？可能会出现什么后果？

第9章　可编程逻辑控制器

9.1　可编程逻辑控制器概述

可编程逻辑控制器(programmable logic controller)简称PLC。在1987年国际电工委员会颁布的PLC标准草案中，对PLC做了如下定义：PLC是一种专门为在工业环境下应用而设计的数字运算操作的电子装置。它采用可以编制程序的存储器，用来在其内部存储执行逻辑运算、顺序运算、计时、计数和算术运算等操作的指令，并能通过数字式或模拟式的输入和输出，控制各种类型的机械或生产过程。PLC及其有关的外围设备都应该按易于与工业控制系统形成一个整体，易于扩展其功能的原则而设计。

目前在市场上可编程逻辑控制器的种类很多，配置的硬件代号不同，语句的助记符也略有差别，但在使用和编程上是一致的。

9.2　PLC的分类及结构

9.2.1　PLC的分类

1. 按产地

PLC按产地可分为日系、欧美系列、韩国/中国台湾系列、中国(大陆)系列等。其中，日系具有代表性的为三菱、欧姆龙、松下等；欧美系列具有代表性的为西门子、A-B、通用电气、德州仪器等；韩国/中国台湾系列具有代表性的为LG、台达等；中国(大陆)系列具有代表性的为和利时、浙江中控等。

2. 按点数

PLC按点数可分为大型机、中型机及小型机等。大型机一般I/O点数＞2048点，具有多CPU，16位/32位处理器，用户存储器容量为8～16 KB，具有代表性的为西门子S7-400系列、通用公司的GE-Ⅳ系列等；中型机一般I/O点数为256～2048点，单/双CPU，用户存储器容量为2～8 KB，具有代表性的为西门子S7-300系列、三菱Q系列等；小型机一般I/O点数＜256点，单CPU，8位或16位处理器，用户存储器容量在4 KB以下，具有代表性的为西门子S7-200系列、三菱FX系列等。

3. 按功能

PLC按功能可分为低档、中档、高档三类。低档PLC具有逻辑运算、定时、计数、移位以及自诊断、监控等基本功能；还可有少量模拟量输入/输出、算术运算、数据传送和比较、通信等功能；主要用于逻辑控制、顺序控制或少量模拟量控制的单机控制系统。中档PLC除具有低档PLC的功能外，还具有较强的模拟量输入/输出、算术运算、数据传送和比较、进制转换、远程I/O、子程序、通信联网等功能；有些还可增设中断控制、PID控制等功能，适用于复杂控制系统。高档PLC除具有中档机的功能外，还增加了带符号算术运算、矩阵运算、位逻辑运算、平方根运算及其他特殊功能函数的运算、制表及表格传送功能等；高档 PLC 具有更强的通信联网功能，可用于大规模过程控制或构成分布式网络控制系统，实现工厂自动化。

9.2.2 PLC 的结构

可编程逻辑控制器的结构多种多样，但其组成的一般原理基本相同，都是以微处理器为核心的结构。通常由中央处理单元(CPU)、存储器(RAM、ROM)、输入输出单元(I/O)、电源和外设接口等部分组成，如图 9.2.1 所示。

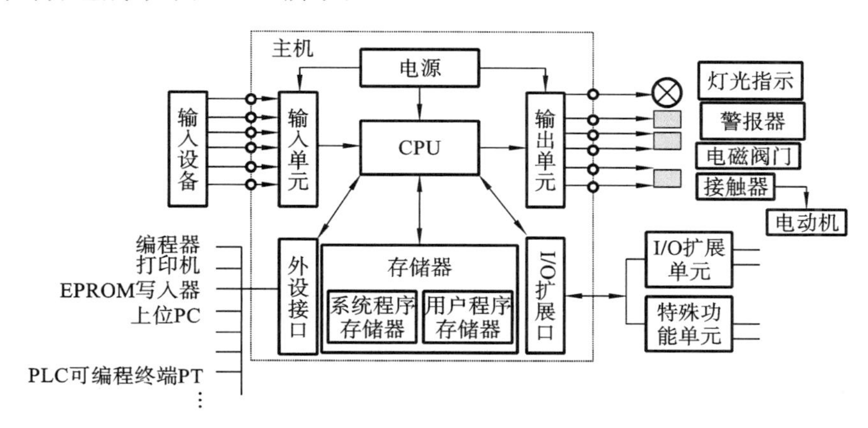

图 9.2.1 可编程逻辑控制器的结构图

1. 中央处理单元

中央处理单元(CPU)一般由控制电路、运算器和寄存器组成，通过地址总线、数据总线、控制总线与存储单元、输入输出接口电路连接。CPU 的功能包括：从存储器中读取指令，执行指令，取下一条指令，处理中断。

2. 存储器

存储器(RAM、ROM)主要用于存放系统程序、用户程序及工作数据。存放系统软件的存储器称为系统程序存储器，存放应用软件的存储器称为用户程序存储器，存放工作数据的存储器称为数据存储器。常用的存储器有 RAM、EPROM 和 EEPROM。

3. 输入输出单元

输入输出单元(I/O 单元)实际上是 PLC 与被控对象间传递输入输出信号的接口部件。I/O 单元采用光电耦合器将输入、输出与 PLC 的内部电路隔离，防止强电干扰。接到 PLC 输入接口的输入器件是各种开关、按钮、传感器等。PLC 的各输出控制器件往往是电磁阀、接触器、继电器，而继电器有交流型和直流型、电压型和电流型等。

4. 电源

PLC 电源单元包括系统的电源及备用电池，电源单元的作用是把外部电源转换成内部工作电压。PLC 内有一个稳压电源，用于对 PLC 的 CPU 单元和 I/O 单元供电。

5. 外设接口

外设接口主要外接编程器、打印机、EPROM 写入器、高分辨率屏幕图形监控系统等外部设备。

PLC 的工作是按照存储器存储的用户程序顺序执行的。存储器中的这些程序是通过编程器转换为可执行的代码存储到用户的存储器中，编程器的作用就是起到编辑的功能。同样也可通过编程器实现对可编程逻辑控制器进行调试、检查和监视等功能，还可通过键盘去调用和显示 PLC 的一些内部状态和系统参数。编程器上有供编程用的各种功能键和显示窗口。

9.3　PLC 的工作原理

PLC 采用循环扫描的工作方式，在 PLC 中用户程序按先后顺序存放，CPU 从第一条指令开始执行程序，直到遇到结束符后又返回第一条，如此周而复始不断循环。PLC 的扫描过程分为内部处理、通信操作、输入处理、程序执行、输出处理几个阶段。全过程扫描一次所需的时间称为扫描周期。当 PLC 处于停止状态时，只进行内部处理和通信操作服务等内容；当 PLC 处于运行状态时，执行内部处理、通信操作、输入处理、程序执行、输出处理，一直循环扫描工作。

1. 输入处理

输入处理也叫输入采样。在此阶段，顺序读入所有输入端子的通断状态，并将读入的信息存入内存中所对应的映像寄存器。

2. 程序执行

根据 PLC 梯形图程序扫描原则，按先左后右、先上后下的步序，逐句扫描，执行程序。遇到程序跳转指令，根据跳转条件是否满足来决定程序的跳转地址。当用户程序涉及输入输出状态时，PLC 从输入映像寄存器中读出上一阶段采入的对应输入端子状态，从输出映像寄存器读出对应映像寄存器的当前状态。

3. 输出处理

程序执行完毕后，将输出映像寄存器，即器件映像寄存器中的 Y 寄存器的状态，在输出处理阶段转存到输出锁存器，通过隔离电路，驱动外部负载。

9.4　PLC 的编程语言

可编程逻辑控制器编程语言的国际标准 IEC1131-3 详细说明了可编程逻辑控制器采用的 5 种编程语言为：梯形图（ladder diagram，LD）、指令表（instruction list，IL）、功能块图（function block diagram，FBD）、顺序功能图（sequential function chart，SFC）和结构化文本（structured text，ST）。其中最常用的是梯形图、指令表和功能块图。

1. 梯形图

梯形图（LD）是一种从继电接触控制电路图演变而来的图形语言。它是借助类似于继电器的动合、动断触点，线圈，以及串、并联等术语和符号，根据控制要求连接而成的表示 PLC 输入和输出之间逻辑关系的图形，直观易懂。

梯形图的设计应注意下列事项。

（1）梯形图的触点应画在水平线上，不能画在垂直分支上。

（2）串、并联的处理：在有几个串联回路相并联时，应将触点最多的那个串联回路放在梯形图最上面；在有几个并联回路相串联时，应将触点最多的并联回路放在梯形图的最左边。

（3）不准双线圈输出。

（4）梯形图程序必须符合顺序执行的原则，即从左到右、从上到下地执行。每一行都是从左母线开始，然后是触点的串、并联，最后是线圈，不能将触点画在线圈右边。

(5) 对复杂的程序可先将程序分成几个简单的程序段，每一段从最左边触点开始，由上至下向右进行编程，再把程序逐段连接起来。

(6) 外部输入/输出继电器、内部继电器、定时器、计数器等器件的接点可多次重复使用。

(7) 线圈不能直接与左母线相连。如果需要，可以通过一个没有使用的内部继电器的常闭接点连接。两个或两个以上的线圈可以并联输出。

2. 指令表

指令表(IL)是一种用指令助记符来编制 PLC 程序的语言，它类似于计算机的汇编语言，但比汇编语言易懂易学。指令表语言是由一系列指令组成的语言。每条指令在新一行开始，由指令操作符和紧随其后的操作数组成。

3. 顺序功能图

顺序功能图(SFC)是一种位于其他编程语言之上的图形语言，用来编制顺序控制程序。在这种语言中，工艺过程被分为若干个顺序出现的步，步中包含控制输出的动作，从一步到另一步的转换由转换条件控制。它的优点是表达复杂的顺序控制过程非常清晰，用于编程及故障诊断更为有效，使 PLC 程序的结构更加易读，特别适合于生产制造过程。

4. 功能块图

功能块图(FBD)使用类似于布尔代数的图形逻辑符号来表示控制逻辑。功能块图用类似于与门、或门的方框来表示逻辑运算关系，方框的左侧为逻辑运算的输入变量，右侧为输出变量，输入、输出端的小圆圈表示“非”运算，方框被“导线”连接在一起，信号自左向右流动。

图 9.4.1 所示为 PLC 实现三相鼠笼电动机启/停控制的三种编程语言的表示方法。

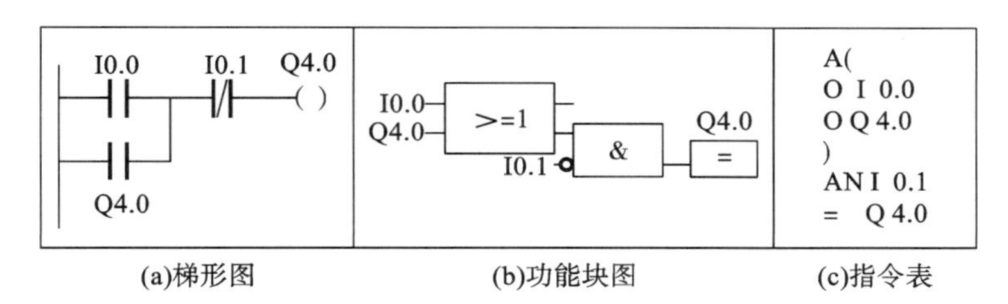

图 9.4.1　三种编程语言比较

9.5　西门子 S7-200 PLC 基础知识

9.5.1　西门子 S7-200 PLC 结构

S7-200 PLC 由基本单元(S7-200 CPU 模块)、扩展模块、电源模块和 STEP 7-Micro/WIN 32 编程软件等组成。S7-200 CPU 模块系统结构图如图 9.5.1 所示。

1. S7-200 CPU 模块

CPU 模块包括一个中央处理器(CPU)、电源以及 I/O 点，这些都被集成在一个紧凑、独立的设备中。CPU 负责执行程序和存储数据；输入部分从现场设备(例如传感器或开关)中采集信号，输出部分则控制泵、电动机、指示灯以及工业过程中的其他设备；状态信号灯显示了 CPU 工作模式、本机 I/O 的当前状态，以及检查出的系统错误。PLC 有三种工作模式：RUN、SF 和 STOP。使用时必须拨到 RUN。

S7-200 CPU224 模块有 14 个输入端口(I0.0—I0.7，I1.0—I1.5)和 10 个输出端口

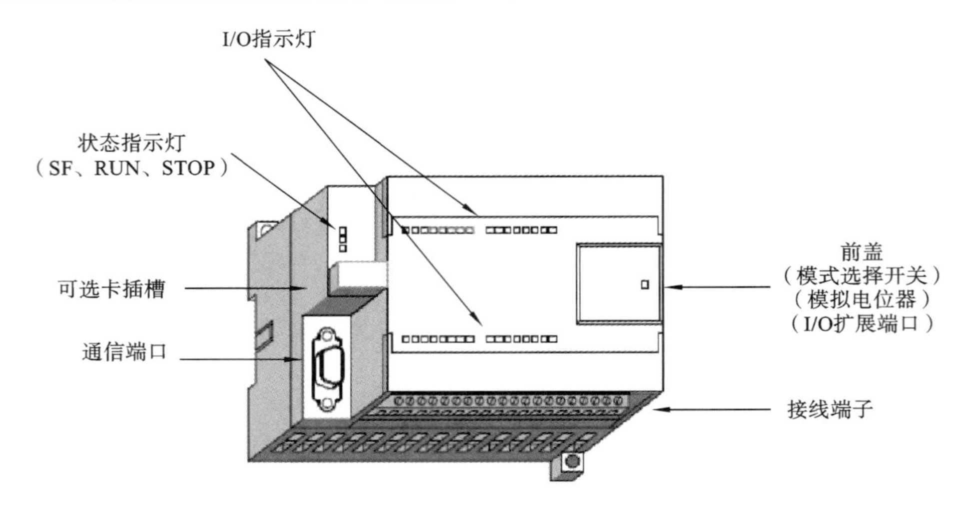

图 9.5.1　S7-200 CPU 模块系统结构图

（Q0.0—Q0.7,Q1.0—Q1.1）。CPU224 输入电路采用了双向光电耦合器,24 V 直流电极性可任意选择。系统设置 1M 为输入端口（I0.0—I0.7）的公共输入端,2M 为输入端口（I1.0—I1.5）的公共端,1M 和 2M 均接 24 V 电源。COM 端为接地端,接地。

2. S7-200 扩展模块

S7-200 扩展模块有数字量模块、模拟量模块、智能模块等。

9.5.2　西门子 S7-200 PLC 梯形图

梯形图按自上而下、从左到右排列,最左边的竖线称为左母线,以继电器线圈（或右母线）结束。

S7-200 PLC 梯形图符号与实际继电器电路符号对照如图 9.5.2 所示。

元件名称		电路符号	梯形图符号
线圈		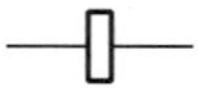	—( )
触点	常开		—| |—
	常闭	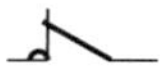	—|/|—

图 9.5.2　继电器电路符号与梯形图符号对照

S7-200 PLC 梯形图示例如图 9.5.3 所示。

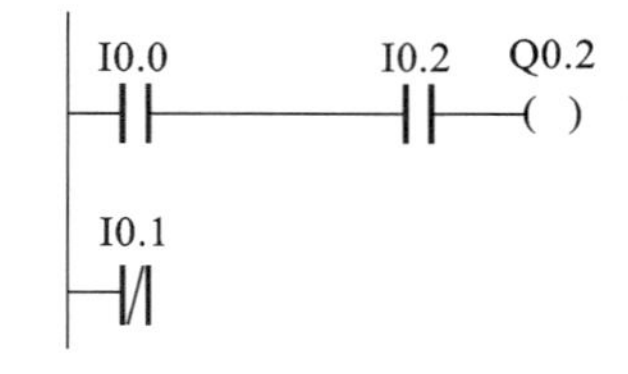

图 9.5.3　S7-200 PLC 梯形图示例

9.5.3　西门子 S7-200 PLC 的编程指令

1. 基本逻辑指令

S7-200 系列的基本逻辑指令如表 9.5.1 所示。

表 9.5.1　S7-200 系列的基本逻辑指令

指令名称	指令	功能	操作数
取	LD bit	读入逻辑行或电路块的第一个常开触点	bit: I,Q,M,SM,T,C,V,S
取反	LDN bit	读入逻辑行或电路块的第一个常闭触点	
与	A bit	串联一个常开触点	
与非	AN bit	串联一个常闭触点	
或	O bit	并联一个常开触点	
或非	ON bit	并联一个常闭触点	
电路块与	ALD	串联一个电路块	无
电路块或	OLD	并联一个电路块	
输出	= bit	输出逻辑行的运算结果	bit:Q,M,SM,T,C,V,S
置位	S bit,N	置继电器状态为接通	bit: Q,M,SM,V,S
复位	R bit,N	使继电器复位为断开	

下面详细介绍几个常用指令。

1) 标准触点指令

S7-200 PLC 标准触点指令如表 9.5.2 所示。

表 9.5.2　S7-200 PLC 标准触点指令

梯形图	指令	功能说明	操作元件
bit ─┤ ├─	LD bit	动合触点逻辑运算的开始,LD 中在左侧母线或电路块分支处装载一个动合(常开)触点;IL 中读入逻辑行或电路块的第一个动合触点	
bit ─┤/├─	LDN bit	动断触点逻辑运算的开始,LD 中在左侧母线或电路块分支处装载一个动断(常闭)触点;IL 中读入逻辑行或电路块的第一个动断触点	

2) S7-200 PLC 线圈指令

S7-200 PLC 线圈指令有标准输出线圈指令、立即输出线圈指令、置位与复位线圈指令几种,其梯形图、功能如表 9.5.3 所示。

表 9.5.3　S7-200 PLC 线圈指令

梯形图	指令	功能说明	操作元件
bit ——( )	=	将运算结果输出到继电器	I、Q、V、M、SM、S、T、C、L

续表

梯形图	指令	功能说明	操作元件
bit ——(I)	=1	将运算结果立即输出到继电器	I、Q、V、M、SM、S、T、C、L
bit ——(S) N	S bit,N	把操作元件(bit)从指定的地址开始的 N 个点都置 1 并保持	bit:只能为 Q。N 的范围:1～128
bit ——(R) N	R bit,N	把操作元件(bit)从指定的地址开始的 N 个点都复位清 0 并保持	

2. S7-200 PLC 定时器指令

1) 定时器的种类

定时器是对 PLC 内部的时钟脉冲进行计数。S7-200 PLC 常用两种类型的定时器:通电延时定时器(TON)和断电延时定时器(TOF)。

2) 定时器的定时时间的计算

定时器时间的计算公式为

$$T=\mathrm{PT}\cdot S$$

式中:PT 为用户设定的定时器时间常数;S 为定时器的分辨率。

3. S7-200 PLC 计数器指令

1) 计数器的种类

定时器是对 PLC 内部的时钟脉冲进行计数,而计数器是对 PLC 外部的或由程序产生的计数脉冲进行计数,即用来累计输入脉冲的次数。S7-200 PLC 为用户提供了三种类型的计数器:增计数器(CTU)、减计数器(CTD)和增/减计数器(CTUD)。

2) 计数器的操作

计数器的操作包括 4 个方面:编号、预设值、脉冲输入和复位输入。

4. S7-200 系列 PLC 的比较指令

在 SIEMENS S7-200 的编程软件 STEP-7 中,有专门的比较指令:IN1 与 IN2 比较,比较的数据类型可以是 B、I(W)、D、R,即字节、字整数、双字整数和实数;其他的比较式,如＞、＜、≥、≤、＜＞;等等。若满足比较等式,则该触点闭合。

9.6 STEP 7-Micro/WIN 编程软件使用

9.6.1 STEP 7-Micro/WIN 的软件界面

1. 软件汉化界面

双击桌面上的快捷方式图标,打开编程软件。选择工具菜单"Tools"选项下的"Options",在弹出的对话框中选择"Options→General",在"Language"中选择"Chinese"。最后单击"OK"按钮,退出程序后重新启动。重新打开编程软件,此时为汉化界面。

2. 界面及各部分功能介绍

STEP 7-Micro/WIN 编程软件的基本功能包括:创建用户程序、修改和编辑原有的用户程序;设置 PLC 的工作方式和参数,程序的运行监控;对程序的语法进行检查,对用户程序文档进行管理和加密，并提供在线帮助服务；等等。软件界面如图 9.6.1 所示，包括如下几部分。

图 9.6.1　STEP T-Micro/WIN **编程软件界面**

(1) 菜单：软件的功能菜单，提供功能操作。

(2) 工具条：提供简便的鼠标操作。可用“查看”菜单的“工具栏”项自定义工具条。可添加和删除 3 种按钮：标准、调试和指令。

(3) 浏览条：提供按钮控制的快速窗口切换功能。可用“查看”菜单的“浏览栏”项选择是否打开。浏览条包括“程序块”“符号表”“状态表”“数据块”“系统块”“交叉引用”(Cross Reference)和“通信”(Communications)七个组件。一个完整的项目文件(Project)通常包括前六个组件。

(4) 指令树：提供编程时用到的所有快捷操作命令和 PLC 指令。可用“查看”菜单的“指令树”项决定是否将其打开。

(5) 输出窗口：显示程序编译的结果信息。

(6) 状态栏：显示软件执行状态。编辑程序时，显示当前网络号、行号、列号；运行时，显示运行状态、通信波特率、远程地址等。

(7) 程序编辑器：用梯形图、指令表或功能块图编写用户程序，或在联机状态下对 PLC 上装载的用户程序进行程序的编辑或修改。

(8) 局部变量表：每个程序块都对应一个局部变量表，在带参数的子程序调用中，参数的传递就是通过局部变量表进行的。

9.6.2　梯形图程序的创建和编辑

1. 项目的创建

1）新建项目的方法

单击“新建项目”按钮，然后选择“文件”→“新建”菜单命令。或按 Ctrl＋N 快捷键组合。在菜单“文件”下单击“新建”，开始新建一个程序。新建项目的界面如图 9.6.2 所示。

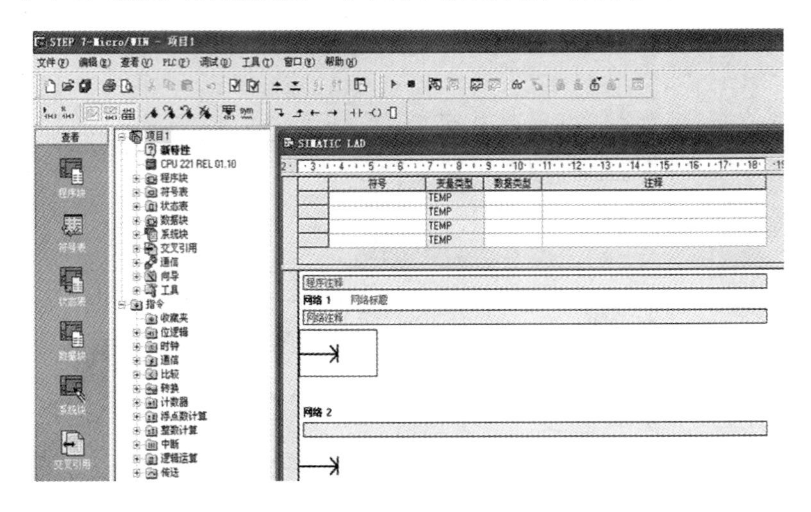

图 9.6.2　STEP 7-Micro/WIN 编程软件新建项目界面

2）打开已有项目文件的方法

双击该文件即可打开。

2. 编程元件的输入方法

梯形图的编程元件主要有线圈、触点、指令盒、标号及连接线。在程序编辑器中输入指令的方法有两种：

（1）在指令树中双击要输入的指令，就可在矩形光标处放置一个编程元件；

（2）单击工具条上的触点、线圈或指令盒按钮，从弹出的窗口下拉菜单所列出的指令中选择要输入指令，如图 9.6.3 所示。

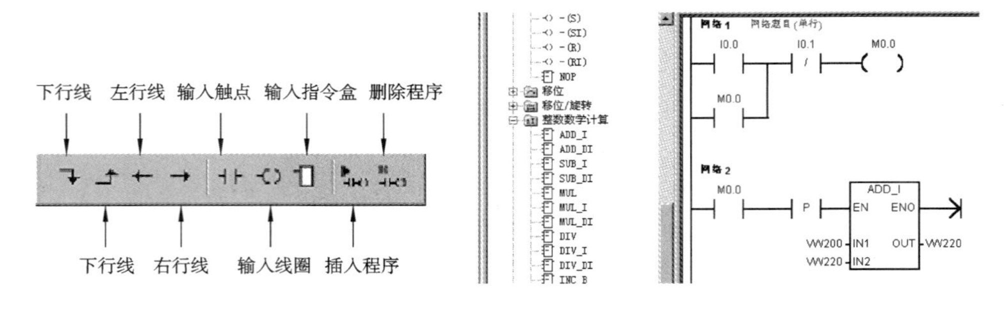

图 9.6.3　编程元件的输入

3. 地址定义分配

1）创建符号表

在符号表中定义参数地址，梯形图中的直接地址编号可以用具有实际含义的符号代替，使用时只需给出符号或地址即可。

具体方法是：在浏览条中双击“符号表”，打开符号表，对所有的输入、输出变量以及中间变量逐一分配地址，然后在表中分别填写变量名称及与其对应的绝对地址，并在注释栏对变量的功能进行说明。

2）输入地址

当输入一条指令后，参数一开始用问号表示为“????”。问号表示参数未赋值，此时只需要在问号处输入一个在符号表中定义过的变量符号即可。

4. 编译和保存用户程序

(1) 用工具条按钮或 PLC 菜单进行编译。

(2) “编译”允许编译项目的单个元素。当选择“编译”时，带有焦点的窗口（程序编辑器或数据块）是编译窗口；另外两个窗口不编译。

(3) “全部编译”对程序编辑器、系统块和数据块进行编译。当使用“全部编译”命令时，哪一个窗口是焦点无关紧要。

5. 程序下载

(1) 程序下载至 PLC 之前，必须核实 PLC 位于“停止”模式。检查 PLC 上的模式指示灯。如果 PLC 未设为“停止”模式，单击工具条中的“停止”按钮。

(2) 单击工具条中的“下载”按钮，或选择“文件”→“下载”。出现“下载”对话框，如图 9.6.4所示。

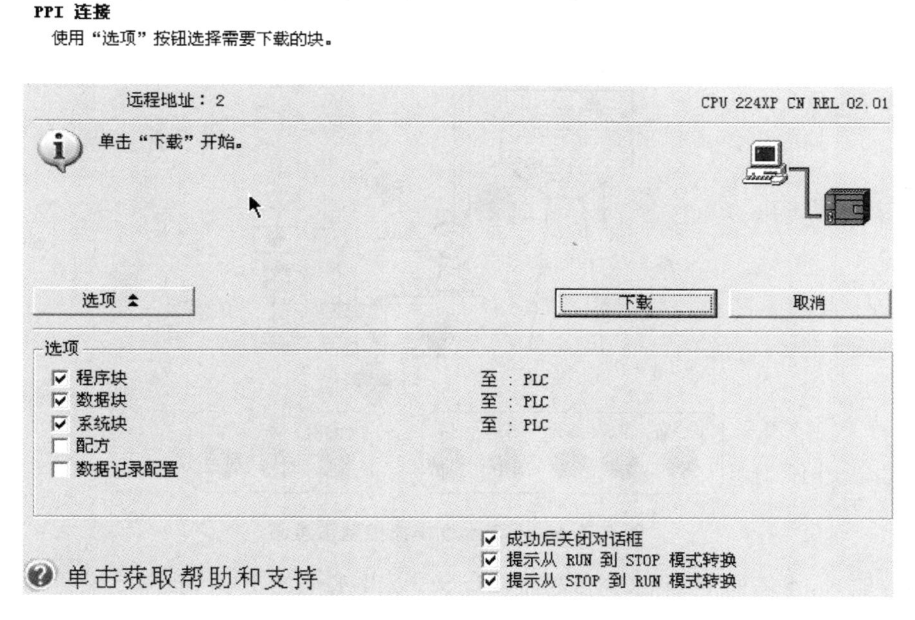

图 9.6.4　PLC 程序下载对话框

(3) 根据默认值，在初次发出下载命令时，“程序块”“数据块”和“系统块”（CPU 配置）复选框被选择。如果不需要下载某一特定的块，清除该复选框。

(4) 单击“下载”按钮开始下载程序。如果下载成功，一个确认框会显示信息“下载成功”。

9.7 PLC 控制实训

9.7.1 训练目标与内容

(1) 了解继电器-接触器控制与 PLC 控制的异同点，理解 PLC 控制在工业控制中的应用。

(2) 了解 PLC 的基础知识及控制系统的基本组成。

(3) 了解 PLC 的基本指令和编程方法。

(4) 利用 PLC 模块，完成水塔水位模拟控制系统、铁塔之光模拟控制系统、交通灯模拟控制系统和全自动洗衣机模拟控制系统的设计与编程。

9.7.2 训练环境

主要仪器设备：PLC 实训设备(西门子 S7-200)15 套、编程软件(STEP 7-Micro/WIN 32)15 套、模拟控制模块 20 套、万用表、常用电工工具及仪表等。

9.7.3 训练步骤与要求

下面的训练项目，三人一组，每组至少选取其中一个项目，按照要求完成。

1. 水塔水位模拟控制系统

水塔水位模拟控制系统由水泵，水池进水电磁阀，水塔的上、下水位传感器 S1、S2，水池的上、下水位传感器 S3、S4 等组成。水塔水位模拟控制示意图如图 9.7.1 所示。

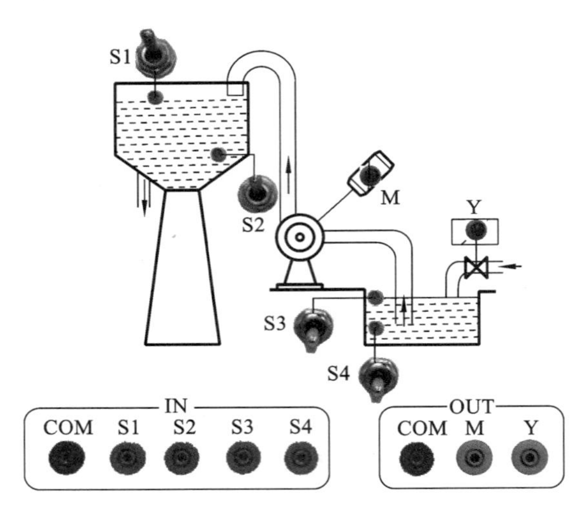

图 9.7.1 水塔水位模拟控制示意图

系统的输入：水塔的上、下水位传感器 S1、S2，以及水池的上、下水位传感器 S3、S4，用开关代表。系统的输出：水泵 M 和电磁阀 Y，用指示灯表示。当按下 S4，表示水池需要进水，灯 Y 亮；直到按下 S3，表示水池水位到位，灯 Y 灭；水塔水位低，需进水，按下 S2，灯 M 亮，进行抽水；直到按下 S1，水塔水位到位，灯 M 灭，水塔放完水。重复上述过程即可。如果水池在电磁阀打开的情况下，长时间(超过 4 s)水位过低，则灯 Y 每 1 s 闪烁一次(先亮 0.5 s，再灭 0.5 s)，报警。

其 PLC I/O 分配表如表 9.7.1 所示。

表 9.7.1　水塔水位模拟控制系统 PLC I/O 分配表

输入			输出		
地址	开关	含义	地址	灯	含义
I0.1	S1	水塔上水位	Q0.1	Y	电磁阀
I0.2	S2	水塔下水位	Q0.2	M	水泵
I0.3	S3	水池上水位			
I0.4	S4	水池下水位			

要求编写满足上述控制功能要求的梯形图程序并调试运行。

2. 铁塔之光模拟控制系统

铁塔之光模拟控制系统由九盏三色彩灯 L1～L9、启动按钮、停止按钮等组成。铁塔之光模拟控制示意图如图 9.7.2 所示。

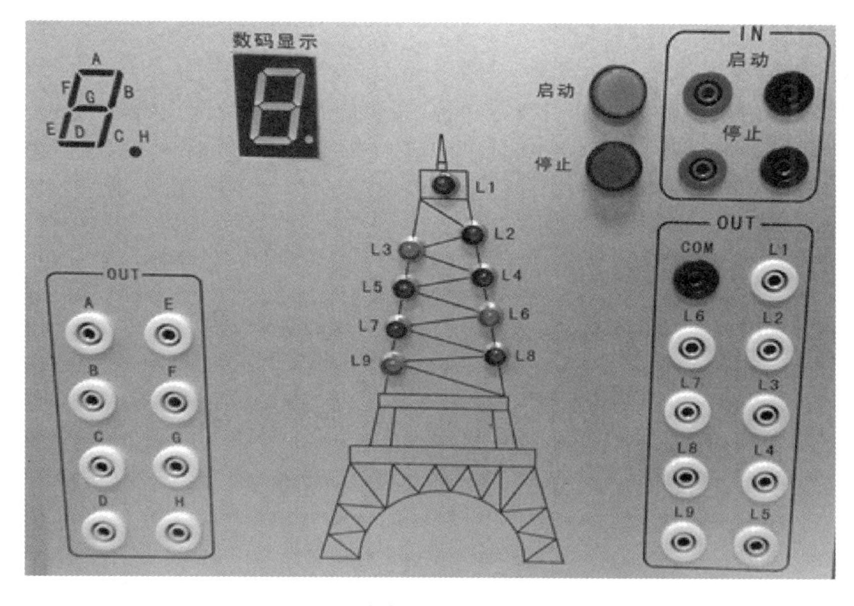

图 9.7.2　铁塔之光模拟控制示意图

当按启动按钮时，九盏灯顺次点亮，每次只点亮一盏灯，间隔 0.5 s。或者每次点亮一盏灯，但上次亮的那盏灯不灭，直至九盏灯全部点亮，然后从第一盏灯开始，逐个熄灭，如此循环进行。按停止按钮时，灯全灭。

(1) 要求编写满足上述控制功能要求的梯形图程序。

(2) 改变九盏灯亮灭的方式和次序，以实现更复杂的灯光变化。要求编写满足此控制功能要求的梯形图程序并调试运行。

其 PLC I/O 分配表如表 9.7.2 所示。

表 9.7.2　铁塔之光模拟控制系统 PLC I/O 分配表

输入			输出		
地址	开关	含义	地址	灯	含义
I0.0		启动	Q0.0	L1	
I0.1		停止	Q0.1	L2	
			Q0.2	L3	
			Q0.3	L4	
			Q0.4	L5	
			Q0.5	L6	
			Q0.6	L7	
			Q0.7	L8	
			Q1.0	L9	

3. 交通灯模拟控制系统

交通灯模拟控制系统由南北和东西方向各三盏信号灯、启动按钮、停止按钮、屏蔽按钮等组成。交通灯的模拟控制示意图如图 9.7.3 所示。

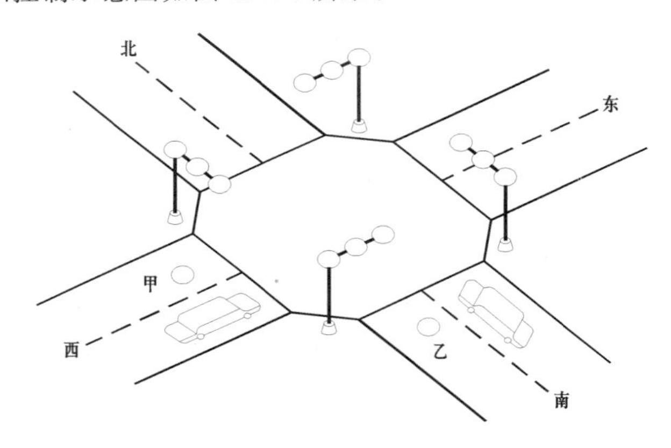

图 9.7.3　交通灯的模拟控制示意图

信号灯受启动按钮控制。当启动按钮按下时，信号灯系统开始工作，南北红灯亮，同时东西绿灯亮。当停止按钮按下时，所有信号灯都熄灭。

南北红灯亮并维持 15 s；在南北红灯亮的同时东西绿灯也亮，并维持 10 s，到 10 s 时，东西绿灯闪亮，闪亮 3 s 后熄灭。在东西绿灯熄灭时，东西黄灯亮，并维持 2 s。2 s 后，东西黄灯熄灭，红灯亮。同时，南北红灯熄灭，绿灯亮。

东西红灯亮并维持 15 s；南北绿灯亮并维持 10 s，然后闪亮 3 s 后熄灭，同时南北黄灯亮，维持 2 s 后熄灭，这时南北红灯亮，东西绿灯亮。

其 PLC I/O 分配表如表 9.7.3 所示。

表 9.7.3　交通灯模拟控制系统 PLC I/O 分配表

输入			输出		
地址	开关	含义	地址	灯	含义
I0.1	S1	启动开关	Q0.1		南北红灯
I0.2	S2	停止开关	Q0.2		南北绿灯
I0.3	S3	屏蔽开关	Q0.3		南北黄灯
I0.4			Q0.4		东西红灯
			Q0.5		东西绿灯
			Q0.6		东西黄灯

要求编写满足上述控制功能要求的梯形图程序并调试运行。

4. 全自动洗衣机模拟控制系统

全自动洗衣机模拟控制系统由进水电磁阀、排水电磁阀、搅轮电动机(正转、反转)、甩干电动机、蜂鸣器上限水位传感器(按钮模拟)、下限水位传感器(按钮模拟)、启动按钮、停止按钮等组成。全自动洗衣机模拟控制示意图如图 9.7.4 所示,工作流程如下。

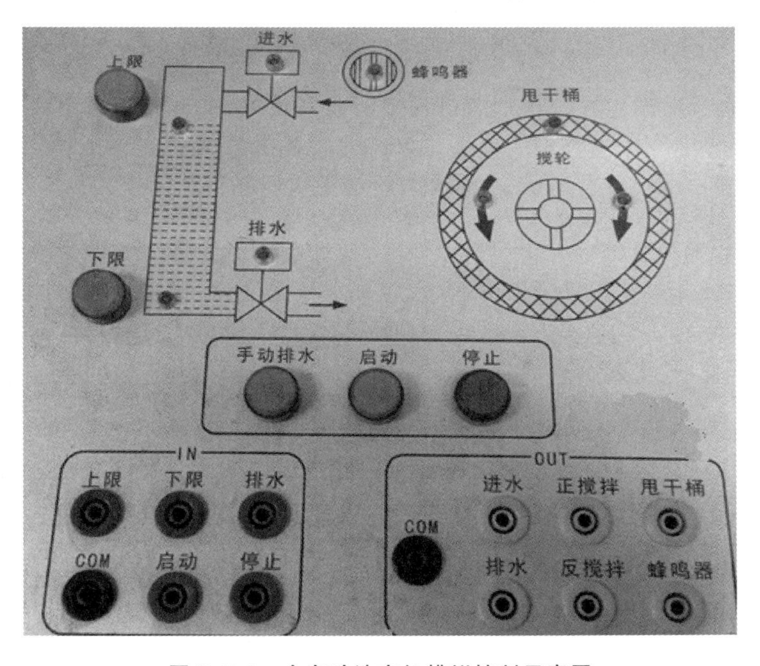

图 9.7.4　全自动洗衣机模拟控制示意图

(1) 按下启动按钮,进水电磁阀打开,开始进水(进水指示灯亮)。

(2) 进水到上限水位(按上限按钮),停止进水(进水指示灯灭),1 s 后开始洗涤。洗涤时,搅轮先正搅拌 5 s(正转灯亮),然后暂停 1 s(正转灯灭),然后反搅拌 5 s(反转灯亮),再暂停 1 s(反转灯灭)。如此循环 6 次。

(3) 洗涤结束,暂停 1 s 后排水(电磁阀打开,排水指示灯亮),排空后(下限按钮按下)甩干

3 s(甩干指示灯亮),同时按下下限按钮,排水电磁阀闭合(排水指示灯灭),进水电磁阀打开(进水指示灯亮)。

(4) 重复步骤(2)(3),循环清洗 3 遍。

(5) 清洗完成,蜂鸣器报警 5 s 并自动停机。

其 PLC I/O 分配表如表 9.7.4 所示。

表 9.7.4　全自动洗衣机模拟控制系统 PLC I/O 分配表

输入			输出		
地址	开关	含义	地址	灯	含义
I0.0		启动按钮	Q0.0		进水指示灯
I0.1		停止按钮	Q0.1		排水指示灯
I0.2		上限水位线	Q0.2		正转洗涤
I0.3		下限水位线	Q0.3		反转洗涤
I0.4		手动排水	Q0.4		甩干指示灯
			Q0.5		蜂鸣器

9.7.4　项目考评

考评的目的在于对学生在工程训练过程中所表现出来的态度、技术熟练程度和对训练的内容的了解、掌握程度等作出合理的评价。考评表如表 9.7.5 所示。

表 9.7.5　考评表

院系/班级:　　训练项目:　　指导老师:　　日期:

学号	姓名	态度(10%)	技术熟练程度(30%)	项目完成度(40%)	创新(20%)	总分	备注

思考与练习题

1. 在 PLC 的梯形图程序中触点、线圈分别代表什么含义?

2. 当通电延时定时器的使能输入端断开时,定时器是复位还是置位?常开触点是闭合还是断开?

3. 题图 9.1 所示是三相异步电动机正反转控制电路,请分别采用继电器-接触器控制和 PLC 控制两种控制方式实现之。画出前者的控制电路,给出后者的梯形图程序。

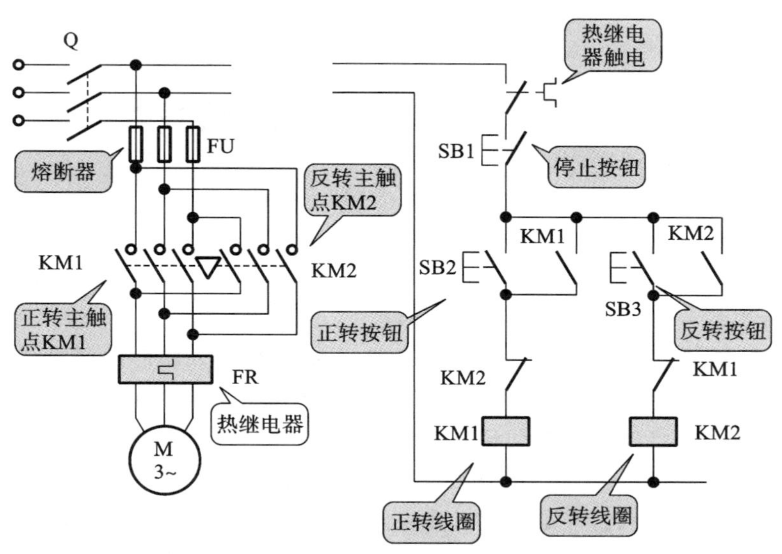

题图 9.1　三相异步电动机正反转控制电路

第10章　Arduino 智能机器人

10.1　智能机器人概述

机器人是一种具有高度灵活性的自动化机器，具备部分与人相似的智能，如感知、规划、动作和协同。机器人主要有两类：工业机器人和服务机器人。在发达国家，以工业机器人为基础的自动化生产线成套装备已成为自动化装备的主流及未来发展方向。国外汽车行业、电子电器行业、工程机械等行业已大量使用机器人自动化生产线，以保证产品质量和生产效率。

当前发展最快的服务机器人是医用机器人，如诊断机器人、护理机器人、伤残瘫痪康复机器人、医疗手术机器人等。服务机器人还有家用机器人、送信机器人、导游机器人、加油机器人、建筑机器人、农业及林业机器人等。酒店售货和餐厅服务机器人、炊事机器人和机器人保姆已不再是一种幻想。

服务机器人中最具吸引力的无疑是仿人形机器人，NAO 机器人就是世界上最先进的仿人形机器人之一。NAO 由法国阿尔德巴兰机器人公司研发，拥有 25 个自由度，行动灵活，全身共有 250 个传感器，可以采集几乎所有需要的数据。NAO 机器人可以完成机器视觉（如物件识别）、音频处理（如讲故事）、独立自主地运动控制（如跳舞、踢足球、交流互动）等功能。

10.2　Arduino 智能机器人的系统组成

10.2.1　Arduino 机器人创意组件概述

Arduino 是源自意大利的一个开放源代码的硬件开发平台，该平台包括一块基于 Atmel 的 ATmega328 单片机并且开放源码的控制电路板和一套为 Arduino 板编写程序的开发环境。

机器人创意组件基于 Arduino 开放源代码，采用模块化组装方案，其简单快捷的开发方式使得开发者可以更关注创意与实现，更快地完成交互产品的开发。

Arduino 创意组件包含 ARM 高性能嵌入式主控板、传感器、电动机、无线模块、蓝牙等通信模块，以及各种机械零部件。通过创意组件平台，学生可以制作呼吸灯、声光控灯、感应灯、计步器、心率测量仪等，亲身实践 Arduino 机器人组装、编程、电动机控制、蓝牙通信，设计制作双轮智能小车、全地形月球车等各种教育机器人，使之完成追踪、自动寻迹、穿越障碍等任务。在具有丰富教学经验的教师团队和实训室硬件环境的支持下，学生在这里可以很顺利地完成各种创意设计和制作，简单、快捷地实现自己的奇思妙想。

创意组件通过组装工具，将机械零部件和电子部件按需要进行组装，构成各种控制项目实训主题，如智能小车、履带车、排爆机器人等。围绕这些实训主题机构，学生可以自由安装电子模块，编写创新程序，组装各种机构和智能控制模型，完成主控板实验、TTL 传感器实验、LED 点阵实验、无线通信实验、手机蓝牙控制实验、加速度监测实验、环境温湿度检测实验、超声测距实验、颜色识别实验、红外编码器实验、遥控视频监控实验、按颜色分拣实验、运动姿态控制实验等实验。

10.2.2　创意制作的机械零件

创意制作的机械零件可以用来搭建机器人的不同组成部分。

1. 连杆类零件

连杆类零件提供了“线”单位。连杆类零件可用于组成平面连杆机构或空间连杆机构。杆与杆相连可以组成更长的杆，或构成桁架。连杆类零件如图 10.2.1 所示。

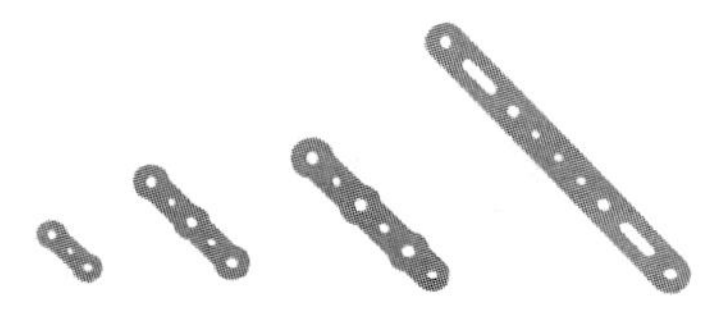

例：四种长度不同的杆件。从左至右依次为机械手20、机械手40、机械手40驱动、双足支杆

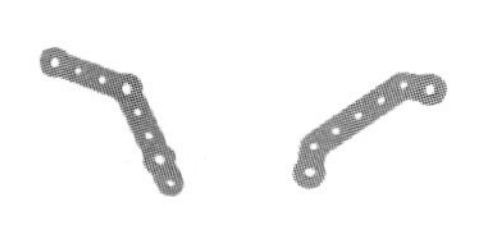

例：两种带角度的杆件，可用于需要角度变化的结构。从左至右依次为机械手指、双足连杆

图 10.2.1　连杆类零件

2. 平板类零件

这类零件适合作为“面”单位参与组装，可以安装成底板、立板、背板、基座、台面、盘面等。同时平板与平板之间的连接可以组成更大的“面”，或者不同层次的“面”。平板类零件如图 10.2.2 所示。

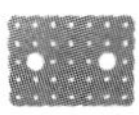

例：两种矩形平板件，从左至右依次为5×7孔平板、7×11孔平板，可用作底板、背景板、台面等搭载平台

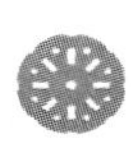
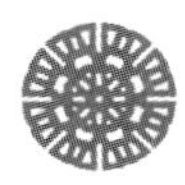

例：两种圆形平板件，从左至右依次为小轮、大轮，可用作轮子、滚筒的圆面、半球结构圆面、球结构圆面等

图 10.2.2　平板类零件

3. 框架类零件

框架类零件可以使线和面连接成“体”。框架类零件多用于转接，连接不同的“面”零件和“线”零件，组成框架、外壳等。框架类零件本身是钣金折弯件，有一定的立体特性，甚至可以独立成“体”，如图 10.2.3 所示。

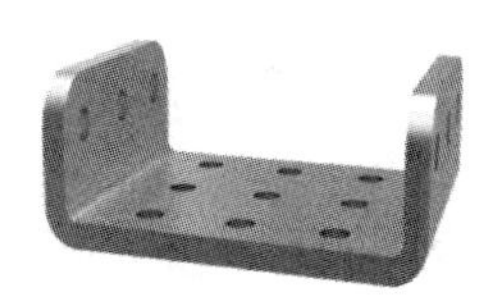

例：三种折弯件，可搭建机构支架，连接不同面。从左至右依次为90°支架、输出支架、3×5折弯

图 10.2.3　框架类零件

4. 辅助类零件

辅助类零件是通用性较弱，而专用性较强的零件。连杆类、平面类、框架类零件的通用性

极强，可以执行“像素”式的组合，而辅助类零件的用途往往比较单一。它们虽然也开有很多的扩展孔，在某些时候也可以用在其他地方，但是，适用范围却小很多，可以大大降低某些机构的组装难度。

1）**常规传动零件**

常规传动零件以齿轮为代表，提供常见的传动机构的元件。它们基本没有通用性，但是某些特殊机构必须用到。

2）**偏心轮连杆**

偏心轮连杆专门用于和偏心轮组合，在实际组装中，连杆件组成的曲柄摇杆结构可以替代偏心轮，但是使用偏心轮可以避免死点问题，如图 10.2.4 所示。

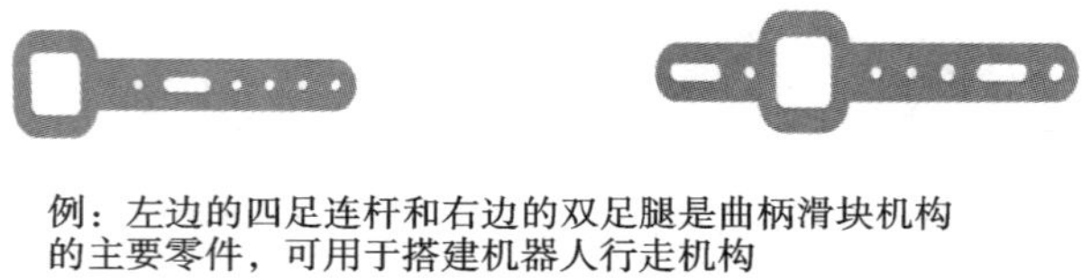

例：左边的四足连杆和右边的双足腿是曲柄滑块机构
的主要零件，可用于搭建机器人行走机构

图 10.2.4　偏心轮连杆

3）**电动机相关零件**

电动机相关零件，即电动机周边的辅助零件，包括电动机支架、输出头和 U 形支架等，如图 10.2.5 所示。

直流电动机支架
电动机支架
大舵机支架
大舵机U形支架

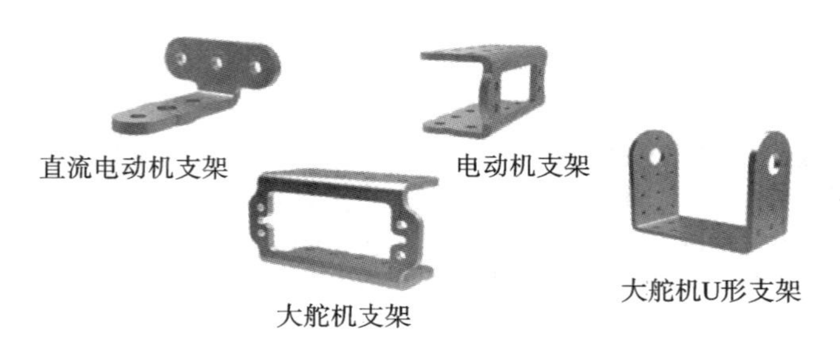

图 10.2.5　电动机相关零件

4）**轮胎相关零件**

轮胎需要联轴器才能和电动机的输出头相连。

创意制作的各类零件如图 10.2.6 所示。

10.2.3　Arduino 控制板

Arduino 控制板包括主控板和扩展板。

1. Basra **主控板**

Basra 主控板是一款基于 Arduino 开源方案设计的开发板，通过各种各样的传感器来感知环境，通过控制灯光、马达和其他的装置来反馈、影响环境。主控板上的微控制器可以在 Arduino、Eclipse、Visual Studio 等 IDE(集成开发环境)中通过 C/C＋＋语言来编写程序，编译成二进制文件，烧录进微控制器。Basra 的处理器核心是 ATmega328，同时具有 14 路数字输入/输出口(其中 6 路可作为 PWM(脉冲宽度调制)连接输出)，6 路模拟输入，16 MHz 晶体振荡器，USB 接口等。

 J01	 J02	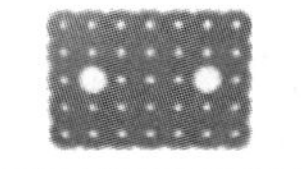 J03	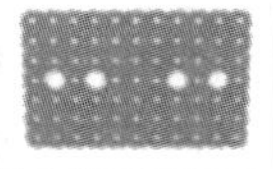 J04	 J05
10 mm滑轮	3×5双折面板	5×7孔平板	7×11孔平板	90°支架
 J13	 J14	 J15	 J17	 J18
机械手40驱动	机械手指	轮支架	输出支架	双足大腿
 J19	 J20	 J21	 J22	J23
双足脚	双足连杆	双足腿	双足小腿	双足支杆
 J24	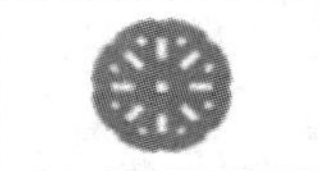 J25	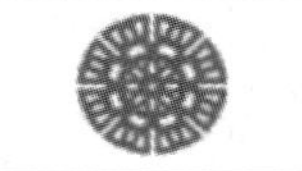 J07	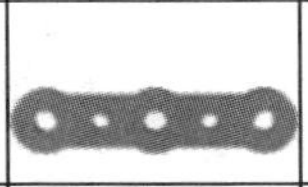 J12	
四足连杆	小轮	大轮	机械手 40	

图 10.2.6 创意制作的各类零件

2. 扩展板

Basra 主控板需要通过扩展板扩展功能，方便与大部分机器人传感器和执行机构轻松连接。图 10.2.7 所示是一款与 Basra 主控板搭配的扩展板：BigFish 扩展板。

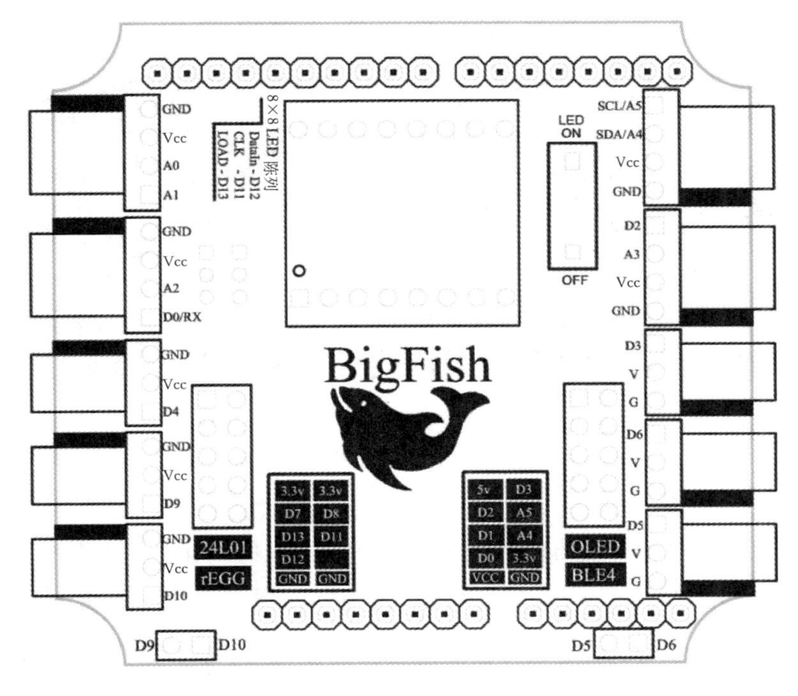

图 10.2.7 BigFish 扩展板

3. Arduino DFRobot 主控板

Arduino DFRobot 先后发布了十几种型号的主控板，有巨大版的 Arduino MEGA，有可缝在衣服上的类似纽扣的 Arduino LilyPad，也有微型的 Arduino Micro，还有 Arduino UNO 等。图 10.2.8 所示的主控板是现在最流行、最基础的 UNO 板。

DFRobot 主控板包括 14 个 I/O 数字端口，地址为：0～13。其中前面标注"～"的都是 PWM 端口。6 个 I/O 模拟端口的地址为：0～5。

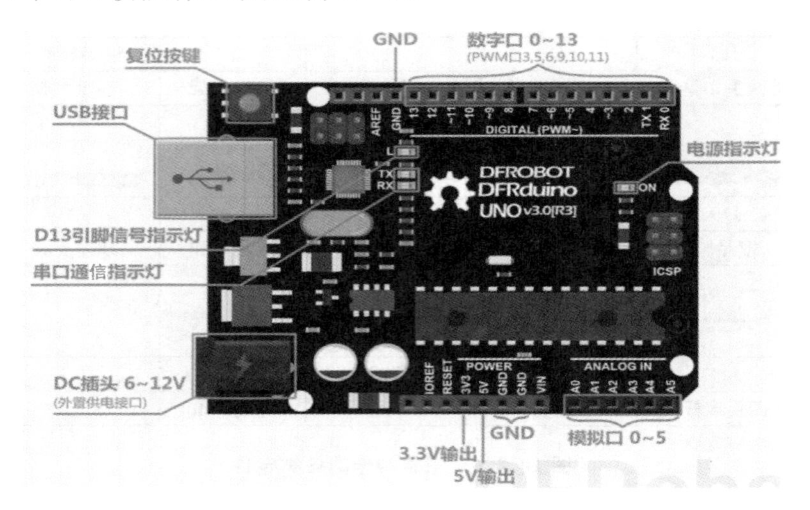

图 10.2.8 Arduino DFRobot **主控板**

Arduino DFRobot 推出了一套中级套件，如图 10.2.9 所示。套件包括 Arduino DFRobot 主控板、扩展板、液晶模块、振动传感器、人体红外热释电传感器、温湿度传感器、火焰传感器、声音传感器、气体传感器、角度传感器、环境光线传感器、数码管、SG90 舵机、红外遥控套件等。

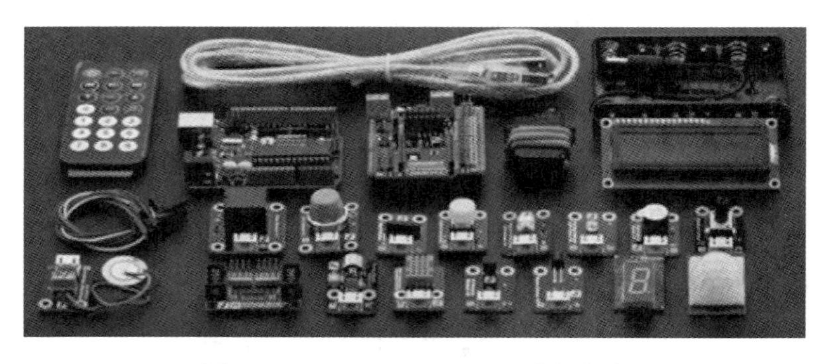

图 10.2.9 Arduino DFRobot **中级套件**

10.2.4 Arduino 传感器

Arduino 可以搭配多种类型的传感器完成各种机器人的制作。这些传感器包括近红外、灰度、火焰、颜色、触碰、触须、闪动、声控、超声波、加速度、温湿度、压力传感器等。

1. 灰度传感器

灰度传感器又称黑标传感器，可以帮助进行黑线的跟踪，可以识别白色背景中的黑色区域，或悬崖边缘。寻线信号可以提供稳定的输出信号，使寻线更准确、更稳定。

灰度传感器有效距离在 0.7～3 cm，工作电压为 4.7～5.5 V。

2. 近红外传感器

近红外传感器可以发射并接收反射的红外信号，通过识别能否接收反射的红外信号来判断前方是否存在目标。近红外传感器有效检测范围在 20 cm 以内，工作电压为 4.7～5.5 V。

3. 声控传感器

声控传感器可以检测到周围环境的声音信号，声控元件是对振动敏感的物质，有声音时就触发。其有效检测范围在 50 dB 以上(参考正常人说话时的声音)。

4. 火焰传感器

火焰传感器，又称光强传感器，可以检测到周围光线的强弱，因此能够识别火焰或光线的强弱。火焰传感器在照度 30 lux(相当于 40 W 日光灯 1.5 m 左右距离的照度)以下触发。

5. HC-SR04 超声波测距模块

HC-SR04 超声波测距模块可提供 2～400 cm 的非接触式距离感测功能，测距精度可达到 3 mm。该模块包括超声波发射器、接收器与控制电路。

6. MMA7361 加速度传感器

三轴加速度传感器是一种可以对物体运动过程中的加速度进行测量的电子设备，典型互动应用中的加速度传感器可以用来对物体的姿态或者运动方向进行检测，比如 Wii 游戏机和 iPhone 手机中的经典应用。

MMA7361 三轴加速度传感器是飞思卡尔公司生产的高性价比微型电容式三轴加速度传感器，可以对物体运动过程中的加速度进行测量，对物体姿态或运动方向进行检测及跌倒检测等。

7. DHT11 数字温湿度传感器

DHT11 数字温湿度传感器是一款含有已校准数字信号输出的温湿度复合传感器，它应用专用的数字模块采集技术和温湿度传感技术，包括一个电阻式感湿元件和一个 NTC 测温元件，具有响应快、抗干扰能力强、性价比极高等优点。每个 DHT11 传感器都在极为精确的湿度校验室中进行校准。校准系数以程序的形式存在 OTP 内存中，传感器内部在检测型号的处理过程中要调用这些校准系数。

8. 触碰传感器

触碰传感器可以检测物体对开关的有效触碰，通过触碰开关触发相应动作。触碰开关行程距离为 2 mm。

9. 闪动传感器

闪动传感器可以检测到环境光线的突然变化，从而使机器人做出相应的指令动作。30 lux 照度以上变暗触发，30 lux 照度以下变亮触发。用手电筒照射或者用手遮挡光线均可触发。

10.2.5　Arduino 通信模块

1. nRF24L01 无线通信模块

nRF24L01 无线通信模块是由 NORDIC 公司生产，工作频率在 2.4～2.5 GHz 的 ISM 频段的单片无线收发器芯片。无线收发器包括：频率发生器、增强型 ShockBurst 模式控制器、功率放大器、晶体振荡器、调制器和解调器。

nRF24L01 采用 4 线 SPI 通信端口，通信速率最高可达 8 Mbps，可通过软件设置工作频率、通信地址、传输速率和数据包长度。

2. 蓝牙串口模块

HC-05蓝牙串口通信模块具有两种工作模式：命令响应工作模式和自动连接工作模式。在自动连接工作模式下，模块又可分为主(master)、从(slave)和回环(loopback)三种工作方式。当模块处于自动连接工作模式时，将自动根据事先设定的方式连接的数据传输；当模块处于命令响应工作模式时，能执行AT命令，用户可向模块发送各种AT命令，为模块设定控制参数或发布控制命令。

10.2.6 Arduino 直流电动机

1. 直流电动机的转向控制

直流电动机的转向与加在两端的直流电压的极性一致，因此我们可以通过改变加载到直流电动机两端的高低电平的顺序来控制直流电动机的转向。

2. 直流电动机的转速控制

直流电动机的转速与加在两端的直流电压的大小成正比。

直流电动机的速度控制需要采用PWM的方式来实现。即给电动机一端输出低电平，另一端输出脉冲信号，即PWM信号。

PWM，即脉冲宽度调制，通过对一系列脉冲的宽带进行调制(或控制)，来等效得到所需要的波形(包括形状和幅值)，可以将数字信号转换成模拟信号。PWM值范围为0～255。

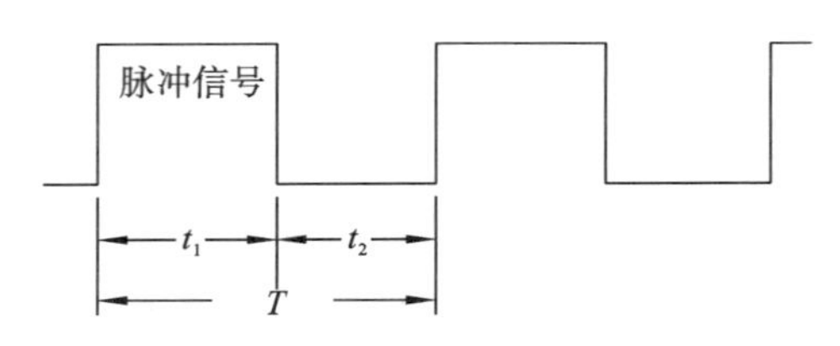

图 10.2.10 脉冲信号的占空比

根据傅里叶变换的原理，脉冲信号的平均电压 $U_d = U_{max} \cdot D$，其中 $D = t_1/T$，也就是脉冲信号的占空比(见图10.2.10)，U_{max} 为脉冲信号的幅值。由于电动机速度与电动机两端平均电压成正比，因此当我们改变占空比 D 时，就可以得到不同的电动机速度，从而达到调速的目的。

10.3 Arduino 编程软件

10.3.1 Arduino 编程软件

Arduino IDE编程开发软件支持Windows、MAC OS、Linux等多种操作系统，通过C/C++语言来编写程序，编译成二进制文件，烧录进微控制器。目前使用较多的版本为1.5.X。

Arduino IDE安装完成后，运行arduino-1.5.X目录下的arduino.exe，就可以启动Arduino编程环境，如图10.3.1所示。其中，setup()为初始化程序(初始化函数)，loop()为主程序(主函数)。

10.3.2 程序的主体结构

Arduino程序由两部分组成：setup()和loop()。

1) setup()

setup()为初始化函数，用于初始化变量、设置针脚的输出/输入类型、配置串口、引入类库

```
sketch_aug13a | Arduino 1.5.2
File Edit Sketch Tools Help
sketch_aug13a
void setup() {
  // put your setup code here, to run once:

}

void loop() {
  // put your main code here, to run repeatedly:

}
```

图 10.3.1　编辑程序界面

文件等。每次 Arduino 上电或重启后，setup()函数仅执行一次。

2) loop()

loop()为主函数，完成设计功能。loop 程序是循环进行的。

10.3.3　ArduBlock 图形化编程

Arduino IDE 支持图形化编程，可以让毫无程序语言基础的使用者快速编写程序。在 Arduino IDE 中单击 Tools 中的 ArduBlock，便可以启动 ArduBlock 图形化编程环境，如图 10.3.2 所示。

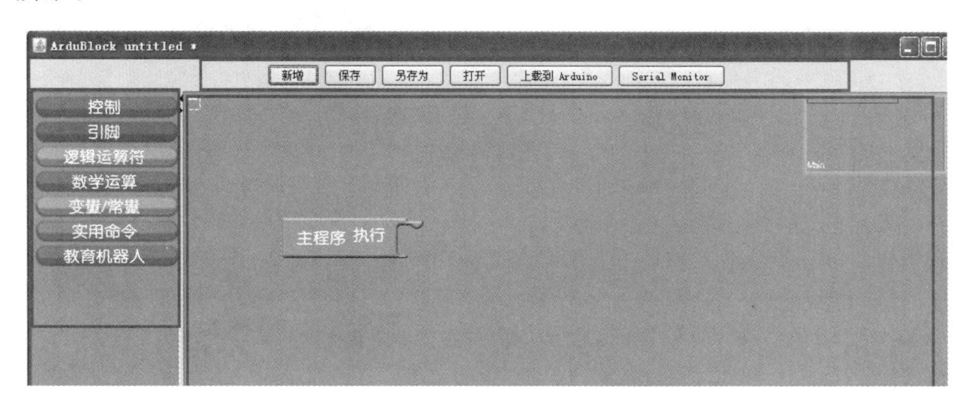

图 10.3.2　ArduBlock 界面

ArduBlock 界面主要分为三大部分：工具区(上)，积木区(左)，编程区(右)。其中，工具区主要包括保存、打开、下载等功能；积木区主要是用到的一些积木命令；编程区则是通过搭建积木来编写程序的区域。

工具区包括“新增”“保存”“另存为”“打开”“上载到 Arduino”“Serial Monitor”选项。单击“上载到 Arduino”选项，Arduino IDE 将生成代码，并自动上载到 Arduino 板子，需要注意的是，在上载到 Arduino 之前，要查看一下端口号和板卡型号是否正确。“Serial Monitor”则用来打开串口监视器。

积木区的积木共分为七大部分：控制，引脚，逻辑运算符，数学运算，变量/常量，实用命令，教育机器人。

除子程序执行模块外，所有积木模块都必须放在主程序内部。当编写积木程序时，要注意把具有相同缺口的积木模块搭在一起。

10.3.4　ArduBlock 图形化编程示例

示例 10.3.1：LED 灯控制

使用环境光线传感器、人体红外热释电传感器、角度传感器、按钮、LED、DFRobot 主控板等制作感应灯、声控台灯、呼吸灯等。

1）任务要求

要求使用环境光线传感器、人体红外热释电传感器、LED 灯等实现下述功能。

（1）光线暗时，LED 亮；光线强时，LED 灭。

（2）光线越暗，LED 越亮；光线越强，LED 越暗。

（3）当有人靠近时，LED 灯亮；人一旦走开，LED 灭。

2）设计方案

（1）使用环境光线传感器。传感器有三个针脚，其中一个针脚（红线）接 VCC，一个针脚（黑线）接 GND，另外一个针脚接数字信号或者模拟信号。环境光线传感器属于模拟传感器，接在 Arduino 控制器的模拟口，LED 接在 Arduino 控制器的数字口。

将传感器的光强阈值设置为 30。如果光强值小于 30，表示光线暗，则 LED 亮；如果光强值大于 30，表示光线强，则 LED 灭。

参考程序如图 10.3.3 所示。

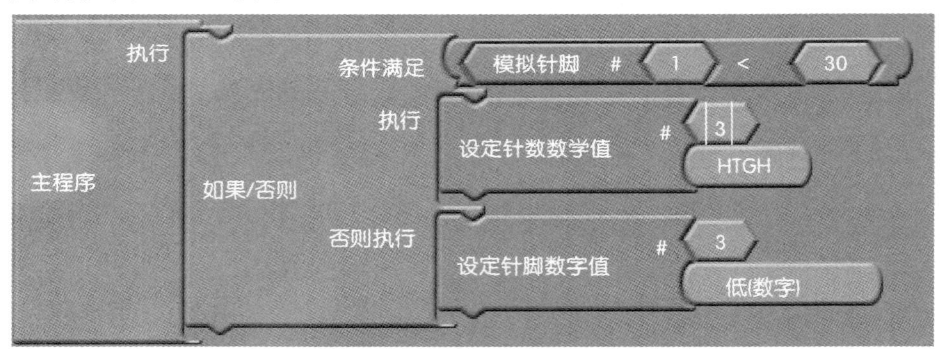

图 10.3.3　光控 LED 参考程序

（2）LED 亮度随光线强弱而变化。

灯光的亮度控制需要一个模拟控制信号。在数字电路中输出模拟信号最有效的手段是采用 PWM 技术。即通过调整输出信号占空比，从而达到改变输出平均电压的目的，换句话说，就是使用数字控制产生占空比不同的方波信号来控制模拟输出，从而达到控制 LED 暗亮程度的目的。

由于 Arduino DFRobot 主控板上本身有 6 个针脚（3，5，6，9，10，11）支持 PWM，因此可以直接利用相应的针脚输出 PWM 信号。也就是只需要直接给相应的针脚写入一个模拟变量的值，就可以改变 LED 的亮度，PWM 值的范围为 0～255。

参考程序如图 10.3.4 所示。

（3）使用人体红外热释电传感器。

人体红外热释电传感器是利用红外线来进行数据处理的一种传感器。热释电传感器通过

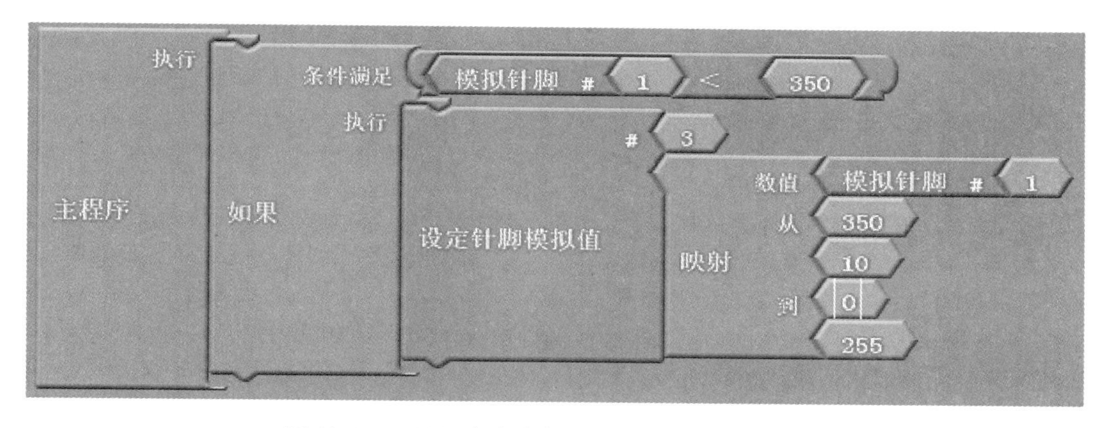

图 10.3.4　LED 亮度随光线强暗而变化的参考程序

安装在传感器前面的菲涅尔透镜将红外线聚焦后加至两个探测元件上，从而使传感器输出电压信号。

示例 10.3.2：台灯

1）任务要求

使用按钮控制台灯，按下按钮时 LED 变亮，再按下按钮时 LED 灭。

2）设计方案

按钮有按下或释放两种状态，可通过 Arduino 的数字口读取模块来读取。

按钮在按下时经常会发生抖动现象。按钮抖动会导致一次按键被误读为多次按键，为了使系统对按钮的一次闭合仅做一次处理，必须对按钮进行去抖动处理：在按钮闭合稳定时读取按钮的状态，并且必须等按钮释放稳定后再做处理。不同开关的最长抖动时间也不同。抖动时间的长短和机械开关特性有关，一般为 5～10 ms。抖动处理的最简单方法就是采用延时方式。

根据按钮按下的次数决定灯是亮还是灭。按钮按下 LED 亮，按钮再按下 LED 灭，能够使按钮控制 LED 更稳定。

使用模拟变量来记录按钮按下的次数（按钮每按下一次，变量值加 1）。按钮第一次按下 LED 亮，变量值为 1；第二次按下 LED 灭，变量值为 2；第三次按下 LED 亮，变量值为 3……依此类推，我们会发现，变量值为奇数时，LED 亮；变量值为偶数时，LED 灭。因此我们可以借助余数来实现：如果余数为 1，LED 亮；否则，LED 灭。

按钮控制 LED 的参考程序如图 10.3.5 所示。

示例 10.3.3：呼吸灯

1）任务要求

控制 LED 的亮度，先由暗慢慢变亮，然后再由最亮慢慢变暗，像呼吸一样有节奏。并且要求呼吸的节奏可调。

2）设计方案

灯光的亮度控制需要一个模拟控制信号。在数字电路中输出模拟信号最有效的手段是采用 PWM 技术。

直接利用相应的针脚就可以输出 PWM 信号。将 LED 接针脚 3。

在程序设计上需要使用一个循环体来实现亮度的逐渐变化。循环判断的条件是变量值小于等于 255 及大于等于 0。LED 的亮度变化可以通过改变变量的值来实现。呼吸灯参考程序

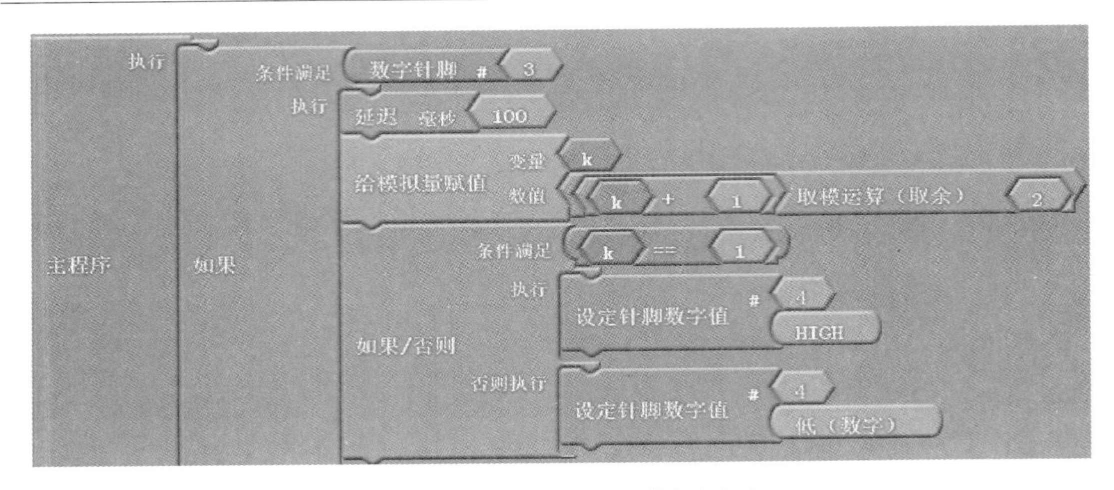

图 10.3.5　按钮控制 LED 的参考程序

如图 10.3.6 所示。

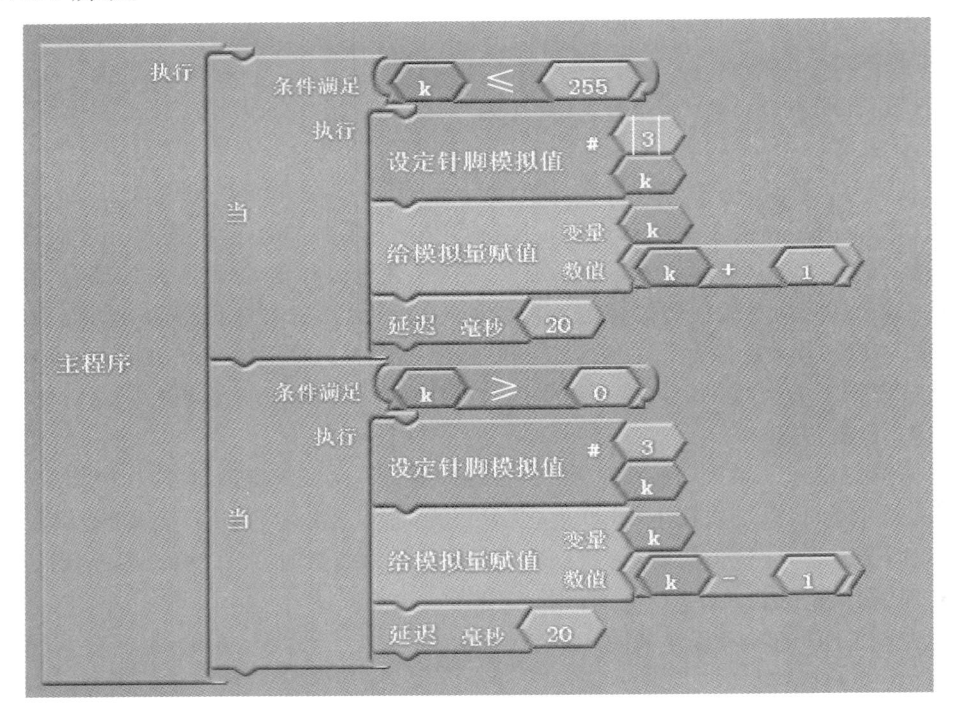

图 10.3.6　呼吸灯参考程序

主程序执行得很快，所以要加入延时。当循环的次数取决于变量 k 的值，延时时间长度不变时，循环次数越小，“呼吸”得越快；相反，“呼吸”得越慢。

10.4　智能机器人实训

10.4.1　训练目标与内容

（1）了解智能小车组成及其工作原理。

(2) 熟悉 Arduino 软件的使用。

(3) 通过手机蓝牙模块控制智能小车的运动，分别通过红外追踪、自动寻迹和手机控制三种方式，实现智能小车完成给定的任务。

10.4.2　训练环境

主要仪器设备：Arduino 智能机器人套件 15 套、编程软件(Arduino 软件)40 套、简易智能小车赛道 1 个、复杂小车赛道 1 个、万用表、常用电工工具及仪表等。

10.4.3　训练步骤与要求

下面训练项目，三人一组，每组至少选取一个项目，按照要求完成智能小车设计。

1. 任务要求

使用 HC-05 蓝牙串口模块、Arduino 主控制板、扩展板、直流电动机、红外传感器、灰度传感器和各类机械零件等制作一套双轮万向智能小车，在指定的赛道上完成三阶段任务。

1) 第一阶段：红外追踪

通过手机给智能小车发出"红外追踪"指令。智能小车从回收区出发跟踪目标沿左边白色路面到达出发区停止等待。

智能小车车身左右两侧各安装 1 个红外传感器，要求：

(1) 若 2 个传感器都没有检测到目标(无目标)，则智能小车静止；

(2) 若左边传感器检测到目标(目标在左方)，则智能小车向左转；

(3) 若右边传感器检测到目标(目标在右方)，则智能小车向右转；

(4) 若两侧传感器同时检测到目标，则智能小车直线前进。

2) 第二阶段：自动循迹

通过手机给智能小车发出"自动循迹"指令。智能小车从出发区出发沿赛道上的黑线自动寻迹直至停车区停止线处。

智能小车安装 2 个灰度传感器，传感器面向地面，与地面的距离在 1～3 cm 之间。赛道路面为白色，中间是一条 2 cm 宽黑线。智能小车沿黑色轨迹行走，要求：

(1) 2 个传感器都没有检测到黑线时，智能小车直线前进；

(2) 若有一侧传感器检测到黑线，则智能小车向该侧转弯。

在自动循迹的过程中，当智能小车检测到前方有障碍物时，要能绕过障碍。即：

若前方没有障碍，则智能小车前进；

若左前方有障碍，则智能小车右转绕行；

若右前方有障碍，则智能小车左转绕行；

若正前方有障碍，则智能小车后退一段距离，右转，绕行。

3) 第三阶段：蓝牙通信控制

当智能小车到达停止线时，通过手机上的 APP 采用键盘控制方式设置键盘界面，利用键盘指令，或者利用手机上的重力感应模块，遥控智能小车通过前进、后退、左转、右转及停止等动作按预定路线到达目的地。

智能小车赛道如图 10.4.1 所示。

2. 红外追踪设计

2 个红外传感器分别接到扩展板的传感器接口上，左、右侧传感器的地址分别是 14 和 18。

图 10.4.1　智能小车赛道

驱动 1 台直流电动机需要同时使用两个端口地址，其中左侧电动机的两个端口地址分别是 9、10，右侧电动机的两个端口地址分别是 5、6。为了实现对直流电动机的模拟输出控制，需要使用模拟输出函数 analogWrite()。红外追踪的参考程序如图 10.4.2 所示。

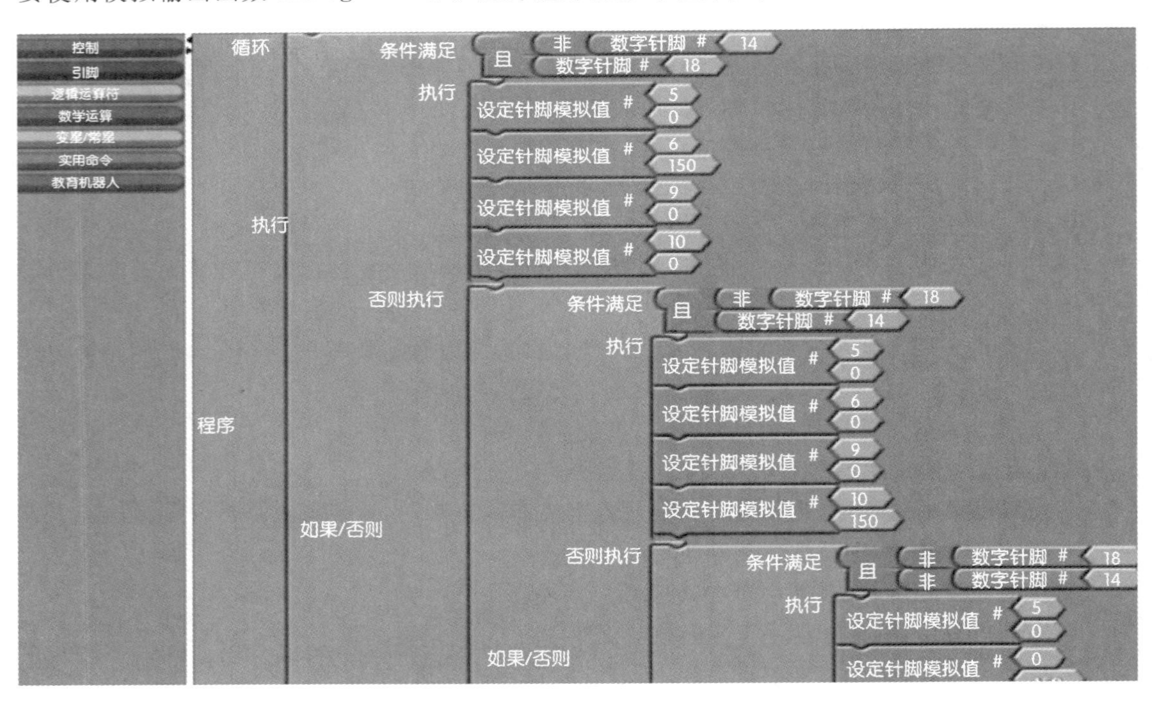

图 10.4.2　红外追踪的参考程序

3. 蓝牙串口通信

将蓝牙模块连接到 BigFish 扩展板上。

在智能小车端编写代码。在手机端发送 f,b,l,r,s 等字符，就可以实现通过手机遥控小车做出前进、后退、左转、右转、停止等动作。智能小车端的参考程序代码如下：

```
void loop()
{
```

```
char  getstr= Serial.read();//获取蓝牙指令
if(getstr= = 'f')
{//前进
  Serial.println("go forward!");
  Forward(  ); }
else if(getstr= = 'b'){//后退
  Serial.println("go back!");
  Backward(  ); }
else if(getstr= = 'l'){//左转
  Serial.println("go left!");
  Leftward(  ); }
else if(getstr= = 'r'){//右转
  Serial.println("go right!");
  Rightward(  ); }
else if(getstr= = 's'){//停车
  Serial.println("Stop!");
  Stop(  ); }
  }
```

在手机端下载“蓝牙串口助手”APP，安装到手机后打开，单击搜索到的HC-05设备，初次连接需输入密码“1234”进行配对，配对完成后选择操作模式为“键盘模式”，最后设置键值。

10.4.4 项目考评

考评的目的在于对学生在工程训练过程中所表现出来的态度、技术熟练程度和对训练的内容的了解、掌握程度等作出合理的评价。考评表如表10.4.1所示。

表10.4.1 考评表

院系/班级：　　　　训练项目：　　　　指导老师：　　　　日期：

学号	姓名	态度（10%）	技术熟练程度（30%）	项目完成度（40%）	创新（20%）	总分	备注

10.5 Arduino现代电子综合训练

10.5.1 全地形月球车设计示例

1. 任务要求

使用主控板、扩展板、蓝牙串口模块、直流电动机、灰度传感器和各类机械零件等设计制作全地形月球车机器人。月球车可以自由选择障碍场地类型和数量，在限定的时间内完成穿越

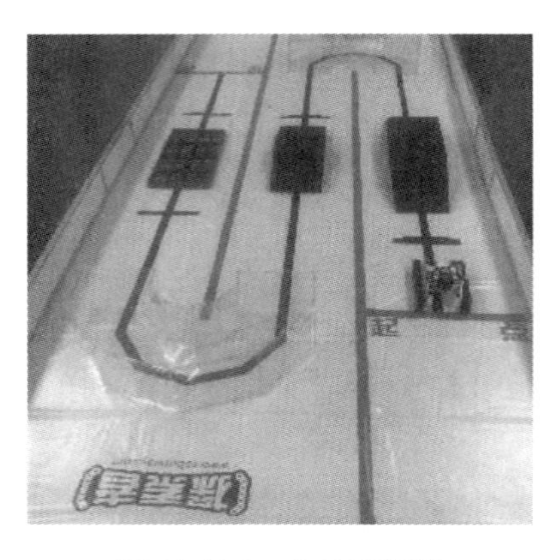

图 10.5.1 全地形赛道

场地中设定的五个不同特点和难度的障碍物。

障碍场地设定四种不同特点、不同难度的障碍场景，每种障碍场景均有一定的分值。月球车完成能力所及的场景，获得相应的分值。场地障碍场景内容有：模拟工业用栅格地毯、楼梯、管道、独木桥。全地形赛道如图 10.5.1 所示。

全地形月球车在赛道上按要求完成下列两项任务。

1）启停控制

通过手机给月球车发出“启动”指令。月球车从“起点”处出发沿黑色轨迹自动寻迹，越过不同障碍。当月球车到达“终点”处时，给月球车发出“停止”指令，月球车停止运动。

2）越障

月球车自动穿越场地中设定的四种类型五个不同特点和难度的障碍物。越障过程中不能用手接触月球车。

全地形月球车综合训练项目的成绩由三部分组成：障碍完成分、计时分、创新报告分。

障碍完成分的评分依据为通过障碍的情况。按通过障碍的数量计分，每越过一个障碍得一定的分值。以“作品投影与障碍头部边界重合并完全进入（或离开）障碍”为通过标准。如果选择绕过障碍则不得分。

计时分以设定的时间为限，完成时间越少，分值越高。

创新报告分的评分依据为提交的全地形月球车自主创新设计技术报告。

2. 全地形月球车的轮结构设计

全地形月球车就是可以跑多重地形的机器人。

月球的路况非常复杂，其表面崎岖不平的路面，有石块、陨石坑，还有坡。在这种情况下，设计的轮子便需要克服重重障碍，既不能打滑，也不能翻车。全地形月球车要适应不同的地形，因此我们需要先了解都有哪些地形：平整地面、石头路、泥泞路、山地等。针对这些不同的地形，我们除了要考虑选择不同的轮结构外，还应该考虑增加一些机构来辅助，比如增加悬挂系统，通过增加支架的方式增大轮的直径。

根据轮结构，全地形月球车有轮形和履带形两大类型。常见的智能汽车就属于橡胶轮机器人，履带式排爆机器人属于履带机器人。

轮形全地形月球车的优点是速度快、效率高、运动噪声低；缺点是越障能力、地形适应能力差。履带形全地形月球车的优点是越障能力、地形适应能力强，可原地转弯；缺点是速度相对较低、效率低、运动噪声较大。

轮形全地形月球车结构的最大缺点是越障能力差。为了提高其越障能力，可以增大轮的直径。如果轮的直径足够大，那么所有的障碍都会被克服。因此采用大脚轮的设计是一种可行的方案，如图 10.5.2 所示。

履带轮结构可以简单理解为柔性链轮。因为它所具备的柔性，所以对于有凸起的地面，它比较容易通过。此外由于履带轮的尺寸较大，所以对于有凹坑的地面，履带轮也能非常快速地越过。

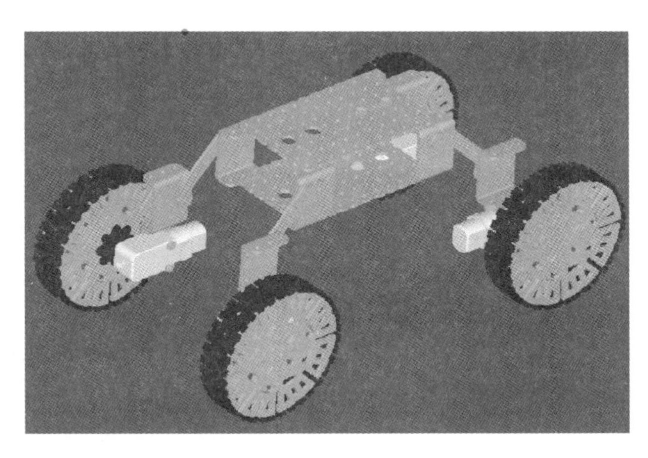

图 10.5.2　大脚轮全地形月球车

3. 全地形月球车的悬挂系统设计

悬挂系统是汽车的车架与车桥或车轮之间的一切传力连接装置的总称，其作用是传递作用在车轮和车架之间的力和力矩，并且缓冲由不平路面传给车架或车身的冲击力，并衰减由此引起的震动，以保证汽车能平稳地行驶。

悬挂系统不仅仅可以用于越障，还可以提升整个车体的抓地性能，避免打滑、增加爬坡能力、减小车身颠簸幅度等。

全地形月球车悬挂系统的设计方案很多，这里列举两种。

1）单点悬挂底盘悬挂方案

前、后轮系统利用一个铰链结构进行连接，遇到普通障碍时前后轮发生相对扭转，保证起码 3 个轮子不会脱离地面。单点悬挂底盘的结构如图 10.5.3 所示。

图 10.5.3　单点悬挂底盘

2）连杆组底盘悬挂方案

前轮、后轮均安装在四边形连杆组上，中间车架也是一个四边形连杆组，从而构成了一个空间连杆组。遇到普通障碍时连杆组发生平行形变，从而保证起码 3 个轮子不会脱离地面。连杆组底盘的结构如图 10.5.4 所示。

4. 全地形月球车的底盘组装

月球车的底盘一般采用被动摇臂式悬挂结构设计，所以该底盘对场地不同障碍的适应性较强，有较强的越障性能。

图 10.5.4　连杆组底盘

月球车底盘的结构比较复杂，组装难度较高，主要由三部分组成，分别是基板、轮模块、连接轮模块与基板的支架。底盘结构如图 10.5.5 所示。

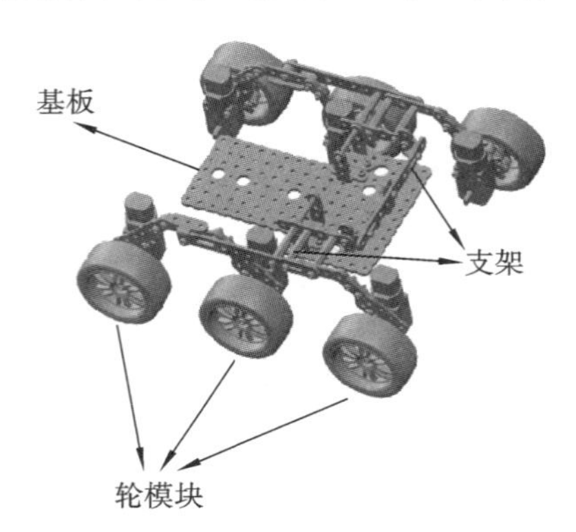

图 10.5.5　月球车底盘结构

轮模块是月球车底盘的驱动和执行模块。月球车底盘共有 6 个轮模块。底盘的前进、后退、转向等基本动作都由该模块实现。基板是月球车底盘的承载部分。一般而言，底盘所用的控制器、电池、传感器等都可以安装在基板上。支架是月球车底盘的主要被动摇臂式悬挂结构部分，主要用于连接基板和轮模块。底盘的组装难度也主要在于支架这一部分。

1）轮模块组装

轮模块组件包括直流电动机、直流马达输出头、轮胎、螺柱、联轴器、螺钉、螺母等，如图 10.5.6 所示。

轮模块的组装步骤如下：

图 10.5.6　轮模块组件

(1) 输出头安装，安装于直流电动机粉色端；

(2) 轮组装，在联轴器里放置一个 15 mm 的螺柱（这里螺柱可作为螺母使用）；

(3) 轮组装，使用 F310 螺钉锁死联轴器与直流电动机输出头；

(4) 锁上轮胎，完成其他 5 个轮模块的组装。

2）底盘组装

月球车底盘是一个被动摇臂式悬挂底盘，其主要结构在支架部分。被动摇臂式悬挂底盘可简单理解为地形的变化使底盘结构被动变形，这样可以尽量保证小车的每一个轮都不会悬空，这样就要求每个轮之间要相对活动。我们可以通过杠杆结构来实现这一功能。

根据杠杆原理，我们知道在一个支杆上，当一端受力时，两端会围绕支点旋转，实现两端相对运动。所以在组装这种杠杆结构时，关键是要找到杠杆的支点。

在六轮悬挂底盘结构中我们将六个轮模块分成三组，相邻两个轮模块为一组。我们以其中一个杠杆为例，比如 C1 和 B1 轮。它们之间连接的支杆是 C1B1，如果 C1 和 B1 轮要相互运动，那么我们找到 C1B1 杆的支点 j1。所以我们在组装时要实现 C1 和 B1 轮模块的相对运动，只需要将 C1 轮、B1 轮固定在 C1B1 杆上，实现刚性连接，然后将支点 j1 组装为可动连接。其他杠杆的支点为 j2、h1、h2、k，如图 10.5.7 所示。

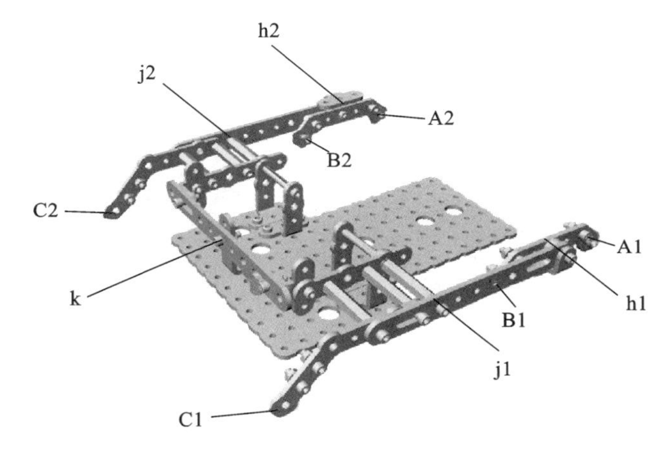

图 10.5.7 被动摇臂式悬挂底盘的杠杆结构

3）加入了攀爬机构的全地形月球车

我们还可以给底盘增加攀爬或支撑机构来解决攀爬问题。图 10.5.8 所示是一个可以爬楼梯的机器人。当遇到楼梯或较高的障碍时，机器人可以利用关节上的“爪”进行攀附和支撑，从而爬上楼梯或越过障碍。

图 10.5.8 机器人增加了攀爬机构的底盘

5. 全地形月球车的循迹方案

要想识别地面上的黑线或者白线，至少需要安装两个灰度传感器。两个传感器分别安装在底盘车头的左、右两侧。传感器距离车轮越远，效果越好。如果左侧传感器检测到轨迹，说明小车右偏，就向左行驶来纠正；同理，如果右侧传感器检测到轨迹，就向右行驶来纠正。这样就保证轨迹始终在两个传感器之间。

循迹方案的运动原理图如图 10.5.9 所示。

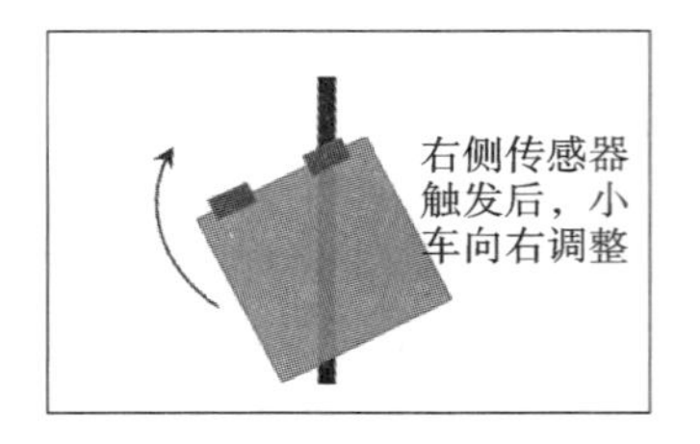

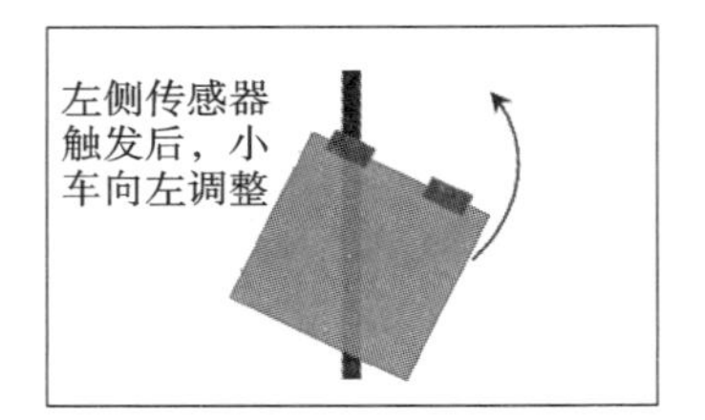

图 10.5.9　循迹方案的运动原理图

月球车循迹的参考程序如图 10.5.10 所示。

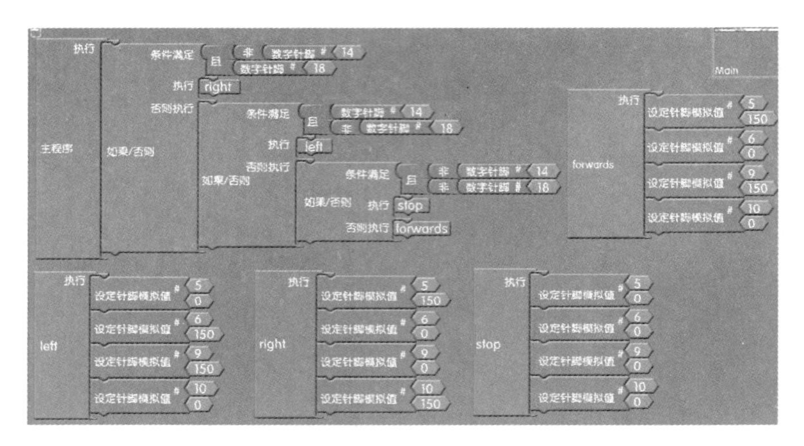

图 10.5.10　月球车沿黑线轨迹行驶参考程序

10.5.2　Arduino 现代电子综合训练

1. 任务要求

以 Arduino 控制板及有关传感器模块为基础，完成三个主题的综合训练。

1) **智能手环**

使用心率传感器或自己设计心率测量电路，测量人体的脉搏信号的频率。利用加速度传感器采集人体运动时的加速度数据，从而计算行走步数。在液晶显示屏上显示当前的心率和行走步数。并制作 LED 呼吸灯，灯"呼吸"快慢随心跳频率或行走节奏的快慢而变化。利用心率与运动强度的关系控制运动强度。

设计参考与提示如下。

心率测量采用 DFRobot 超小型心率传感器 SEN0203。该传感器采用光电容积脉搏波描记法，通过测量血液中血红蛋白随心脏跳动而对氧气吸收的变化量来测量人体心率参数。模块拥有方波和脉搏波两种信号输出模式，可以通过板载开关自由切换输出信号。脉搏波将输出一个连续的心率波形，而方波将根据心率的变化输出对应的方波。心率传感器如 10.5.11 所示。把传感器直接放在手指、手腕等地方就可以测量心率。

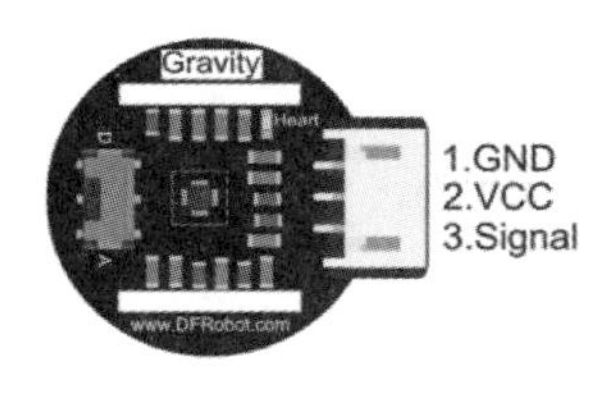

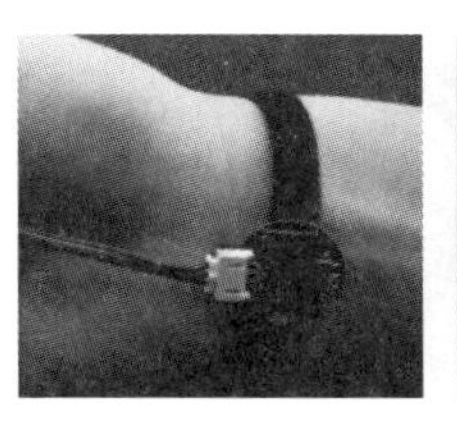

图 10.5.11　心率传感器

心率传感器接到 DFRobot 主控板的 A1 针脚，传感器上的开关拨向 A 挡，如图 10.5.12 所示。

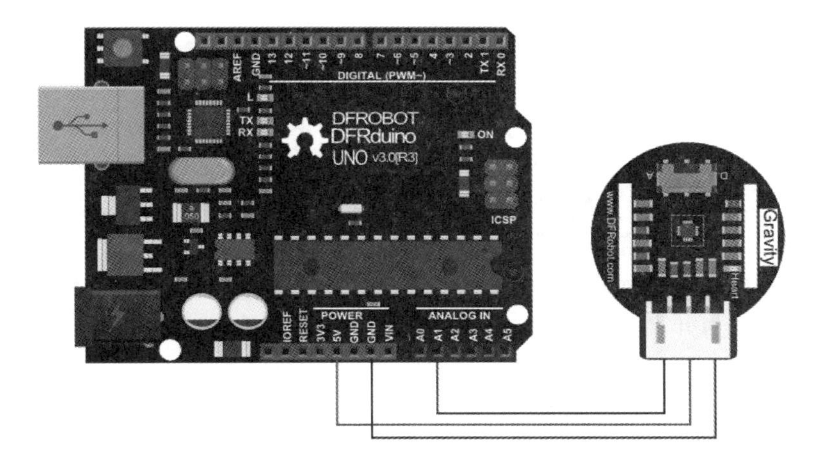

图 10.5.12　心率测量电子连接

编写心率测量程序测试血氧饱和度值，打印心率波形。样例代码如下：

```
# define heartPin A1
void setup(){
  Serial.begin(115200);
}
void loop()  {
  int heartValue =  analogRead(heartPin);
  Serial.println(heartValue);
  delay(20);
}
```

菜单栏中选择 Tools→Serial Plotter，通过串口绘图器观察，可以看到血氧波形如图 10.5.13所示。

2) 智能手表

利用温湿度、加速度传感器等制作智能手表。当手表晃动一下时显示时间，晃两下时显示温湿度。手表晃动次数通过加速度传感器来识别。同时智能手表还应该具备其他的一些功能，如时间显示、闹钟提醒等功能。

设计参考与提示如下。

Arduino 三轴加速度传感器采用飞思卡尔公司生产的高性价比微型电容式三轴加速度传感器 MMA7361 芯片。此款芯片对于普通的互动应用来讲应该是种不错的选择，可以应用到

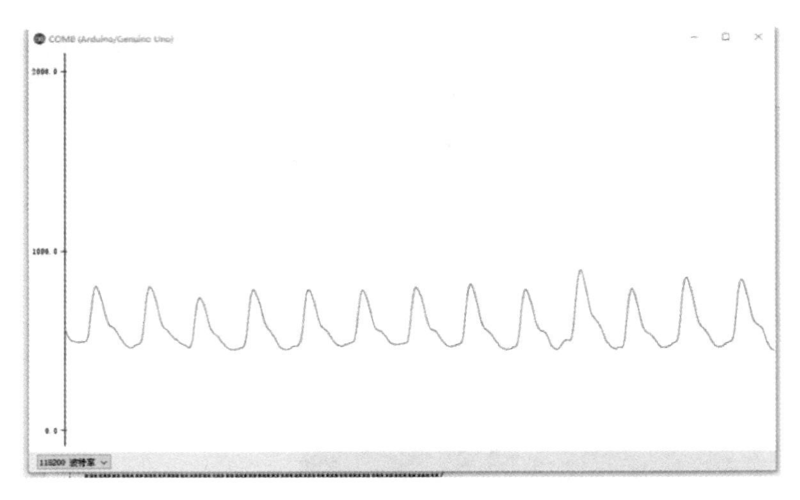

图 10.5.13　心率血氧波形

摩托车和汽车防盗报警、遥控航模、游戏手柄、人形机器人跌倒检测、硬盘冲击保护、倾斜度测量等场合。

MMA7361 采用信号调理、单极低通滤波器和温度补偿技术，提供±1.5 g/6 g 两个量程，用户可在这 2 个灵敏度中选择。该器件带有低通滤波并已做 0 g 补偿，提供休眠模式，因而是电池供电的无线数据采集的理想之选。另外，它还具有电源指示灯，方便观察工作情况；±1.5 g /6 g两个量程可通过开关任意切换。三个 PH2.0 插座配合模拟传感器连接线，可轻松连接到 Arduino 传感器扩展板上，制作倾角、运动、姿态相关的互动作品。

把 MMA7361 三轴加速度传感器的输出端连接到 Arduino 的模拟输入端上，完成对三轴加速度传感器的测试。测试参考程序如下：

```
void setup()
{   Serial.begin(19200);// 19200 bps   }
void loop()
{     int x,y,z;
      x= analogRead(0);
      y= analogRead(1);
      z= analogRead(2);
      Serial.print("x=  ");
      Serial.print(x ,DEC);
      Serial.print(',');
      Serial.print("y=  ");
      Serial.print(y ,DEC);
      Serial.print(',');
      Serial.print("z=  ");
      Serial.println(z ,DEC);
          delay(100);   }
```

3) **智能家居**

利用 Arduino DFRobot 套件搭载的火焰、温湿度、可燃气体、环境光线、人体红外热释电运动、声音等传感器以及蜂鸣器、舵机等，设计、制作智能家居系统。实现如下三功能。

（1）室内灯光控制。

当环境光线传感器检测到光线较强时，不管人体红外热释电传感器是否检测到有人存在，LED 均不亮。反之，光线暗淡而且有人经过时，LED 点亮，直到人员离开后延时一段时间熄灭。

（2）火灾报警。

根据火焰、温湿度、气体传感器检测到的相关信息，当发生火灾危险时，如有两个或两个以上的传感器检测的数据超过阈值，则通过蜂鸣器、LED 等发出火灾报警信号。

设计参考与提示如下。

由于火灾主要由明火、可燃气体浓度过大、温度太高三方面的原因引起，因此监测节点主要监测这三方面数据。火焰传感器模块用于明火检测，探测角度约为 60°，可以根据不同环境、不同需求调节灵敏度，并通过检测模块输出接口的电平信息及时准确地判断环境中是否有明火。可燃气体浓度检测使用 MQ-2 可燃气体传感器模块。当传感器处于一定浓度的可燃气体环境中时，可以通过输出的模拟信号获取环境中的可燃气体浓度值。DHT11 温度湿度控制模块具备温度湿度传感技术以及数字模块采集技术，具有体积小巧、功能较多、功耗较低、传输距离远、稳定性好等优点，非常适用于智能家居系统。

Arduino 提供了 DHT 开源库，该库提供了 readTemperature()、readHumidity()两个函数供开发者读取温度和湿度值。

（3）入侵检测。

当人体红外热释电传感器和声音传感器同时检测到有人靠近时，通过蜂鸣器、LED 发出入侵报警信号。

2. 实训报告及评分规则

Arduino 现代电子综合训练项目的成绩由三部分组成：作品质量成绩、技术报告成绩、演讲答辩成绩。

作品质量成绩根据选题和完成形式划分为三个等级，评分标准如下。

合格：选择完成了一项主题，基本实现了任务书指定功能。

良好：选择完成了一项主题，完全实现了任务书指定的功能，测试性能良好。或选择了两项主题，并基本实现了任务书指定功能。

优秀：选择了两项及以上主题并完全实现了任务书指定的功能；或仅选择完成了一项主题，但必须自己设计、制作传感器及显示电路板，实现的功能丰富，具有创新价值。

技术报告成绩根据报告内容的完整性、格式的规范性、计划安排的合理性、技术的创新性，以及个人心得体会的深刻性来评定。

演讲答辩成绩根据问题描述的准确性、技术方案的合理性、讨论问题的深度等来给定。

参考文献

[1] 罗小华. 电子技术工艺实习[M]. 武汉:华中科技大学出版社,2003.

[2] 顾江. 电子设计与制造实训教程[M]. 西安:西安电子科技大学出版社,2016.

[3] 鲁维佳,刘毅,潘玉恒. Altium Designer6. x 电路设计实用教程[M]. 北京:北京邮电大学出版社,2014.

[4] 贺鹏. 电子元器件维修实战[M]. 北京:机械工业出版社,2018.

[5] 吴懿平. 电子组装技术[M]. 武汉:华中科技大学出版社,2006.

[6] 吴兆华,周德检. 电路模块表面组装技术[M]. 北京:人民邮电出版社,2008.

[7] 高鹏毅,陈坚. 电工电子实习指导书[M]. 上海:上海交通大学出版社,2016.

[8] 胡宴如. 电子实习(Ⅰ)[M]. 北京:中国电力出版社,1996.

二维码资源使用说明

本书配套数字资源以二维码的形式在书中呈现，读者第一次利用智能手机在微信中扫码成功后提示微信登录，授权后进入注册页面，填写注册信息。按照提示输入手机号后点击获取手机验证码，稍等片刻收到4位数的验证码短信，在提示位置输入验证码成功后，重复输入两遍设置密码，点击“立即注册”，注册成功。（若手机已经注册，则在“注册”页面选择“已有账号？绑定账号”，进入“账号绑定”页面，直接输入手机号和密码，提示登录成功。）接着提示输入学习码，需刮开教材封底防伪图层，输入13位学习码（正版图书拥有的一次性使用学习码），输入正确后提示绑定成功，即可查看二维码数字资源。手机第一次登录查看资源成功，以后便可直接在微信端扫码登录，重复查看本书所有的数字资源。